公害・環境訴訟と
弁護士の挑戦

日本弁護士連合会 公害対策・環境保全委員会 編

法律文化社

刊行に寄せて

　わが国は，過去数十年，幾多の大規模かつ悲惨な公害を経験してきた。目に見えて黒い煙が出るような大気汚染は減ったかもしれないが，残念ながらアスベスト（石綿）のように，依然として，公害は過去のものとはなっていない。また，環境保全は，地球温暖化防止にみられるように地球規模の課題に拡がりを見せ，深刻な状況に陥っている。

　一方でまた，わが国は，こうした公害の被害を回復し公害を根絶すべく，また環境を保護すべく，訴訟活動を重要な手段の1つと位置づけて取り組み，輝かしい成果を挙げてきた歴史も有している。各地の弁護士は，公害・環境破壊を重大な人権侵害と位置づけた。そして，被害者・弁護団・研究者・支援者一体となった徹底した取り組みは，訴訟での勝利に留まらず，新たな被害者救済制度の創設や汚染防止のための法改正といった制度の変革を度々もたらしてきた。

　その流れの中で，当連合会は，1969年，「公害対策委員会」を組織した。以来，委員会は，「公害対策・環境保全委員会」へと衣替えしつつ様々な調査研究活動を行い，当連合会は，その成果をもとに，数多くの意見書を発表し，決議を挙げて，政府や地方自治体等に立法・政策提言をしてきた。こうした活動は，人権擁護を旨とする点で，原告弁護団による取組みと基本的方向性を同じくするものであった。

　本書は，その公害対策・環境保全委員会が，設立40年の節目に，重要な成果を勝ち取った公害・環境訴訟における具体的な取組み経験を次代につなげるべく，実際に代理人として取り組んだ弁護士が記した文章をまとめた貴重な書籍である。法律書や判決文に載らないところで，弁護士がどのように公害・環境問題に取り組んできたかを感じ取っていただければ幸いである。

　　2010年9月

日本弁護士連合会会長

宇都宮　健児

序　文

　わが国において，弁護士が本格的に公害環境訴訟に取り組むようになって50年近くが経過した。この間，四大公害訴訟判決をはじめとして，様々な画期的判決が勝ち取られ，わが国の公害環境政策や世論形成に大きな影響を与えてきた。こうした判決が，従来の判例理論を踏まえつつもこれを乗り越え，どのような法解釈を示してきたのかは，判例集等によって広く知られているところである。

　しかし，なぜそのような法解釈，判例理論が示されるに至ったのか，その社会的背景，判決を勝ち取るに至るまでの弁護士をはじめとする関係者のとてつもない献身的，持続的営為は，判例集からだけでは到底うかがい知ることはできない。当然のことであるが，判決が言渡されるまでには，被害者の病苦を乗り越えての訴訟提起と活動，これを支える人々の自己犠牲的活動，医師，科学者，研究者等専門家の良心的支援，世論の熱い支持，そして弁護士の法廷内外での活動等，多くの人々の，長期間にわたる献身的，社会的営為がある。それらを無視して判決を読んでも，本当の意味で判決の社会的意義や重みを理解することはできない。

　本書は，日本の典型的な公害環境訴訟の事例を扱っている書であるが，単なる判例紹介の書ではない。弁護士の立場から，弁護士が，公害や環境破壊から人の命や健康を守り，自然環境の破壊をくいとめるためにどのような活動を行ってきたのか，担当弁護士はどのように各事件に関わったのか，原告はなぜ訴訟を起こすに至ったのか，原告団をどのように結成し，被告をどのようにして選んだのか，訴訟で何を求め，訴訟の形態（民事訴訟，行政訴訟）や請求内容，法律構成等をどのように検討したのか，そして実際の訴訟の場で困難をどのように克服してきたのか，当該事件の解決だけではなく，広く公害被害者の救済や環境保全のための社会的，法的な制度を確立するために，判決行動をはじめとする法廷外の活動にどのように取り組んだのか等を率直に記した書である。率直さを優先し，各論稿中評価に渡る部分は，日弁連としての見解を述べるのではなく，あくまで各担当弁護士が自己の見解を記している。

本書の構成は，まず，第Ⅰ部において，公害環境訴訟に立ち向かった弁護士の取り組み，公害環境訴訟が環境法の生成，発展に果たした役割，そして，公害環境訴訟における環境にかかわる理論の発展とそこでの弁護士の役割等について明らかにしている。それを受けて，第Ⅱ部では，わが国の14の典型的な公害環境訴訟等をピックアップして，各訴訟に実際に取り組んだ弁護士が，各訴訟の内容や争点，困難点，弁護士あるいは弁護団の取り組み，勝ち取られた成果と今後の課題等を具体的に記している。本書ほど公害環境訴訟に対する弁護士の取り組みを広範かつ具体的に紹介している類書はなく，わが国の公害環境訴訟の経過，特徴，意義等の理解に大いに役立つものである。とりわけ，これから公害環境問題を学ぶロースクール生や司法修習生，若手弁護士，研究者等には格好の教材となるものである。

　日本において，公害環境問題は決して過去の問題ではない。現在，そして将来の問題でもある。四大公害訴訟の時代と比べて現在は，被害が見えにくくなったとしても，潜在的に，広く，深刻に広がっているのではないだろうか。放置すれば，取り返しのつかないことになるのではないか。その意味で，ここで取り上げた典型事例における先輩弁護士たちの活動に学び，その姿勢，教訓を現在，そして将来の活動に生かして行くことは，極めて重要で意義深いものといえる。

　また，弁護士の公害環境問題への取り組みは，弁護士の使命である，人権をいかにして守るか，社会正義をいかにして実現するかの課題の一環をなす活動である。その意味でも，公害環境訴訟における経験は，弁護士が，現在及び将来に生起するさまざまな人権侵害，社会的不正義の問題に立ち向かう上で，常に忘れてはならない教訓，財産といえるのではないだろうか。

　以上が，本書を公刊し，世に問う所以である。

　なお，最後になったが，本書が広く読まれ，活用される書物となるよう，刊行まで様々な形でご尽力いただいた法律文化社編集部の小西英央氏に，心から感謝したい。

　　　2010年9月

　　　　　日本弁護士連合会公害対策・環境保全委員会前委員長

　　　　　　　　　　　　　　　　　　　　　樋　渡　俊　一

目　次

刊行に寄せて
序　文

第Ⅰ部　軌跡と到達点

第1章　公害・環境破壊に立ち向かった弁護士の取り組み―――――中島　晃　3

1　公害裁判の歴史――敗北から勝利への転換（3）　2　公害裁判の本格的展開を支えた条件（8）　3　公害裁判提起に向けた課題（9）　4　被害者救済のための法理論の構築――因果関係，責任，損害〔包括一律請求〕（11）　5　判決行動（15）　6　弁護団は訴訟上の課題にどう取り組んできたか（17）　7　公害裁判で勝利するための条件（21）　8　公害裁判の実体法及び訴訟手続法への影響（23）　9　まとめと今後の課題（25）

第2章　公害環境訴訟と環境法の生成・発展―――――淡路剛久　28

1　序（28）　2　公害環境訴訟の諸類型と全体的な考察（31）　3　各時代における公害環境問題の課題と公害環境訴訟の展開および環境法理論の進展（39）

第3章　公害・環境法理論の生成・発展と弁護士の役割―――――吉村良一　52

1　はじめに（52）　2　四大公害事件に見る法と裁判（53）

3　公害問題における法律家（弁護士）の役割（56）
        4　運動を通じての理論形成──「汚悪水論」を中心に（57）
        5　新しい権利の主張──環境権・自然享有権・自然の権利（59）
        6　結びにかえて──公害・環境法理論の発展における実務家と研究者の協働（62）

第Ⅱ部　弁護士の挑戦

第4章　四日市公害訴訟──────野呂汎　69

    1　四日市市の歴史と公害の発生（69）　2　公害訴訟の提起（70）　3　訴訟の経過（72）　4　判決の内容（74）　5　判決の影響（76）　6　訴訟後の状況と課題（78）

第5章　大阪・西淀川公害訴訟──────村松昭夫　80

    1　西淀川地域の沿革と公害の発生（80）　2　公害病──死に至る病（81）　3　盛り上がる公害反対運動（82）　4　西淀川公害訴訟の概要と経過（83）　5　主な争点と原被告の攻防（85）　6　公害地域再生の取り組み（92）　7　結びにかえて（92）

第6章　東京大気汚染公害裁判──────西村隆雄　94

    1　東京の大気汚染の特徴（94）　2　訴訟提起（95）　3　裁判の争点──自動車メーカー責任をめぐって（97）　4　全面解決を求める運動（99）　5　和解の成立とその内容（101）　6　和解後の動き（102）

第7章　熊本水俣病訴訟──────千場茂勝　105

    1　水俣病発生と拡大（105）　2　水俣病第1次訴訟（109）　3　判決とその影響（119）　4　水俣病裁判の意義と水俣

病の教訓（121）

第8章　新潟水俣病訴訟　————————坂東克彦　123

1　被害発生から第1次訴訟提起まで（123）　2　地裁判決とその内容（126）　3　補償協定（129）　4　第2次訴訟（129）　5　政治決着（130）　6　新潟県条例の制定（131）

第9章　イタイイタイ病訴訟　————————近藤忠孝　136

1　被害状況と闘いに決起するまでの苦難の歩み（136）
2　訴訟への決起——だが地元には引き受ける弁護士がいない（137）
3　青年弁護士の結集と被害住民の3つの質問（138）
4　訴訟提起——黙っていられなくなり，闘いが始まった（139）
5　因果関係をめぐる攻防——立ちはだかる因果関係論未確立の壁の克服（141）　6　「早期完全勝利」のスローガンと鑑定却下決定（143）　7　判決言渡を迎えた弁護団の論議とその行動（144）　8　判決獲得後の公害根絶の闘いの到達点（146）

第10章　大阪国際空港公害訴訟　————————須田政勝　148

1　公害被害と大阪国際空港の沿革（148）　2　住民の公害反対運動と国の対策（151）　3　提訴への胎動から提訴へ（153）　4　訴訟の意義および論点と課題の克服（155）
5　車の両輪——運動と訴訟の連携（157）　6　1審判決から控訴へ——「命の一時間」をめぐる攻防（159）　7　最高裁判所の判決とその後（160）　8　結びにかえて（163）

第11章　国道43号線道路公害訴訟　————————高橋　敬　165

1　被害の状況，被害の掘り起こし（165）　2　訴訟提起のきっかけ（166）　3　訴訟提起までの取り組み——被害者の会，原告団，弁護団（167）　4　訴訟上の争点と課題克服（168）
5　法廷外の取り組み（170）　6　1審判決，控訴審判決，そして最高裁判決へ（171）　7　判決後の取り組み（173）

第12章　豊島・産業廃棄物不法投棄事件 ——— 石田正也　175

1　豊島事件のあらまし（175）　2　住民の苦闘 —— 事件の発端と公害調停（177）　3　公害調停と裁判手続の併用（180）　4　公害調停の活用と成果（182）

第13章　有害化学物質による現代型健康被害 ——— 池田直樹　191

1　有害化学物質被害の特徴（191）　2　化学物質によるシックハウス問題や化学物質過敏症など（192）　3　大阪・能勢ダイオキシン公害調停事件（195）　4　調停後の課題（199）　5　和解と基金の設立（203）

第14章　大阪・泉南アスベスト国家賠償訴訟 ——— 伊藤明子　204

1　大阪・泉南地域のアスベスト被害の歴史と特徴（204）　2　国家賠償訴訟の内容と争点（209）　3　早期全面解決へ向けて —— 画期的な勝訴判決と控訴に至る経緯（214）

第15章　よみがえれ！有明海訴訟 ——— 吉野隆二郎　217

1　諫早湾干拓事業の概要（217）　2　漁業被害の発生（218）　3　訴訟提起と公調委の活用（219）　4　工事中止を命じた仮処分決定と高裁の取消決定（221）　5　潮受け堤防の開門請求訴訟とその判決（223）　6　早期解決をめざした取り組みと現状（226）

第16章　自然保護をめぐる訴訟 ——— 市川守弘　230

1　自然保護の法制度（230）　2　訴訟等の手段の困難さ（235）　3　日本の自然保護運動の流れ（237）　4　森林伐採に抗して —— いかに法を駆使するか（239）　5　今後の課題（244）

第17章　原子力発電所をめぐる訴訟　　　　海渡雄一　249

　　1　原子力法制と安全審査（249）　　2　反対運動から訴訟提起へ（250）　　3　訴訟形態の選択と主な訴訟の内容（251）
　　4　法廷外の取り組み──制度改善・法改正（259）

あとがき
索　　引

第Ⅰ部

軌跡と到達点

第1章

公害・環境破壊に立ち向かった弁護士の取り組み

中島　晃
弁護士・京都弁護士会，全国
公害弁護団連絡会議代表委員

> 　日本の公害・環境破壊の歴史，被害者らの苦難の経験をふまえながら，次の事項について日本の公害裁判を概観する。
> 　日本での公害被害の救済と予防を求める活動は，司法的手段である訴訟提起という法的戦略をとったが，それはなぜか。公害裁判における課題を，弁護士はどのようにして克服していったか。訴訟によってどのような実践的，理論的な成果を獲得したか。四大公害をはじめとする公害裁判の結果は，その後の日本の公害対策，環境保全施策にどのような影響を与えたか。また，公害裁判の大きな成果は，決して待っていて与えられたものではない。被害者の運動，これを支援し連携する弁護士，医師，研究者の活動なくして今日の成果はなかった。訴訟とその支援運動の連携はどのように取り組まれ，問題をいかにして克服してきたのか。
> 　この報告で取り上げた訴訟活動の課題と教訓については，第Ⅱ部の弁護士の挑戦で具体的に紹介されている。

1　公害裁判の歴史――敗北から勝利への転換

1　前史――公害被害者の苦難の歴史

　わが国において公害裁判が本格的に展開されるに至ったのは，1960年代後半のことである。1967年6月，新潟地裁に提起された新潟水俣病訴訟に始まる「四大公害裁判」では，1971年6月，イタイイタイ病訴訟で，富山地裁が原告勝訴の判決を下したのを皮切りに，深刻な公害によって，生命と健康を破壊された

被害者住民が相次いで勝利判決をかちとっていった。

　しかし，このように四大公害裁判で，公害被害者が勝利をかちとるまでには，その前史として，苦難の歴史をきざんできた被害者の歩みがあった。被害者が辛酸をなめた公害事件として，日本の公害の原点でもある足尾鉱毒事件がある。19世紀末から20世紀初めにかけて，栃木県の足尾鉱山の鉱毒のために，渡良瀬川流域に深刻な公害被害が発生した。渡良瀬川から流出した鉱毒のために，稲の立ち枯れなどの甚大な被害が発生し，農民にとって死活の問題となった。追いつめられた農民達は，地元選出の代議士田中正造を中心に「押し出し」とよばれる請願運動を繰り返した。

　これに対して，官憲による激しい弾圧が行われ，1900（明治33）年2月，被害住民51人が兇徒聚衆罪などで起訴された。また公害運動の拠点であった谷中村は，強制廃村とされ，鉱毒を沈殿させるために，渡良瀬川の遊水池となって水没した。

　第二次世界大戦前には，わが国には，産業活動に規制を加えて，公害の発生を防止するための法制度や発生した被害の回復・救済を図るためのみるべき法制度は殆んど存在しなかった。

　こうしたなかで，民法上の不法行為に関する規定を根拠として，被害の救済を求めた事例がいくつか存在する。その代表的な事例が大阪アルカリ事件である。

　この事件は，大阪アルカリという化学工場から出る亜硫酸ガスのために，付近の農作物に大きな被害が出たので，工場周辺の農民とその農地の地主らが共同で損害賠償を求める訴訟を提起したものであり，わが国における公害裁判の最も初期の事件として注目に値する。この事件について，1915（大正4）年7月，大阪控訴院は，農作物の被害と工場の排煙との因果関係を肯定したうえで，主として農作物の被害の発生を予見しなかった点をとらえて，注意義務違反（過失）があるとして，大阪アルカリの責任を認めた。

　これに対して，大阪アルカリが上告したところ，1916年12月，大審院は「相当な設備」をしていれば，損害は発生していても，損害賠償の責任はないと述べて，この事件を大阪控訴審に差し戻した。この大審院判決によれば，被害の

発生を予測できたとしても「相当な設備」をしていれば過失がないということになり，企業は相当な設備さえしていれば，責任を免れることになる。

しかし，この大審院判決に対しては，その当時すでに法学者から批判がなされており，この事件が差し戻された大阪控訴院は，1919年12月，形式的には「相当の設備」論に依拠しながら，当時の防止技術水準等も考慮したうえで，大阪アルカリは「相当な設備」をしていないという理由で，再び会社の責任を認めている。

しかしながら，この事件で大審院が示した考え方に従えば，企業が相当な設備さえしていれば，公害を引き起こし被害が発生しても，その責任が免罪されることになる。したがって，この大審院判決は，戦前の「富国強兵」策にもとづく産業優位の思想が反映したものであって，公害防止の観点からいえば批判をまぬがれないものであった。

2　1960年代後半から始まった公害裁判の本格的な展開

第二次世界大戦後，日本は驚異的な経済復興をとげた。その原動力となったのは産業界であり，敗戦の痛手からいち早く立ち直り，重化学工業を中心に，増産につぐ増産を繰り返していった。こうしたなかで，1956年5月には，熊本県水俣地区で，水俣病患者の発生が確認され，原因の究明も始まった。しかし，この段階では，水俣病問題に関与する弁護士もなく，59年には見舞金契約によって，一旦社会的に幕引きがなされた。

その一方で，戦後のわが国の高度経済成長政策は，全国各地で爆発的に公害問題を拡大することになった。公害によって人間の尊厳が犯され，悲惨で深刻な被害の実態が国民の前に明らかになるなかで，被害者の人権の回復と救済を図り，公害の防止・根絶を実現することが大きな社会問題としてクローズアップされていった。

熊本水俣病に続いて，新潟県阿賀野川流域に第2の水俣病が発生した。1965年6月，新潟大学医学部が新潟水俣病を発表し，67年4月，厚生省特別研究班が新潟水俣病の原因は，昭和電工鹿瀬工場のアセトアルデヒド合成工程の廃水であると発表した。これをうけて，1967年6月，被害者住民が昭和電工を被告

として，損害賠償請求訴訟を提起した。これが新潟水俣病訴訟であり，わが国における大型公害裁判で最も早く提起されたものである。

翌68年3月，富山県神通川流域の住民が三井金属鉱業神岡鉱業所からの廃水によってイタイイタイ病を発症したとして，三井金属鉱業を相手どって，損害賠償請求を提起した。これがイタイイタイ病訴訟であり，カドミウムなどの重金属汚染による大型公害裁判として社会的な注目を集めた。

同年9月，三重県四日市市磯津地区の住民が，コンビナート企業6社を被告として，四日市コンビナートによる大気汚染によって，健康被害をこうむったとして，津地裁四日市支部に損害賠償請求訴訟を提起した。これが四日市公害訴訟であり，その後の日本での大気汚染公害裁判のさきがけとなった。

さらに，69年6月，チッソ水俣工場からの廃水によって水俣病に罹患した，熊本県水俣地区とその周辺住民が，チッソを被告として，熊本地裁に損害賠償請求訴訟を提起した。これが熊本水俣病訴訟であり，胎児性水俣病などにみられる被害の深刻さは，きわめて衝撃的なものであった。

以上が四大公害裁判と呼ばれる一連の訴訟であるが，これに続いて，69年12月，航空機騒音による深刻な被害に苦しんできた，大阪空港の周辺住民が国を被告として，大阪地裁に夜9時から翌朝7時まで飛行差止と損害賠償を求める訴訟を提起した。これが大阪国際空港公害訴訟であり，損害賠償だけではなく，公害の差止を求めて提起された大型訴訟として，非常に重要な意味をもつものであった。

3　70年代前半の四大公害裁判での相次ぐ勝利判決

四大公害裁判では，以下のとおり，いずれも被害者原告が勝利判決をかちとった。これによって，公害裁判で，被害者は敗北から抜け出し，勝利をかちとることができる時代を迎えることになった。

・1971年6月，イタイイタイ病訴訟で，富山地裁が原告勝訴の判決を言渡す。
・1971年9月，新潟水俣病訴訟で，新潟地裁が原告勝訴の判決を言渡す。
・1972年7月，四日市公害訴訟で，津地裁四日市支部が原告勝訴の判決を言渡す。
・1972年8月，イタイイタイ病訴訟の控訴審で，名古屋高裁金沢支部が再び原告勝訴

の判決を言渡す。

・1973年3月，熊本水俣病訴訟で，熊本地裁が原告勝訴の判決を言渡す。

次に，これらの判決の内容を簡単に紹介しておこう。

(1) **イタイイタイ病訴訟**　鉱業法の適用により，企業の無過失責任が認められていることから，もっぱら神岡鉱業所から排出された廃水等に含まれていたカドミウムによってイタイイタイ病が発生したかどうかの因果関係が主要な争点となった。第1審判決は，因果関係について，疾病を統計学的見地から観察する疫学的立証方法を採用して，神岡鉱業所からの廃水等とイタイイタイ病との間に相当因果関係を認めた。

この第1審判決に対しては，即日三井金属鉱業が控訴したが，控訴審の名古屋高裁金沢支部でも，住民の主張が認められ，控訴は棄却された。

(2) **新潟水俣病訴訟**　昭和電工鹿瀬工場からの廃液と新潟水俣病との因果関係，及び昭和電工の責任が主な争点となった。判決は，まず因果関係について，汚染源の追求が被告企業の門前に達した時には，被告企業において汚染源でないことの証明をしない限り，原因物質を排出したことが事実上推認され，その結果工場廃水の放出と水俣病の発生とは，法的因果関係が存在するものと判断すべきであるとした。

また，被告企業の責任については，化学企業としては，有害物質を企業外に排出させることのないよう常に安全に管理する義務がある。しかるに，熊大研究班の有機水銀説等に耳を傾けることもなく，漫然と水俣病の先例をいわば対岸の火災視していたため，十分な調査分析を怠り，工程中にメチル水銀化合物が副生し，流出していたのに気づかず，これを無処理のまま工場廃水として，放出し続け，沿岸住民を水俣病に罹患させたことに過失があったと認められる，とした。

そのうえで，判決は，企業の生産活動も一般住民の生活環境保全との調和においてのみ許されるべきであり，最高の技術設備をもってしてもなお人の生命身体に危害が及ぶおそれがあるような場合には，企業の操業短縮はもちろん，操業停止まで要請されることもあると解するとして，人の生命身体の安全確保に対して企業には高度の注意義務があると指摘した。

(3) **四日市公害訴訟**　①大気汚染と喘息性疾患との因果関係の有無，②大気汚染におけるコンビナート企業による共同不法行為の成立が主要な争点となった。判決は，各種の疫学調査をもとにして，大気汚染と喘息性疾患との因果関係を認定するとともに，四日市コンビナートを構成する被告6社の工場には，客観的な関連共同性があるとして，共同不法行為責任を認めた。

この判決によって，わが国で初めて大気汚染の発生について排出企業の責任が明らかにされ，排出企業には大気汚染の発生を防止すべき義務があることが明確になった。

(4) **熊本水俣病訴訟**　チッソは，水俣工場の廃水と水俣病との因果関係について，1968年の政府見解に従うとして，これを認めたため争点にはならなかったが，注意義務違反（過失）について争ったことから，チッソの責任の有無が最大の争点となった。これについて判決は，化学工場は，その廃液中に予想外の危険な副反応生成物が混入する可能性が大きいことから，地域住民の生命・健康に対する危害を未然に防止する高度の注意義務があるにもかかわらず，被告側の対策，措置にはなに1つとして納得のいくようなものはなく，被告の過失は免れえないと述べて，チッソの責任を認めた。

また，この判決は，過去に行われた見舞金契約は無効であるとし，損害賠償請求権の消滅時効などに関する被告側の反論をすべて退けた。

以上のとおり，これらの判決において，因果関係，責任，共同不法行為のいずれの面でも，加害企業の責任がきびしく指弾され，公害防止のためには，企業は「相当な設備」をしただけでは足りず，いかなる手段をとっても，公害による被害者を出すことは許されないという厳しい姿勢が求められることを明らかにするものとなった。

2　公害裁判の本格的展開を支えた条件

以上のようなわが国の公害裁判の本格的な展開を支えた条件として，次のようなものをあげることができる。

第1は，1950年代半ばから始まった高度経済成長政策のもとで，60年代後半

には，公害被害が全国各地に爆発的に拡大・激化し，またその被害が深刻化したことである。

第2は，第二次世界大戦後に成立した日本国憲法のもとで，住民の権利意識が高まり，公害によって侵害された人権の回復・救済を求める被害者住民の運動がかつてなく強まったことである。

第3は，被害者の立場にたって，公害裁判に取り組む弁護士の数が飛躍的に増加したこと，とりわけ青年法律家協会などに結集した人権感覚に富んだ若い弁護士の集団が拡大したことである。

第4は，被害者住民の立場にたって，公害問題の調査・研究に取り組む医師，科学者，研究者等が結集して，公害裁判での原告の立証活動に積極的に協力したことである。

以上述べた公害裁判の本格的展開を支えた条件は，1960年後半になって，突如として形成されたというわけではない。とりわけ，第2から第4の主体的条件は，明治期の自由民権運動にはじまり，大正デモクラシーの時代を経て，次第次第に形成されてきたものであり，そこには第二次世界大戦前から受けつがれてきた歴史の積み重ねがあることを見逃してはならない。

3　公害裁判提起に向けた課題

1　弁護団の結成

四大公害裁判をはじめとする大型公害裁判を提起するうえで，まず最初に，いかに多くの弁護士の参加のもとに，集団的な原告弁護団を形成していくかが重要な課題となった。四大公害裁判などの原告弁護団の結成にあたって，共通してみられる特徴は，その地域の良心的な長老弁護士を団長にすえ，公害被害の救済と根絶に情熱と意欲を燃やしている中堅，若手の弁護士を幅広く結集するというやり方がとられてきたことである。

例えば，イタイイタイ病訴訟の原告弁護団の団長になったのは，富山県法曹界の長老である正力喜之助弁護士であったが，正力弁護士は読売新聞社主正力松太郎氏の甥として知られた保守系の人物であった。このような人も含めて，

弁護団が結成されたことは，世論の支持を広げるうえでも，また裁判所に対する影響力の面でも，重要な意味をもつものであった。また，弁護団に多数の弁護士が参加したことは，多くの弁護士の英知を結集することによって，弁護団の活動の水準を引き上げるうえでも重要な役割をはたした。

2 被害者の掘りおこし

公害のために生命と健康を奪われ，悲惨で深刻な被害に苦しむ被害者が加害企業を相手どった裁判の原告となって，たたかいに立ち上がることは並大抵のことではない。その一方で，加害企業はもとよりのこと，ときには行政も企業と一体となって，裁判の提起に対して様々な圧力をかけて，被害者の分断や切り崩しが図られてきた。こうしたことから，公害被害者が裁判に踏み切るには，一大決心が必要であった。この点に関して，イタイイタイ病裁判の原告になった被害者にとって，裁判の提起は「戸籍をかけたたたかい」であったといわれている。

こうしたなかで，被害者を励まし，被害者に裁判の原告として，たたかいに立ち上がる勇気と確信をあたえるうえで，弁護士のはたす役割は非常に重要である。また，弁護士が自ら被害住民が生活している地域に出かけていって，深刻な被害に苦しむ住民から直接被害の実情をつぶさに聴取り，埋もれている被害の実態を明らかにして，被害者の掘りおこしを進めることは，公害裁判を取り組むうえで，不可欠の課題である。勿論，こうした公害被害の実態調査に取り組むうえで，医師や研究者，専門家と共同して調査をすすめることが重要であることはいうまでもない。

3 訴訟活動のための費用

原告弁護団は，訴訟提起時には，被害者には弁護士費用を負担させないことを原則とした。深刻な公害に苦しむ被害者原告にとって，弁護士費用を負担することは経済的にみても非常に困難なことであった。こうしたことから，原告弁護団は，将来，勝利判決をかちとった段階で，弁護士報酬をもらうことにして，訴訟提起時には，被害者に弁護士費用を負担させないことを通例とした。

また，訴訟提起にあたって，裁判所に支払う印紙代等の訴訟費用についても，訴訟救助を活用して，被害者に負担させないように努めた。この点に関して，原告弁護団は，訴訟救助の申立にあたって，相対的無資力論を展開した。訴訟上の救済をうけるためには，訴訟費用を支払う資力がないこと，すなわち「無資力」が要件となるが，原告弁護団は，巨大な資本と財力を有する加害企業と比較すれば，被害者の資力は殆んど無いに等しいと述べて，こうした加害企業と対比したうえで，被害者の資力の有無を判断すべきものと主張した。

裁判所は，相対的無資力論は採用しなかったものの，被害者に相当程度の収入がある場合であっても，被害者が経済的に大きな損害をこうむっているという公害事件の特質を考慮に入れて，広く訴訟救助を認めるようになった。

公害裁判を提起し，訴訟を追行していくための訴訟活動を支えるには，多額の費用（訴訟追行実費）が必要となる。こうした費用をまかなうために，原告弁護団は被害者と一緒になって，訴訟を支援する団体や個人にカンパの拠出を呼びかけ，資金カンパに取り組んだ。また，弁護団に参加する弁護士自身が，自分の手持資金を拠出し，文字通り身銭を切って，訴訟活動を支えることもなされた（なお最近では，公害・環境訴訟の提起，追行に要する費用の貸付や援助を行う公的ないしは私的な基金が各地でもうけられるようになってきており，初期の公害裁判の提起のときに見られたような費用負担をめぐる困難な状況は，現在では相当程度改善されてきている）。

4 被害者救済のための法理論の構築
―― 因果関係，責任，損害〔包括一律請求〕

公害裁判を提起し，これを勝利に導いていくうえで，被害者救済のための法理論をいかに構築していくかが，決定的に重要な課題であることは自明のことである。この点に関して，原告弁護団は，多くの研究者の協力と援助のもとに，民法709条以下に規定されている不法行為に関する研究を深め，その理論を発展させることに大きな努力を傾注してきた。こうした原告弁護団の懸命な努力の積み重ねにより，主に不法行為の分野で，被害者救済のための法理論が構築

されていった。以下，その理論的な到達点について，できるだけ簡潔に紹介しておこう。

1 因果関係

(1) 企業の廃水・廃煙と被害発生との因果関係をどう立証するか　第1に，公害裁判で求められる因果関係の立証は，原因と結果との間に存在する自然的因果関係の連鎖を全て解明することではなく，発生した被害の責任を企業に帰属させるべきか否かを判断するに必要な限度を行えば足りるとする法的因果関係論を確立したことである。

第2に，被害住民の生活に根ざした具体的な事実にもとづいて，公害の原因となる環境因子を特定する疫学的調査の方法を活用して，因果関係を立証するという疫学的因果関係論を構築し，これを裁判所に認めさせたことである。

ここで，疫学について簡単に解説すると，疫学は，19世紀半ばにジョン・スノウが，コッホによるコレラ菌報告の30年も前に，コレラが共同井戸を利用する住民の間に伝播していることをつきとめ，汚染源となった井戸を撤去することによって，コレラの流行を防いだことにはじまる。このことから明らかなように，疫学では，原因物質の特定（例えば，コレラ菌）や病気の発症に関する病理機序の解明は必ずしも必要ではなく，病気の原因となる環境因子をつきとめて，それを取り除くことによって，病気の拡大を防止することが重視される。

こうした疫学的な方法にもとづく因果関係の立証は，原因物質が特定されていないとか，病気の発症に関する病理機序が不明だとして，鑑定を申立て，際限のない科学論争に引きずり込もうとする被告企業の策動を封じ込めるうえで，大きな役割をはたした。

これまで，公害裁判だけではなく，一般に企業がひきおこした災害に関して，被害者が法的責任を追及する場合，必ずといっていいほど，因果関係や責任の存否をめぐって，鑑定が申し立てられ，裁判所も鑑定を採用し，安易にその結論に依存する傾向が強かった。しかし，鑑定には多額の費用がかかり，その費用捻出が困難なために，被害者が訴訟の継続を断念して，不利な条件で和解したり，あるいは鑑定人に選任された，その分野の権威と目される専門家の鑑定

意見が必ずしも公正なものとはいえないものも決して少なくなかった。

したがって，公害裁判で，被害者が勝利を勝ち取るためには，こうした実情にあるこれまでの鑑定をいかに克服するか大きな課題となった。疫学的因果関係論は，これを克服するために，原告弁護団によってあみだされた法理論である。

(2) **大気汚染公害訴訟——コンビナートの企業群全体に大気汚染による被害の責任を負わせることができるか**　四日市公害訴訟では，原告弁護団は，民法719条の規定を活用して，コンビナートを構成する企業の共同不法行為責任を追及した。

判決では，各人の行為がそれだけでは結果を発生させない場合でも，他の行為と合わせて結果を発生させれば，共同不法行為は成立するものとし，共同不法行為の被害者は，加害者間に関連共同性のあること，および共同行為によって結果が発生したことを立証すれば，因果関係は法律上推定され，加害者において各人の行為と結果発生との間に因果関係がないことを証明しない限り責任免れないとして，コンビナート企業の共同不法行為責任を認めた。こうした共同不法行為責任に関する考え方は，その後各地で提起された大気汚染公害訴訟に受け継がれていった。

2　責　　任

(1) **「相当な設備」をしていれば過失がないという理論の克服**　公害裁判では，戦前の大阪アルカリ事件の大審院判決にみられる加害企業は「相当な設備」をしていれば過失がないという考え方をいかに克服するかが重要な課題となった。

この点に関して，1971年の新潟水俣病訴訟判決は，さきに紹介したとおり，企業は最高技術の設備をもってしても，人の生命，身体に危害が及ぶおそれがある場合には，操業停止までも要請されるとして，「相当な設備」をしただけでは過失はないとはいえないとした。この判決によって，人の生命身体の安全が何よりも優先することが明確にされ，企業には安全確保のために高度の注意義務があるとする考え方が確立し，その後の公害裁判に受け継がれていった。

(2) **予見可能性の前提となる加害企業の調査研究義務の厳格化**　不法行為が成立

するためには，加害者に「故意過失（責任）」があることが必要となるが，公害裁判では，加害企業の責任を追及するうえで，被害の発生を予見できたかどうか，すなわち予見可能性の有無が重要な争点となった。

　この点に関して，熊本水俣病訴訟では，工場廃水にメチル水銀が含まれること，またメチル水銀によって水俣病が発生することが予見できたかどうかが争われ，加害企業のチッソは予見可能性はなかったと主張した。これに対して，原告弁護団は，予見可能性の前提となる調査研究は，世界最高の科学技術水準にもとづくものでなければならないこと，また予見可能性の対象となるのは，水俣病そのものではなく，より広くとらえるべきであり，人体に対する有害な影響で足りると主張した。

　原告弁護団は，最終的には「汚悪水論」とよばれる主張を展開し，加害企業チッソが工場廃水として「汚悪水」を流した以上，人体に対して何らかの有害な結果を発生させるという予見可能性があり，当然過失が認められると主張した。裁判所は，原告弁護団の主張した「汚染水論」は採用しなかったものの，予見可能性を広く肯定し，加害企業チッソの過失責任を認めた。

　以上のとおり，公害事件で加害企業に要求される予見可能性の前提となる調査研究義務は，最高の科学技術水準にもとづくものであり，こうした水準をもとにした，被害発生の予見可能性が認められる以上，加害企業は，常に被害の発生を防止するために最大限の結果回避義務を負っており，最高技術の設備でも被害を防止できないときには，操業停止までも要求されることが明確にされた。

3　損害（包括一律請求）

　これまでの不法行為による損害賠償についての一般的な考え方は，財産上の損害の他に，入院治療費や休業損害，将来の逸失利益などに，精神的肉体的苦痛に対する慰藉料を加算するという個別積算方式をとっていた。しかし，こうした個々の損害を加算するという方法は，あくまでも損害を金銭的に評価するための1つの手法にすぎず，必ずしも「損害」そのものではない。

　そこで，公害裁判では，従来の個別積算方式ではなく，生命・身体に対する

侵害それ自体を「損害」としてとらえる考え方にもとづき，「包括一律請求」という新しい損害賠償請求の方式が原告弁護団によって主張された。これは，多数の被害者について，個々の損害を立証することによる訴訟の長期化を避けるとともに，それぞれの被害者の収入の違いによって損害額に大きな開きが生ずることを防ぎ，原告相互の団結を確保するうえでも，積極的な意義をもつものであった。

裁判所は，原告の包括一律請求について，慰藉料ではあるが，その算定にあたっては財産的損害も考慮に入れて，症状の程度に応じてランクづけをしつつ，定型的類型的に損害額を認定することによって，基本的には，原告の主張する慰藉料の包括一律請求方式を肯定した。裁判所がこうした包括一律請求を受け入れたのは，裁判官もまた公害被害の深刻さに心を動かされ，人間の尊厳を回復するために，被害の全面的な救済をはかる必要があると考えたからにほかならない。

5 判決行動

公害裁判の提起後は，裁判所での審理のなかで，原告弁護団は，被害者の1日も早い救済を実現するために，必要な主張・立証活動に全力をあげて取り組み，ときには法廷で被告側と火花の散るような激しい論争を展開しながら，早期に損害をかちとり，判決を迎えることになる。

公害裁判で判決を迎えるにあたって，原告弁護団は以下のような行動に取り組んできた。こうした判決時における弁護団の一連の行動を「判決行動」とよんでいる。

1 「判決行動」の主要な内容
(1) **即時の強制執行** 原告弁護団は，仮執行宣言つきの判決にもとづいて，直ちに強制執行を行い，加害企業から判決で認められた賠償金を全額支払わせるための行動に取り組んだ。

交通事故などの一般の裁判では，第1審判決に仮執行宣言がつけられていて

も，被告が控訴した場合には，控訴審判決が出るまで，仮執行宣言に対する強制執行の停止が認められるのが殆んどである。しかし，公害裁判では，被害者の1日も早い救済を実現することが重要であり，強制執行の停止を認めることは，被害者救済に逆行するものであった。

そこで原告弁護団は，被告による強制執行の停止に強く反対するとともに，即時に強制執行を行って，被告に賠償金を全額支払わせるための取り組みを展開した。

このように仮執行宣言つきの判決にもとづき，すぐさま強制執行を行って，加害企業に賠償金を全額支払わせるという取り組みを最初に成功させたのは，イタイイタイ病訴訟の原告弁護団であった。イタイイタイ病弁護団は，事前に綿密な計画を練り，第1審判決当日，直ちに強制執行を行って，その日のうちに，被告三井金属鉱業に賠償金全額を支払わせることができた。このことが契機になって，公害裁判では，仮執行宣言つきの判決にもとづき，被告企業に即時に賠償金全額を支払わせることが通例となった。

(2) **直接交渉**　原告弁護団は，判決が出ると直ちに，被害者とともに，被告である加害企業に出向いて，加害企業の代表者と直接交渉を行い，公害によって被害者に甚大な被害と苦痛をあたえてきたことに対して，謝罪を求めるとともに，これ以上訴訟上の争いを続けることなく，直ちに判決にしたがって，被害者の即時全面救済を実現するよう求めた。

公害裁判で，裁判所が被害者原告の主張を求め，原告勝訴の判決が言渡されたことは，直接交渉の場で，被害者の要求を実現するうえで大きな後だてとなり，加害企業を追いつめる武器となった。

(3) **協定書・確認書の調印**　原告弁護団は被害者とともに，さきに述べた加害企業との直接交渉のなかで，被害者の要求を加害企業に受け入れさせるために全力をあげた。こうした直接交渉を通して，被告企業が受け入れた被害者の要求事項について，原告弁護団はこれを文書化して，協定書ないしは確認書としてまとめあげ，これに被害者・弁護団と被告企業の双方が調印することによって，被害者の要求する被害の即時全面救済と公害の再発防止・根絶を実現するための担保とした。

こうした協定書，確認書等には，多くの場合，①加害企業の謝罪，②被害の即時全面救済，③公害の再発防止・根絶，④汚染源に対する立入調査，⑤汚染された環境の復元，⑥被害者の医療，福祉等の恒久対策，⑦未提訴（潜在）被害者の救済，⑧継続協議などが盛り込まれた。

(4) **法律改正の実現**　公害の拡大・激化により，悲惨で深刻な被害を招いた背景には，住民の生命安全を軽視してきた行政の姿勢にも大きな問題がある。こうしたことから，原告弁護団は被害者とともに，国の各省庁や国会等に働きかけて，公害の防止と被害者救済のために必要な法律制度の改正・創設等に取り組んだ。

こうした活動を通して，例えば，薬品公害によって1万人をこえる未曽有の被害者を生んだ薬害スモン訴訟では，1979年9月，被害者の要求にもとづき，薬事法の改正と医薬品副作用被害救済基金の創設が実現した。

6　弁護団は訴訟上の課題にどう取り組んできたか

1　全国各地の弁護団による共同の研究討論活動の積み重ね

1960年代後半には，全国各地で公害が激化し，深刻の度を増していくなかで，大型公害裁判が次々と提起されていったことは，さきに述べたとおりである。こうしたなかで，1969年7月，富山市で青年法律家協会（青法協）の主催による「第1回全国公害研究集会」が開催された。

この研究集会は，裁判のうえでも，運動の面でも，さまざまな困難に直面していた，全国各地で公害裁判に取り組む弁護士や被害者たちが，共通する悩みや要求をもちより，困難を打開するために組織されたものであった。豊田誠弁護士（公害弁連初代事務局長）は，この集会で共同の討論を通して，公害裁判に取り組む弁護士の役割について，次の4つの点が確認されたと指摘している。

第1に，公害闘争に携わる弁護士として，徹底して被害者の立場に立ち，その要求を堅持してたたかう。

第2に，被害者の要求を正しくとらえた弁護団の活動が，運動に大きな励ましを与えていることに確信をもち，裁判の技術専門家にとどまることなく，公

害反対闘争の創意ある運動をつくる一翼を担う。

　第3に，たたかいの主人公は被害者であるが，科学者，勤労市民などで広範な国民を結集して運動を進めていく。

　第4に，公害根絶の展望のもとに裁判も位置づけて取り組んでいく。

　青法協の主催による「全国公害研究集会」は，その後，1970年6月に，四日市市で第2回が，71年7月には，群馬安中市で第3回が開催された。

　しかし，その後各地で公害反対のたたかいが進展するなかで，もはや年1回の研究集会では対応できない状況に立ち至った。そこで，近藤忠孝弁護士（イタイイタイ病弁護団）などのよびかけで，1972年1月，全国公害弁護団連絡会議（公害弁連）が結成され，ここに，公害の根絶と被害者の人権のために，断固たたかう，世界でも例をみない弁護士集団が誕生することになった。

　このように公害裁判に取り組む全国各地の弁護士の経験と英知を結集し，共同の研究・討論を積み重ねるなかで，理論と実践の両面にわたって，多くのすぐれた成果を獲得してきた。公害弁連には，現在，47弁護団，500人をこえる弁護士が参加しており，これはさしずめ，中国の歴史小説「水滸伝」の「梁山泊」を想起させるものである。

2　医師，科学者，研究者の組織化

　公害裁判で勝利し，被害者の救済を実現するためには，医師，科学者，研究者等の専門家の協力が不可欠である。したがって，公害裁判に協力する医師，科学者，研究者等を見つけ出して，こうした専門家をいかに組織していくかは，重要な訴訟上の課題である。

　このため，原告弁護団は，全国各地で，さまざまな医師，科学者，研究者と連絡をとり，直接足を運んで，協力を依頼するとともに，講演会やシンポジウムなどを開催して，専門家との共同研究を組織化することに大きな力を注いだ。こうした専門家との共同の研究調査活動に取り組むことによって，因果関係を明確にし，また予見可能性などの企業責任を明らかにすることが可能となった。

3 弁護団と被害者・原告団との団結，共同の取り組みの強化

　原告弁護団が被害者・原告と固く団結して，断固としてたたかい抜くことは，公害裁判で勝利をかちとり，被害者の救済を実現するうえで，欠くことのできない前提条件である。そして，弁護団が被害者・原告団の信頼をかちとり，団結してたたかうためには，弁護団が被害者の苦しみや痛みを真剣に受け止め，被害者の要求を実現するために，いささかもひるむことなく，徹底的にたたかうことが不可欠である。

　原告弁護団に所属の弁護士たちが，被害者の苦しみを我がことのように受け止め，しばしば，被害者とともに涙を流したことが，被害者から揺るぎない信頼をかちとることになった。また，そのことは同時に，弁護士が逆に被害者から励まされ，困難に立ち向かい，不屈にたたかい抜く勇気を培うことにもなった。さらに，イタイイタイ病訴訟では，各地から裁判のために出張してきた弁護士が，被害者住民の家に宿泊するという現地宿泊方式をとった。これは弁護団と被害者との交流を深めるとともに，弁護団が住民の生活の実態を理解するのに大いに役立った。

　このようにして，弁護団は，被害者・原告団との団結を強めながら，さまざまな共同の取り組みを展開していった。

4 支援運動の組織化とその拡大強化──「たたかいの主戦場は法廷の外にある」

　第二次世界大戦後の日本の著名なえん罪事件に松川事件がある。この事件の刑事被告人の弁護人であった先輩法曹は，「裁判でのたたかいの主戦場は，法廷の外にある」との有名な言葉を残した。この逆説的な表現は，刑事事件だけではなく，公害事件にもそのままあてはまることである。

　原告弁護団は，「法廷の外」，すなわち裁判所を取り巻く世論の支持をいかに広げるかについて，絶えず心をくだき，公害裁判を支えるための支援運動の組織化とその拡大強化に向けて，被害者・原告団とともに，さまざまな取り組みを共同してすすめた。

　こうした取り組みとして，①街頭でのビラまき，署名活動，②各種の団体・個人に対する支援の要請活動，③さまざまな集会に出かけていって支援を訴え

る，④集会やシンポジウムを開催して，公害被害の深刻さをアピールして，支援を広げる，⑤マスコミやジャーナリズムに取材・報道等を働きかける，⑥地方自治体，地方議会，国会等に問題解決のための働きかけを行う，ことなどがあげられる。

このように公害裁判に取り組む弁護士たちが，法廷内での活動だけではなく，法廷外にまでその活動の枠を広げて，被害者とともに上述した活動を行ったことは，被害者の信頼をかちとるうえでも大きな意味をもつものであった。現在では，公害・環境訴訟に取り組む弁護士たちが，こうした法廷外の活動を積極的に展開することは，当然のことと考えられている。

5　日弁連の公害問題に関する取り組み

日本弁護士連合会（日弁連）は，1970年9月開催の第13回人権擁護大会で，公害対策の推進に関する次のとおりの宣言を採択したのをはじめ，1973年の第16回人権擁護大会では，「環境権の確立に関する決議」を行った。

①公害諸立法における経済発展との調和条項の削除
②公害の予防・排除に関する企業責任の明確化
③無過失責任原則の採用，因果関係の立証責任の転換，被害救済のための実効ある制度の確立
④公害関係の全資料を国民に公開する制度の確立

このように日弁連は，公害問題を優れた人権問題として位置づけ，そのときどきに，必要な調査研究に取り組み，それにもとづいて，公害の防止・根絶と被害の完全救済に関する提言・意見を発表するとともに，環境権を基本的人権として確立するために，さまざまな取り組みを進めてきた。日弁連は，全ての弁護士が加入を義務づけられている日本で唯一の法曹団体であることから，個別具体的な公害裁判に直接関与することはできないものの，公害問題に関して日弁連が上述した提言・意見を発表してきたことは，公害裁判に取り組む原告弁護団の活動の後だてとなり，公害裁判の解決に大きな影響をあたえてきたことはいうまでもない。

7 公害裁判で勝利するための条件

1 公害裁判は被害に始まり，被害に終わる

　公害裁判では，しばしば「被害に始まり，被害に終わる」といわれる。それはまことに名言である。そして，その意味するところは，次のようなものであると考えられる。

　第1に，弁護団に結集する多くの弁護士が，被害者の苦しみと痛みを我がことのように受け止め，ともに涙を流し，さまざまな負担と犠牲を払いながら，公害被害の救済と根絶をめざして，献身的にたたかう。

　第2に，被害者が公害の生き証人として，被害の苦しみと深刻さを法廷の内外で真剣に訴え，それが裁判官の心をとらえ，国民世論をゆり動かす。

　第3に，被害者の訴えに共鳴し，公害被害の救済と根絶のために活動する専門家（医師，科学者，研究者など）の集団が形成され，また，さまざまな団体，個人が被害者の支援のために取り組み，それが大きく広がる。

　例えば，50万人，100万人といった公正判決要請署名が裁判所に提出される。

　第4に，マスコミやジャーナリズムが被害者の訴えを取り上げ，それが報道・出版を通して広範な国民世論の形成を促す。

　第5に，被害者と弁護団が地方自治体や地方議会に働きかけ，被害救済と根絶を求める意見書を採択してもらったり，国会に働きかけて，被害者の訴えに耳を傾け，その要求の実現のために積極的に取り組む国会議員を党派を超えて広く組織する。

　以上述べたことが積み重ねられるなかで，はじめて裁判所をして，原告勝訴の判決を言渡すことのできる状況をつくり出すことができるといえよう。

2 被害者に生きる希望と勇気をあたえる

　以上述べたような被害者・原告と弁護団の共同の取り組みを通して，深刻な被害に苦しみ，悲しみと絶望にうちひしがれていた被害者が，生きる希望と勇気を見出すまでに至ったときに，公害裁判で勝利の展望を大きく切り開くこ

とができる。

　例えば，薬品公害事件である薬害スモン訴訟のなかで，被害者のうたった次のような歌は，こうした被害者の心情を端的に示すものである。
　"こわれたる　この身が役に立つという　薬害うったえ　今日もまちゆく"
　"たたかえば　勝てる確信深めたり　喜びかみしめ　明日に真向う"
　裁判官もまた，こうした被害者の心情に心を動かされて，原告勝訴の判決を書いた。薬害スモン訴訟で，1人の患者に6300万円という高額の損害賠償を認めた京都地裁の裁判長は，「裁判所時報」のなかに，その心境を次のとおりうたった短歌をのせた。
　"寒き夜に　スモンの記録読みゆけば　患者の痛み　はだにしみ入る"

3　困難に挑戦する弁護士の献身的な活動

　公害裁判で勝利をかちとるためには，原告弁護団がいささかもひるむことなく，困難に立ち向かい，それを乗り越えていくための，あくなき挑戦と献身的な活動が必要なことはいうまでもない。こうした弁護団のさまざまな取り組みやその具体的な活動については，すでに述べたとおりである。ここでは，これまでに紹介してこなかった弁護士の献身的な活動の具体的な実例について述べる。

　イタイイタイ病訴訟や熊本水俣病訴訟では，それまで都市部で弁護士事務所を開設していた弁護士が，公害が発生している現地に弁護士事務所を移して，被害者と日常的に接触することを通して，弁護団と被害者，原告団との団結を強め，共同の取り組みを強めていくことが行われた。

　また薬害スモン訴訟などでは，訴訟の最終段階で，判決を迎えるためのさまざまな準備や行動（判決行動）に取り組むため，弁護団が約2〜3月間にわたって，事実上弁護士事務所を閉めて，東京や大阪に常駐するという体制がとられた。

　こうした取り組みは，個々の弁護士にとって大きな負担と犠牲を強いるものではあったが，深刻な被害に苦しむ被害者を1日も早く救済するために，弁護団はあえて困難に挑戦し，これを乗り越えていった。

4　裁判終了後の取り組み——公害根絶と環境復元をめざして

　公害問題は，訴訟が終わったからといって，それで全ての問題が解決するわけではない。公害・環境汚染の再発の防止・根絶，汚染された環境の復元，未提訴・潜在被害者の掘りおこしとその救済等々，さまざまな課題が残されている。そこで，原告弁護団は，判決や和解によって裁判が終わった後も，公害の根絶と汚染された環境の復元に向けて，被害者と共同して，さまざまな取り組みを進めてきた。例えば，賠償金の一部を拠出して，基金をつくり，財団やNPO法人等を結成して，公害・環境問題に関して，継続的な活動を行うことがなされてきた。そしてまた，裁判終了後にも，こうした共同の取り組みができるまで，被害者と弁護団の団結のレベルが深まり，公害根絶と環境復元という社会的な実践に取り組むことが国民世論の支持を広げ，勝利をひきよせる大きな力となったということができる。

8　公害裁判の実体法及び訴訟手続法への影響

1　四大公害裁判が提起された当時の日本の公害関連法規と訴訟手続法

　四大公害裁判が提起された1960年代後半の日本では，公害関連法規はほとんど整備されておらず，公害裁判はもっぱら民法の不法行為に関する規定を根拠とするものであった。ただ，例外的に，イタイイタイ病訴訟では，鉱業法に無過失責任の規定がおかれていたので，この規定を根拠にして，企業の責任を追及することができた。

　また，公害裁判の訴訟手続についても，一般の民事訴訟法にもとづくものであり，公害裁判に関して特別な訴訟手続法は存在しておらず，この点に関しては，現在も変わっていない。このため，最高裁判所は，公害裁判を担当している各地の裁判所の裁判官を集めて，しばしば裁判官会同を開いて，公害裁判の審理の進め方等について協議を行った。こうした裁判官の会同や協議会で検討されたテーマには，実際に公害裁判で争点となっているものが取り上げられたことから，裁判官の独立を侵害するおそれがあるのではないかと危惧された。

2 公害裁判の主な請求根拠

　日本の公害裁判の多くは，生命・身体の侵害や騒音などによる生活環境の破壊に対して，民法709条以下に規定する不法行為にもとづく損害賠償を請求するものであった。また，民法710条では財産上の損害だけではなく，生命・身体その他の人格的利益（これを総称して人格権という）の侵害に対しても，損害賠償（慰藉料）を認めている。ところで，民法710条では，身体，自由もしくは名誉を侵害された場合には，財産上の損害が発生していなくとも，損害を賠償しなくてはならないと規定しているが，これはあくまでも人格権の内容の例示にすぎず，それ以外の人格的利益が侵害された場合にも，人格権侵害として広く損害賠償が認められると解されている。このように個人の人格的利益が人格権として広く法的保護を受け，これが侵害された場合には，損害賠償が認められることはもとより，差止も認められる場合があるとするのが現在の判例のすう勢である。

　国や地方自治体が公害の拡大防止を怠り，その結果，被害の発生を招いた場合には，国家賠償法にもとづき損害賠償責任を負うことについても，今日では裁判所において広く認められている。

　公害事件における国家賠償法上の責任は，最初は，大阪国際空港公害訴訟をはじめ，各地の空港騒音訴訟のなかで認められてきた（最高裁1981年12月16日大法廷判決など）。すなわち，航空機による騒音防止に関して，国には空港の設置・管理に瑕疵があるとして，国家賠償法2条1項（営造物の設置管理の瑕疵による賠償責任）にもとづき，騒音による人格権侵害を根拠に，空港周辺の住民の損害賠償請求が認められてきた。

　次いで，熊本水俣病訴訟では，水俣病による健康被害の拡大防止のために，国や熊本県が法律や条例に基づく規制権限を行使しなかったことが，国家賠償法1条の適用上違法となるとして，損害賠償が認められた（最高裁平成16年10月15日第2小法廷判決など）。また最近では，道路公害による騒音・大気汚染等の被害をうけた住民の損害賠償請求についても，裁判所は，道路の設置管理を行う国に，国家賠償法上の責任があることを認めている（最高裁平成7年7月7日第2小法廷判決など）。

以上述べたとおり，裁判所はこれまで，損害賠償については比較的広く，被害住民の請求を認めてきたが，公害の差止めについては，大阪国際空港公害訴訟で，最高裁判所が1981（昭和56）年12月，差止請求を却下して以降，差止を認めることには消極的な姿勢をとり続けている。

しかし最近，大気汚染公害訴訟では，2000（平成12）年1月に，神戸地裁判決が差止を認めたのに続き，同年11月に名古屋地裁判決も差止を認めるなど，地方裁判所段階ではあるが，差止を認める判決が相次いで出されてきている。公害・環境汚染の防止・根絶を図るためには，損害賠償による事後的な救済だけでは不十分であり，事前に公害の差止を認めることが重要である。したがって，今後，裁判所で公害差止を認める判決が数多く出されることが何よりも望まれる。

9 まとめと今後の課題

1960年代後半の相次ぐ大型公害裁判の提起では，立法にも大きな影響を与え，70年の「公害国会」で，公害関係14法が成立するに至った。

また，72年7月の四日市公害訴訟判決で，コンビナート企業の共同不法行為責任が認められたことは，その地域全体の汚染物質の排出を減少させるという排出総量規制の必要性を明らかにするものであった。そこで，この判決を契機に，排出総量規制が導入され，今日では総量規制が排出規制に対する最も有効なシステムと考えられている。

さらにこの判決で，大気汚染による健康被害に対する排出者責任が明確にされたことにより，公害患者に，医療費に加えて一定の補償給付がなされるという補償制度が生み出されるようになり，これが契機となって，73年10月には，公害健康被害補償法（公健法）が制定されるに至った。

さらに上述した公害関係法の整備にともない，公害・環境に関する各種の規制基準や環境基準が定められることになった。これによって，こうした基準を超える環境汚染があれば，裁判所で違法性や過失を認めさせることがより容易になったということができる。

四日市公害訴訟で問題になったのは，硫黄酸化物（SOx）であった。この判決を契機に，硫黄酸化物の環境基準の改定強化がはかられることになり，これによって，硫黄酸化物による大気汚染は大きく改善されるに至った。ところが，1960年代後半から物流の中心が鉄道からトラックへと転換していく中で，ディーゼル貨物車による排ガス汚染が全国的に拡大していった。このため，現在では，大気汚染がもはやSOxではなく，窒素酸化物（NOx）とSPMないしPMが中心となり，その結果各地の幹線道路沿道の住民が大気汚染による健康被害を受けることになった。こうしたことから，各地で道路沿道住民による大気汚染公害訴訟が提起されるに至った。

以上のことから，道路沿道及び移動発生源による大気汚染公害は，固定発生源による大気汚染公害の解決にみられるような抜本的な環境対策がとられないまま推移している。したがって，ディーゼル車などの移動発生源に対する排出規制と自動車交通量の総量規制を組み合わせた幹線道路沿道での大気汚染問題の抜本的な対策をとることが重要な課題となっている。またそれと同時に，固定排出源による大気汚染公害が基本的に解決したとして，1987年9月，公害健康被害補償法の地域指定の解除がなされるに至ったが，幹線道路を中心とする大気汚染公害の深刻さを考慮すると，これらの地域を同法に基づき再指定することも重要な検討課題となってきている。

さらに，熊本水俣病では，熊本地裁に新たに2000人をこえる被害者が，国・県とチッソを被告として，損害賠償請求訴訟を提起して，現在も係争中であり，水俣病被害者の全員救済は，重要な課題になっている。

以上述べたように，わが国では公害の防止・根絶をはかるうえで，いまなお多くの未解決の課題が残されている。とりわけ環境権は，憲法13条などを根拠とする憲法上の基本的権利として，今日では，広く承認されてきてはいるが，これが具体的な公害・環境訴訟において，差止めや損害賠償等を根拠づける私法上の権利として，裁判上承認されているかといえば，必ずしもそうではない。

またその一方で，景観・アメニティに対する法的な保護や自然環境の保全に向けた法的規制は，今なおきわめて不十分な状況にあり，その法的保護を求める住民による訴訟も，諸外国で立法化されている環境公益訴訟の制度化が図

られていないことなどから，多くの困難に直面している。こうした現状をいかに打開していくかが，今後のわが国における公害・環境訴訟の重要な課題となっている。

第2章

公害環境訴訟と環境法の生成・発展

淡路　剛久
早稲田大学教授

　日本の環境法は，3つのモメント，すなわち，第1に，被害や現象としての公害環境問題の拡大，第2に，実定環境法としての公害環境法制（立法とそれを担う公害環境行政）と公害環境訴訟の展開，そうして第3に，公害環境訴訟を担ってきた法曹実務家および環境法理論研究者による環境法学の進展によって，発展してきた。本章は，これらの3つの理論の進展を跡づけ，現代における課題をも明らかにする。

1　序

1　環境法を生成・発展させてきた3つのモメント

　日本の環境法は，3つのモメントによって生成・発展してきた。第1は，被害や現象としての公害環境問題の拡大であり，第2は，実定環境法としての公害環境法制（立法，ただし，日本の場合には政府立法が中心であったから，それを担う公害環境行政が基礎となった）と公害環境訴訟の展開であり，第3は，環境問題と環境法理論を研究する環境法学の進展と総合化，統合化の努力である。第1のモメントによって環境問題の課題が与えられ，第2のモメントによって課題を解決すべく実定環境法制が制定されたり，公害環境訴訟が展開され，第2のモメントを担う主体の研究活動として第3のモメントである研究者や法曹実務家などによる環境法理論の進展の努力がなされてきた。

2 公害・環境被害

第1のモメントとしての公害環境被害は，日本では，19世紀後半の近代化，工業化後すぐにあらわれはじめた。足尾鉱毒事件，別子銅山大気汚染事件，日立鉱山大気汚染事件（この事例は，利害対立の関係にある鉱山側と地域住民側が協力し，鉱山側が独自に公害防止技術を研究開発して公害を減少させていった好事例である）などの鉱山公害がその典型的な事例であった。第二次世界大戦後，日本社会は，復興期を経て，1950年代から60年代，高度経済成長政策の下で，公害規制法が存在せず，政府と産業界は，十分な，あるいはまったく公害対策と公害投資をしないまま，既存工鉱業の増産，石油エネルギーへの転換のため既存工場のフル操業によるスクラップ・アンド・ビルド化，そうして新たなコンビナートを有する新産業都市の建設をすすめ，公害などによる人身被害を生み出す社会に大きく変わっていった。その結果，四大公害など深刻な人身被害の公害被害が引き起こされ，被害者の救済が公害環境法の喫緊の最重要課題となった。次いで，1970年代頃から，地域開発が全国的に展開されるようになり，生活環境の保全，自然環境の保護の課題が提起されるようになり，さらに，1980年代にかけて歴史的・文化的環境や都市アメニティーの保全へと環境問題は拡大していった。さらに，1990年代以降，地球環境問題があらわれ，公害環境問題は，公害問題，生活環境問題，自然保護問題，歴史的・文化的環境やアメニティー保全問題，地球環境問題と，複層的・重層的に存在するようになっている。

3 公害環境法制の制定

第2のモメントとしての公害環境法制の制定（公害環境立法）と公害環境訴訟は，環境法を生成・発展させる車の両輪となっている。

公害環境立法としては，公害対策基本法（1967年）とその後継の基本法となった環境基本法（1993年）および環境基本法体系に属する個別の公害法（たとえば，いくつか例をあげれば，大気汚染防止法，水質汚濁防止法，騒音規制法，「廃棄物の処理及び清掃に関する法律」—廃棄物処理法と略称—など）や各種の環境法（これもいくつか例をあげれば，たとえば，自然環境保全法，「絶滅の恐れのある野生動植物の種の保存に関する法律」—種の保存法と略称—，循環型社会形成推進基本法と各種のリサ

イクル法,「地球温暖化対策の推進に関する法律」など)が制定されてきた。

　しかし,公害環境法の領域は以上の環境基本法体系にとどまるわけではない。原子力ないし放射性物質等による環境汚染に関する法制度として,原子力基本法体系の下に原子炉等の規制法が存在する(たとえば,「核原料物質,核燃料物質及び原子炉の規制に関する法律」─原子炉等規制法と略称─など)。また,歴史的文化的環境の保全については,文化財の保護や歴史的都市の保全に関する法制度(たとえば,文化財保護法,古都保存法など)がある。さらに,都市のアメニティーの保全・創造(これは歴史的・文化的環境の保全と重なっていることが多い)については,都市計画法体系の下で,同法の一部や景観法などが都市環境保全の役割を担っている。これらもまた,環境基本法体系に属する諸法とともに,環境法の一部を構成しているのである。

4　公害環境訴訟

　第2のモメントを担ってきた車の両輪のもう1つの輪は,公害環境訴訟である。公害環境訴訟の展開,そして第3のモメントとしての公害環境法理論の課題と発展は,当然のことながら相互に関連しているが,第1のモメントとしての公害環境被害の拡大,すなわちその時代時代に応じて提起された深刻な公害環境問題の課題に対する法曹界,とりわけ弁護士の人としての生き方と法曹としての専門性をかけた応答として,公害環境訴訟は展開されてきた。弁護士による公害環境被害の発掘と調査,新たな法律論を生み出す努力によって,公害賠償訴訟,公害差止訴訟,開発行為の差止訴訟,自然保護訴訟,歴史的・文化的環境の保全をめぐる訴訟や都市アメニティーの保全訴訟など,多様な訴訟が展開されてきた(本書第Ⅱ部各章にその主要な裁判例が紹介され,解説されている)。

5　環境法学の進展

　第3のモメントとしての環境法学の進展は,はじめは第1のモメントとして与えられた課題に対する伝統的な個別法学領域(民法,行政法,憲法,刑法,国際法など)からの個別的なアプローチとして始まり,やがてそれらの総合化(個別法学領域からの問題解決に向けた総合化),統合化(環境法固有の法原則と法技術を

生み出すことによる統合化）の領域を生じさせ（1990年代頃より以降），現在，環境法は，総論としての環境法の原則と理論，各論としての環境法および各法領域における公害環境法理論の体系として，存在するようになっている（その例として，たとえば，阿部泰隆・淡路剛久編『環境法』，大塚直『環境法』などを参照）。

6 本章の課題

本章は，第1のモメントとしての各時代における公害環境被害の拡大と課題に対して，第2のモメントを担ってきた公害環境訴訟がどのように対応したか，そしてそれと第3のモメントである公害環境法理論との相互関係がどのようなものであったかについて，概括的に述べようとするものである。公害環境訴訟の類型としては，前述したように，公害賠償訴訟，公害差止訴訟，開発行為の差止訴訟，自然保護訴訟，歴史的・文化的環境の保全をめぐる訴訟や都市アメニティーの保全訴訟などがある。これらの訴訟は，公害環境被害の拡大とともに，実定法（公害環境被害の賠償や差止めを命じるための実体法上の根拠とそれを訴訟として提起することを可能とする訴訟法上の根拠）の存在を基礎とし，かつそれらの規定内容に拘束されつつ拡大，展開されてきたものである。

なお，司法的な解決である訴訟とは別に，日本社会における伝統的な紛争解決方法であったあっせんや調停を行政上の制度として定めた公害紛争処理制度（中央の公害等調整委員会。なお，都道府県には公害審査会がある）が，いまや裁判外紛争処理機関（ADR機関）として一定の役割を果たしていることも付け加えておく必要があろう。

そこで，次に，これらの訴訟が前提とする公害環境被害の諸類型およびそれらの被害の賠償や差止めの訴えを可能にする実体法上の根拠と訴訟形式を概観しておこう。

2 公害環境訴訟の諸類型とその全体的な考察

1 公害訴訟と環境訴訟の諸類型

先に述べたように，公害環境訴訟にはさまざまな類型がある。それらの司法

上の進展とその難易性，すなわち確立の程度は，第1に，原告が訴える公害環境被害の態様（個人的被害か環境被害か），第2に，原告が求めている請求の内容（損害賠償か差止めか）によって異なっているとみられる。そこで，これらの二つの視点から，公害環境訴訟の類型を概観しておこう。

なお，公害環境訴訟の進展と難易性は，司法判断が行政に与える影響によっても異なっているとみられる（三権分立との関係で司法積極主義か司法消極主義かの立場の相違）。

2　公害訴訟と環境訴訟および損害賠償請求訴訟と差止請求訴訟

(1) **個人的被害か環境被害か**　第1に，原告が訴えの対象としている公害・環境被害の態様につき，個人的被害の救済（損害賠償）または防止・予防（差止め）を中心的な争点としているか，それとも個人的な被害というよりは環境被害（被害の中で「法の保護の対象となる被害」を「損害」と呼んで区別するならば，「環境損害」ということになるが，本章では環境被害と環境損害とを厳密に使い分けしない）の回復（原状回復，損害賠償）あるいは環境の保全を中心的な争点としているか，の区別をすることができる。本章において，前者の訴訟を公害訴訟，後者の訴訟を環境訴訟と呼ぶことにするならば（ただし，一般化された明確な用語上の区別とは必ずしも言えない），ここ数十年の間に多くの困難を克服してきた公害訴訟は，環境訴訟よりも，司法的解決の成果が得られやすくなった，といえよう。

裁判所が，このように個人的被害の存在の有無によって解決を異にしている（ようにみえる）のは，個人的被害は，確立された権利（確立された権利である人の生命や健康およびこの数十年の間に確立されてきた人格権，所有権や漁業権などの物権など）の侵害の有無によって判断することができ，具体的には，（それらの権利の保護要件とされる因果関係や過失などが必要とされることは当然として）司法上の救済の対象となり得る個人的被害（損害）の立証の問題として訴訟の対象とする（訴えに乗せる）ことができるのに対して，環境被害については，そのような被害の回復や防止・予防を争うそもそもの前提たる権利の有無や訴える主体の資格が問題となり，さらにそのような紛争を解決する司法審査方式が確立していないからである，と考えられる。

しかし，このことは，現在から遡ってこれまでの数十年の公害環境法理論の進展を顧みた場合のことであって，司法的救済が可能であるはずの個人的被害の救済や防止に関わる公害訴訟においても，悲惨な公害被害が現れ始めた1950，60年代頃から現在に至るまで，法理論の発展と確立に向けて多くの訴訟上および法理論上の努力が必要とされてきた。そうして，それらの訴訟上および法理論上の発展と確立が環境法一般の生成・発展に大きく貢献してきたこともまた，強調されなければならない（この点についての詳細は，本書各論の個別訴訟の解説において述べられる）。

そのような公害訴訟の進展の先に，いま，環境訴訟の課題が提起されている。すなわち，開発行為の差止めや自然保護など個人的被害として現れない（または，現れていない）環境被害の防止・予防を求める環境差止訴訟（環境保全訴訟），そして環境被害が生じてしまった場合には，その損害の回復を可能とする環境賠償訴訟（原状回復措置ないし修復措置を求める訴訟，または行政その他の第三者が原状回復ないし修復措置を講じその費用を求める訴訟）についてどのように理論的基礎づけを行い，どのように実定法化していくかが重要な課題として提起されているのである（本書第Ⅱ部第16章自然保護をめぐる訴訟）。

(2) **損害賠償か差止めか**　第2に，原告が求めている請求の内容に焦点をあわせ，原告が損害賠償を求めているか，それとも差止めを求めているかによっても，司法上の進展と難易性は異なっている。

原告が損害賠償を求めている場合において，それが個人的な被害の回復を求めている類型の訴訟を公害賠償訴訟と呼び，環境損害の回復を求めている訴訟の類型を環境賠償訴訟（環境損害賠償訴訟とも呼ぶことができるが，いずれにしても，必ずしも慣用化された用語とはなっていない）と呼ぶことができる。また，原告が差止めを求めている場合において，それが個人的被害の防止・予防を求めている類型の訴訟を公害差止訴訟と呼び，環境被害の防止・予防を求めている類型の訴訟を環境差止訴訟とか環境保全訴訟とか呼ぶことができる。

公害賠償訴訟と公害差止訴訟は，先に，公害訴訟として類型化したように，損害賠償請求や差止請求の基礎として個人的被害の存在を主張しており，現行の訴訟法上，司法判断の対象として訴訟に乗せることができるのに対して，先

に，環境訴訟として類型化した環境賠償訴訟と環境差止訴訟は，それらを司法判断の対象として基礎づける実体法上の権利や訴訟法上の根拠が問題となり，実際上請求が認められにくい。先に述べたように，環境法理論の進展や立法措置（環境権訴訟とか，自然保護団体による団体訴訟などの法制化）が課題となっている領域である。

以下では，公害賠償訴訟と公害差止訴訟，環境賠償訴訟と環境差止訴訟（環境保全訴訟）について，その法的根拠と裁判事例（本書第Ⅱ部各章で解説されている事例を中心とする）を概観しておく。

3 公害賠償訴訟と公害差止訴訟

(1) **公害賠償訴訟の法的根拠**　公害賠償訴訟において，公害の原因者たる事業者を相方とする損害賠償請求を基礎づける法の規定として，過失責任に基づく民法709条があり，無過失責任を採用するものとして，鉱業法109条，大気汚染防止法25条，水質汚濁防止法19条などがある。いずれも因果関係要件が必要とされることはいうまでもないが，過失要件については，後に紹介される四大公害訴訟については，鉱業法109条に基づいて提起されたイタイイタイ病訴訟（本書第Ⅱ部第9章）を除いて，民法709条によっているので（熊本水俣病訴訟：本書第Ⅱ部第7章，新潟水俣病訴訟：本書第Ⅱ部第8章，および四日市公害訴訟：本書第Ⅱ部第4章。四日市訴訟は共同不法行為に関する民法719条をも基礎としている），過失の立証が要求された。その後の大型の大気汚染訴訟（大阪西淀川公害訴訟：本書第Ⅱ部第5章，東京大気汚染公害訴訟：本書第Ⅱ部第6章など）もまた，民法709条の過失責任の規定（無過失責任法が施行される前の過去の汚染による被害）と大気汚染防止法25条の無過失責任条項（無過失責任法が施行されて以降の被害），および共同不法行為に関する民法719条を基礎として争われてきた。これらの訴訟は民法の不法行為理論の発展と確立に大きく貢献した。

公害賠償訴訟はまた，公害の原因となった事業者に対して規制権限を有する国や自治体などの行政庁に対する損害賠償請求としても争われてきた。公害被害の発生が国や自治体による規制権限の行使を怠ったことに起因するものとして国家賠償法1条に基づき損害賠償請求がなされた訴訟（前記の熊本水俣病訴訟

や新潟水俣病訴訟など）や，国営空港からの騒音や国道からの大気汚染や騒音など，公の営造物に起因する公害につき，国家賠償法2条に基づいて損害賠償が求められた訴訟（大阪国際空港公害訴訟：本書第Ⅱ部第10章，国道43号線道路公害訴訟：本書第Ⅱ部第11章など）などがその例である。これらの訴訟においては，行政に規制権限があったかどうか，そしてその不行使が違法かどうか（国家賠償法1条），あるいは，公の営造物の設置または管理に瑕疵があったかどうか（国家賠償法2条），が争われたが，司法上の解決は関係法規の解釈を大きく前進させてきた（たとえば，国家賠償法1条につき，熊本水俣病訴訟についての最判平16・10・15など，国家賠償法2条につき，大阪国際空港公害訴訟：本書第Ⅱ部第10章など）。

現在，公害賠償訴訟として争われている重大事件の1つは，アスベスト被害事件である。この事件は，アスベストが広く使用されはじめてから数十年（10数年から40数年といわれる）を経過して顕在化しはじめ，いま，解決を求められている最大の労災と公害被害事件であり，しかも今後とも被害が顕在化，拡大化していく恐れがあるが，不法行為責任としては，事業者の責任のほか，国家賠償法1条に基づく国の責任が追及されている（本書第Ⅱ部第14章）。

(2) **公害差止訴訟の法的根拠**　公害差止訴訟の類型としては，民事訴訟としての公害差止訴訟と，公害の原因となる（なり得る）事業の許可をした行政庁に対してその許可の取消や差止めを求める抗告訴訟（取消訴訟，差止訴訟）などがある。

民事訴訟としての公害差止訴訟の根拠としては，生命・身体あるいは精神に対する侵害が現に存在し，あるいは侵害される蓋然性（その蓋然性の程度については議論があり得る）のあることが証明できれば，人格権（身体的人格権，精神的人格権）に基づき，差止請求をすることができる（多くの裁判例がある。本書第Ⅱ部10章の2審判決は人格権に基づいて夜間飛行の禁止を命じた）。不法行為を根拠とする差止請求を認める裁判例もある。また，排他性を有する所有権や漁業権など物権が侵害され，あるいは侵害される蓋然性の証明ができれば（その証明の程度については議論があり得るが），差止請求が可能である（漁業権を根拠として，干拓事業としての干拓場所を締め切っている潮受け堤防の開門調査を命じた事例として，本書第Ⅱ部第15章）。公害の差止請求について，以上の確立した人格権や物

権を根拠とするほか，未だ司法上正面からは認められていないが，環境権，自然享有権，自然の権利などが主張されることもある。

　公害の差止めや開発行為の差止めを求める場合において，公害を引き起こしていたり，あるいは引き起こす可能性のある事業者の行為が行政上の許認可などを必要とするものであるときには，行政事件訴訟法9条に基づき原告適格を証明した上で，許認可の根拠となった行政法規違反の違法性を主張してその取消（行政許可の取消訴訟）や無効確認（無効確認訴訟）を求める抗告訴訟を提起することもできる。行政事件訴訟法の改正（2005年）により，原告適格を認めやすくする明文が追加され（9条2項―もっとも，この規定は，最高裁判例を法文として明文化したものであって，新たに立法によって創設されたものではない），また，行政庁に対する差止訴訟が明文化された（3条7項，37条の4）。このような法の改正を可能とした1つの重要な要因として，たとえば，原発訴訟（本書第Ⅱ部第17章）や公有水面埋立訴訟など行政許可の取消訴訟の展開があったことを指摘しておかなければならないであろう（公害環境問題以外においても，当然のことながら，行政訴訟拡大の要請があった）。こうして，原告適格は法改正前よりも実際上広く認められるようになったが，行政裁量論によって実体的違法が認められにくく，結局，許可の取り消しが認められない，といった事態は大きく変わっていないともいえる。

　(3) **公害賠償訴訟と公害差止訴訟の難易**　損害賠償請求が認められる難易と差止請求が認められる難易とをこれまでの公害環境訴訟の経緯の中で比較すると，損害賠償請求よりも差止請求の方が認められにくい傾向があったように思われる。おそらく，従来，裁判所は，権利の内容の実現にあたっては，それにより相手方が受ける損害（犠牲）の程度を考慮すべきだと考えてきたようであり，また，金銭の支払いを命じるよりは，行為の全部ないし一部の禁止・排除を命じる方が相手方事業者の損害は大きいと考えてきたようであり，その結果として，損害賠償訴訟よりも差止請求の方が認められにくい結果が生じてきたのではないかと思われる。しかし，近年では，そのような傾向は変わりつつあるとも言える（道路公害について差止請求を認めた尼崎訴訟判決につき，神戸地判平12・1・31判時1726号20頁，名古屋南部公害訴訟判決につき平12・11・27判時1746号3

頁)。

4 環境賠償訴訟と環境差止訴訟(環境保全訴訟)

(1) **環境賠償訴訟の法的根拠**　環境被害の回復をはかる方法としては,環境の管理者(行政)が環境被害を回復する事業(汚染除去対策計画の立案と実施)を行い,その費用を原因者に負担させる方法と,環境被害を引き起こした事業者に回復を義務づける方法とが考えられる。日本において,従来からとられてきた方法は前者の方法であり,後者は,最近とられるようになった。前者の例として,農用地土壌汚染対策がある。農用地がカドミウム等の有害物質によって汚染され人の健康をそこなうおそれが生じた場合に,都道府県知事が地域指定をして汚染された土壌を回復するために土壌汚染対策計画をたてて事業を実施し(「農用地の土壌の汚染防止等に関する法律」,1970年),費用負担については,法律(公害防止事業事業者負担法,1970年)に基づいて一定割合を事業者に負担させる仕組みがとられた。ダイオキシンによる土壌汚染についても類似の仕組みがとられている。後者の方法は,土壌汚染対策法(2002年)によってとられた。不法投棄廃棄物を除去する不法投棄者の原状回復義務と措置についても同様である。

しかし,それらの措置がとられずに放置された場合に,住民あるいは自然保護団体やNPOなどが訴訟によって原状回復の措置を請求できるかについては,現行法上,これを直接認める法の規定はない。その他の環境被害の場合についても,訴えを提起して,原状回復措置を求めたり環境損害の賠償を求めたりすることを認める規定は存在しない。環境損害の回復措置と賠償請求をする権利をいかに訴訟上の手段として法制化できるかは,環境法理論および立法上の課題である。

解釈論としては,環境被害が自治体の管理する公物に生じた場合に,自治体の首長あるいは職員が違法に財務行為をし,あるいは環境被害を生ぜしめた加害者に損害賠償をしないことをもって,地方自治法242条の2にいう「違法な行為」あるいは「怠る事実」と解し,住民監査請求(同法242条)を経た上で,住民訴訟(242条の2,四号)を提起する方法がある。先例としては,田子の浦

ヘドロ事件（最判昭57・7・13民集36巻6号970頁）がある（県が管理する河川や港湾への環境被害に関して，県が財務会計行為（支出）をしたこと，あるいは環境被害の原因者に対して損害賠償請求権を行使しないことに対して，自治体住民が住民訴訟によって争うことが可能であることを示したが，県の支出できる費用の範囲が広く解されたことには問題があり得る）。

(2) **公害等調整委員会による解決**　なお，この点については，公害等調整委員会が独自の役割を果たしたケースが特筆されてよい。産業廃棄物の不法投棄事件において，産業廃棄物排出者の原状回復責任を認め（不法投棄者に原状回復の責任があることは当然であるが，破産した），かつ，原状回復の計画を立てて排出事業者および関係する県にこれを認めさせ，実施に移させた豊島・産業廃棄物不法投棄事件である（本書第Ⅱ部第12章）。

(3) **環境差止訴訟（環境保全訴訟）の法的根拠**　環境差止訴訟については，環境権訴訟にせよ，自然享有権訴訟にせよ，あるいは「自然の権利」訴訟にせよ，日本には，自然保護の司法上の手段となり得るこれらの訴えを直接に認める根拠法規は存在しない。司法判断としても，これらの権利は訴訟上認められていないのが現状である（本書第Ⅱ部第16章は，その実状を報告している）。

もっとも，事案によっては，既存の法的根拠の解釈により，それが環境差止請求の根拠となり得ることを認める判決もある。アメニティー領域の個別的環境権とでも称すべき景観権について，良好な街並み景観地域に居住する住民の景観利益が民法709条の法律上保護される利益であることを認めた最高裁判決がある（最判平18・3・30民集60巻3号948頁：国立市大学通事件—結論的には不法行為の成立を否定したので，不法行為が差止請求の根拠となり得るかどうかについては判断していない）。また，歴史的文化的な景観を有する港湾を囲む地域に居住する住民の景観利益を法律上保護される利益と認め，行政事件訴訟法の差止請求を提起する原告適格を認めた上で，道路建設を目的とする港湾の（一部）埋立免許の差止めを認めた下級審判決がある（広島地判平21・10・1判時2060号3頁）。自然を破壊する開発行為が自治体の財務会計行為をともなう場合には，その支出を差し止めることによって開発行為をやめさせる住民訴訟を提起する方法もある（たとえば，最判平5・9・7民集47巻7号4755頁：織田が浜事件では請求が認められな

かった)。

　いま，課題となっているのは，自然保護団体などの環境保全団体に環境差止め訴訟を提起する資格を認めるべきではないかということであるが，具体的な立法措置は進んでいない。

3 各時代における公害環境問題の課題と公害環境訴訟の展開および環境法理論の進展

1　序

　次に，公害環境問題が拡大していった各時代における公害環境法の課題と公害環境訴訟が果たした役割および環境法理論の進展を，概略的にみていくことにする。時代区分は厳密なものではなく（それぞれの時期の前後で重なっていたり，続いていたりする），きわめておおざっぱな分け方であるが，次のように区分しておく。

　第1は，1960年代から70年代頃の公害の時代である。戦後の復興期から高度経済成長時代へとすすみ，石炭から石油へのエネルギー転換や新産業都市建設などによって蓄積された公害が一挙に噴出し，公害対策基本法と公害規制法が制定されていった時代であり，深刻な人身被害の救済が最重要課題とされた。

　第2は，1970年代から80年代頃であり，環境政策の課題が自然保護やアメニティーの保全に拡大した時代である。1970年代に，日本列島改造論や全国総合開発計画などに基づき大規模開発や地域開発が全国的にすすめられ，自然破壊が進行し，自然保護が環境法と環境行政の重要な課題として加わっていった。公害環境訴訟は，公共事業の公共性を問う訴訟へと拡大し，人格権が確立に向かい，環境権が主張され，自然保護のための訴訟が提起されるようになった。1980年代には，地域においては景気浮揚策としてのリゾート開発などが進められ，自然との関わり合いにおけるアメニティーの喪失とその保全の必要性が認識され，また都市アメニティーの悪化・喪失が意識されるようになり，OECDリポート（1977年）の影響もあって，アメニティーの保全が環境政策に加わっていった。環境訴訟として，歴史的・文化的環境の保全を求める訴訟が提起さ

れるようになった。

　第3は，1980年代から90年代頃であり，1970年代末頃に提起された大型の都市型大気汚染訴訟が90年代から2000年代の初頭に相次いで判決を迎えた。課題は広域的な都市型大気汚染事件における共同不法行為責任，道路の設置・管理者の責任，そして差止請求における抽象的不作為請求の可否とその認否であった。

　第4に，1990年代頃以降においては，複合型環境問題（道路公害問題や廃棄物問題など）がその課題としての重要性を増し，大規模開発（河川の堰やダムの建設，干潟の干拓開発，大規模林道などの大型の公共事業）による環境破壊をストップさせるための多様な根拠に基づく訴訟が提起された。新たな環境政策としては，地球環境問題（地球温暖化問題など）がもっとも重要な課題として提起されたが，訴訟上の争いまでにはなっていない。

　以下，これらの時代区分に従い，本書第Ⅱ部の各章で紹介されたケースを中心に，それぞれの時代に提起された公害環境問題の課題と公害環境訴訟の応答および環境法理論の進展の推移を，概略的にみていくことにしよう。

2　1960年代から70年代頃

　(1)　**四大公害訴訟期前**　1960年代から70年代は，なによりもまず，激甚な公害により人身被害を受けた公害被害者に対する損害賠償の問題が提起された時代であった。新潟水俣病訴訟，四日市公害訴訟，イタイイタイ病訴訟，そして熊本水俣病訴訟のいわゆる四大公害訴訟（本書第Ⅱ部第4・7・8・9章）などがその代表例である。これらの訴訟は，いずれも原告・被害者側の勝訴に終わったが，これらの公害訴訟において争点となったのは，民法の不法行為の要件論，効果論であり，さらに，原告が負担する立証責任の緩和の方法という民法，民事訴訟法にかかわる争点であった。

　これらの訴訟に直面した民法の不法行為法学および判例の当時の状況はどうだったであろうか。四大公害訴訟期までの不法行為法学の状況は，我妻・不法行為法学，そしてそれを継承発展させた加藤・不法行為法学が通説を形成していた。しかし，これらの不法行為法が前提としていた社会は，いわば古典的市民

第2章　公害環境訴訟と環境法の生成・発展

社会であり，不法行為要件論も効果論も，新たな公害被害の賠償問題に直接対応し得るものではなかった。

　因果関係論については，不法行為の成立要件としての因果関係と不法行為の効果としての損害賠償の範囲を画する因果関係とが区別されないまま，ドイツから導入され，民法416条と結び付けられた相当因果関係説が妥当するものとされ，通説を形成していた。709条の不法行為の成立要件としての因果関係の立証の方法やその程度が問題とされることは，裁判上も法理論上もほとんどなかった（因果関係の立証の程度につき，最高裁が，自然科学的証明ではなく「高度の蓋然性の証明」であり，その判定は「通常人が疑いをさしはさまない程度」であることを判示したのは，最判昭50・10・24民集29巻9号1417頁いわゆるルンバール判決においてであった）。

　過失論については，学説上は過失を不注意という主観的要件としてとらえる心理状態説が通説となっていた。この立場は，過失を主観的要件とし，709条の「権利侵害」を「違法性」に置き換えてこれを客観的要件として位置づけた違法性説に対応している（ドイツ不法行為法学の影響）。過失を心理状態として主観的にとらえた結果として，過失の前提となる注意義務の構造については，関心が払われることはなかった。もっとも，大審院時代やその後の最高裁の判例は，過失を必ずしも主観的要件としてとらえていたわけではなかった。しかし，判例として大きな影響力をもった大審院判決は，（おそらく，企業活動の自由を保障するためであろう）過失の認定を狭く限定する解釈を示した。大阪アルカリ事件判決がそれである。事案は，被告化学企業からの排煙によって農作物被害が生じ，農民らが減収被害の賠償を求めた事件であるが，大審院（大5・12・22民録22号2747頁）は，被告企業が事業の性質に従って「相当な設備」を施せば過失はない，と判示した（その後の大審院判決には，「最善の方法」を尽くしたことを要求するものがあらわれた：大判大8・5・24法律新聞1590号16頁が，注目されず，先例として引用されることもほとんどなかったようである）。水俣病訴訟や四日市訴訟の過失論が直面したのは，この大阪アルカリ事件判決であった。

　複数の企業が公害を引き起こした場合に適用される719条の共同不法行為論については，共同行為者各人の行為と損害との個別的因果関係の要件と関連共

同性の要件との関係が意識されないまま，共同行為者各人の行為につき損害との間に個別的因果関係が必要であるかのような説明がなされ，さらに，関連共同性については客観的共同でよい，とするのが通説・判例であった。もし，このような法理論が通用するとなると，複数工場からの排煙によって被害を受けた原告が損害賠償を求めるためには，各工場からの排煙と被害との個別の因果関係を立証しなければなくなる。四日市訴訟が直面したのは，このような問題であった。

　不法行為の損害論については，モータリゼーションにともなって多発した交通事故訴訟における損害論が不法行為損害論の中心を占めるに至っていた。人身損害を財産的損害と精神的損害とに分け，財産的損害をさらに積極的損害と消極的損害（収入を基礎とした逸失利益）とに分けて，それらを個別的に算定して積み上げるいわゆる個別積み上げ方式の損害論であった。しかし，四大公害訴訟における被害者の多くは，農民や漁民であり給与などの収入を基礎とする損害論は不適であったし，多数の被害者が原告となっている集団訴訟において被害者1人ひとりについて個別的損害の立証を要求することも不適であった。このことは，人身被害における損害とはなにか，という根本問題を提起させることとなった。

　(2)　**四大公害訴訟による不法行為理論の進展**　　四大公害訴訟において，原告側が直面したのは以上のような不法行為法理論と判例であり，そのような学説・判例の状況の下で，立証活動と不法行為理論の立ち入った検討がなされたのである。当事者の代理人たる弁護士の準備書面による議論の展開，学説による検討，そして裁判所から言い渡された判決によって，疫学的因果関係（イタイイタイ病訴訟：本書第Ⅱ部第9章，四日市公害訴訟：本書第Ⅱ部第4章）や立証責任の一部転換（間接反証論と理解する有力学説がある）（新潟水俣病訴訟：本書第Ⅱ部第8章）などによる因果関係論，研究調査義務を前提とする高度な予見義務と結果回避義務によって構成される過失論（新潟水俣病訴訟：本書第Ⅱ部第8章，熊本水俣病訴訟：本書第Ⅱ部第7章）や，立地上・操業上の注意義務（付近住民の生命・身体の侵害といった重大な侵害をもたらさないよう事前に調査研究し，そのような危害を及ぼさないように立地し，操業する注意義務）に基づく過失論，複数の企業に連

帯責任を課す共同不法行為論（個別的因果関係の要件を関連共同性の要件に置き換える関連共同性の解釈）（本書第Ⅱ部第4章）が，一定程度の確立をみた。

(3) **被害者救済立法への影響**　また，四大公害訴訟は無過失責任法（大気汚染防止法25条，水質汚濁防止法19条）を制定させる導因となり，四日市公害訴訟判決は公害健康被害補償法を制定させる導因となった。損害論としては，個別積み上げ方式ではなく，人身損害を包括的にとらえる包括請求方式を認める裁判例が出されるようになり，公害や薬害訴訟などの集団的被害の訴訟において適用されるようになった。

3　1970年代から80年代頃

(1) **公共性を問う**　四大公害訴訟に少し遅れて，大規模な公害訴訟（損害賠償訴訟および差止請求訴訟）として，大阪国際空港公害訴訟（本書第Ⅱ部第10章）や新幹線公害訴訟などいわゆる公共事業の責任を問う訴訟が提起された。また，四日市判決後の大規模大気汚染公害訴訟においては，事業者のほか，道路の設置・管理者の責任が問われた（本書第Ⅱ部第5・8・11章など）が，道路もまた公共性を有するものと考えられている。そこで，これらの訴訟の論点の1つとなったのは，はたして公共性が事業の違法性を阻却あるいは減殺し，損害賠償や差し止めを認めにくくする要因か，ということであった。

この点につき，裁判所は，差止請求については，営造物の管理と公権力の行使とを結びつけて差止請求を不適法として却下したり（大阪国際空港公害訴訟最高裁大法廷判決－国営空港とした趣旨は，空港管理権と航空行政権とが分離，矛盾しないように，不即不離，不可分一体的に行使実現されることであるから，原告らの請求は，不可避的に航空行政権の行使の取消変更ないしその発動を求める請求を包含することになり，民事訴訟としては不適法，と判示した），あるいは公共性を過大に評価して差止請求を棄却した（名古屋高判昭60・4・12判時1150号30頁：東海道新幹線公害訴訟2審判決）。

しかし，損害賠償請求については，公共性を考慮しつつ，その評価に限界づけをしている。すなわち，最高裁は，違法性（その判定は受忍限度判断による）が国家賠償法2条に基づく不法行為責任の要件として必要だとの前提に立ち，

その要素の1つとして公共性を位置づけている。たとえば，大阪国際空港公害訴訟の大法廷判決（昭56・12・16民集35巻10号1369頁）は，国家賠償法2条の瑕疵要件については違法性の判断（受忍限度判断）が必要との前提に立って，公共性をその考慮要素の1つと判示し，また，東海道新幹線公害訴訟の高裁判決も，同様の判断を示した（名古屋高判昭60・4・12判時1150号30頁）。しかし，その上で，最高裁は，公共性の評価に優先順位をもうける考え方を示しており，民間空港である大阪国際空港公害事件の判決では，空港の便益に比べて被害者が多数にのぼること，被害内容が広範，重大であること，一部の者が犠牲を被り，便益との間にかれこれ相い補う関係がないことなどを指摘して，公共性の主張には限界がある，と判示した。さらに，軍用飛行場（基地）の騒音公害事件についても，最高裁は，原判決が基地（厚木基地）の使用および供用行為は高度の公共性があるとして公共性を重視して請求を棄却したのに対して，違法性の判断の仕方が誤っているとして，これを破棄，差し戻している（最判平5・2・25民集47巻2号643頁）。さらに，道路公害の事件（国道43号線・阪神高速道路公害訴訟：本書第Ⅱ部第11章）においても，最高裁は，「本件道路は，産業政策等の各種政策上の要請に基づき設置されたいわゆる幹線道路であって，地域住民の日常生活の維持存続に不可欠とまではいうことのできないものであり，被上告人らの一部を含む周辺住民が本件道路の存在によってある程度の利益を受けているとしても，その利益とこれによって被る前記の被害との間に，後者の増大に必然的に前者の増大が伴うというような彼此相補の関係はなく」，巨費を投じた対策も十分なものではないとの原審の認定によると，本件道路の公共性ないし公益上の必要性ゆえに本件被害が受忍の範囲内ということはできない，との原審判断は正当であると判示した（最判平7・7・7民集49巻7号1870頁）。学説では，公共性は損害賠償訴訟においては考慮すべきでないとするものが有力であり，判例も，実質的にはその線に近づきつつあるように思われる。

(2) **人格権の確立へ**　　空港，鉄道，道路などに起因する公害訴訟では，損害賠償請求とともに差止請求が提起されたことを述べたが，そのほか，企業活動に起因する大気汚染公害の差止請求，原子力発電所の建設に対する差止請求，廃棄物処分場などのいわゆる嫌忌施設の建設に対する差止請求など，多様な差

止訴訟が提起されるようになった。

　当時，差止請求権の法的根拠については，伝統的に認められてきた物権的請求権によって請求を構成すべきであって，人格権については，根拠規定がないとか，その内包・外延が不明確であって認めるべきではない，との主張もあった。しかし，公害差止訴訟を提起した各弁護団は，人格権さらには人格権の外延として環境権を主張して，差止めを求めた。また，不法行為を根拠として差止請求をする訴訟も提起された。これらの公害差止請求訴訟を通じて，人格権が差止請求権の根拠となり得ることはほぼ確立した考え方となった。

　しかし，差止請求が認容されるかどうかはそれとは別であり，産業廃棄物処分場の建設差止請求などいわゆる嫌忌施設に対する差止請求については，これを認めた事例（仮処分を含む）が少なからずあるが，空港や道路などのいわゆる公共的施設を相手方とする差止訴訟については，民事訴訟としての差止訴訟にせよ，行政事件訴訟としての取消訴訟にせよ，請求が認容された事例は多くない（認容の事例があらわれ，司法判断に変化がみられるようになったのは，2000年代になってからである）。また，原子力発電所などの国のエネルギー政策の根幹に関わる訴訟についても，同様である。これらの訴訟において，差止請求が認められにくいのはなぜであろうか。差止請求権の根拠となる権利の侵害（侵害可能性）を基礎づける被害（ないし被害の可能性）の立証の困難さ（たとえば，道路公害における自動車排気ガスの健康影響の立証，原子力発電所における事故の危険の立証など），事業の「公共性」に対する過大ないし肯定的な評価，民事の差止請求請求訴訟における請求の趣旨のあり方（いわゆる抽象的不作為請求が認められるか，という問題），行政訴訟としての取消訴訟においては，行政判断に対する司法判断のあり方（行政裁量，とりわけ専門技術的裁量論により行政判断を第一義的に尊重するかの問題），などが差し止めを認めにくくしているものと思われる。

　(3) **困難な環境訴訟**　　この時代には，さらに，人格権の外延に位置づけられる権利として，あるいは人格権では包摂することが困難な広共的環境利益の保護を目的とする権利として，環境権が主張され，環境権を根拠とする環境訴訟が提起されたが，裁判所はこれを否定し続けてきた（この点については，淡路『環境権の法理と裁判』参照）。

また，その後，環境訴訟，自然保護訴訟として，自然享有権訴訟，自然の権利訴訟といった訴訟も提起されたが，裁判所はこれらの権利を認めていない。

4　1980年代から90年代頃

(1) 都市型広域的大気汚染公害と共同不法行為責任　　四日市公害判決後，千葉，西淀川，川崎，倉敷，尼崎，名古屋南部，東京など各地の大気汚染地域で，公害訴訟が提起された（損害賠償請求と旧環境基準を超えたNO_2大気汚染物質の排出の差止め請求）が，これらの大型の大気汚染公害訴訟は，1980年前後頃から90年代にかけて争われ，20世紀末までに判決を言い渡された。これらの訴訟は，四日市事件に比べれば広域に広がった都市型の大気汚染公害事件であるが，被告企業に対する損害賠償請求はすべて認められ（千葉川鉄公害訴訟につき，千葉地判昭63・11・17判時平成元年8月5日号161頁，西淀川公害第1次訴訟につき，大阪地判平3・3・29判時1383号22頁，なお，同第2次ないし4次訴訟は，被告企業との間で和解が成立し，道路管理者に対する請求部分の判決であるが，大阪地判平7・7・5判時1538号17頁，川崎公害訴訟につき，横浜地川崎支判平6・1・25判時1481号19頁，倉敷公害訴訟につき，岡山地判平6・3・23判時1494号3頁），その後，和解によって終了した。

　これらの訴訟で争われた主要な争点は，二酸化硫黄（亜硫酸ガス，SO_2）のみならず二酸化窒素（NO_2）もまた健康影響があるか，そして共同不法行為が成立するか，であったが，各判決は，SO_2を中心とする過去の大気汚染と健康被害との因果関係についてこれを肯定し，NO_2については，前記西淀川2次ないし4次訴訟判決が，SO_2とNO_2との複合汚染の健康影響を認めた（後になるが，尼崎公害訴訟に関する神戸地判平12・1・31判時1726号20頁，名古屋南部公害訴訟に関する名古屋地判平12・11・27判時1746号3頁は，ジーゼル排気ガスとしての浮遊粒子状物質〔SPM〕の健康影響を認めた）。共同不法行為責任はどうであったか。諸判決はこれを認めたが，これらの判決の共同不法行為論は，四日市判決が示した共同不法行為論を継承しつつ，719条の関連共同性の解釈論を整序し，かつ，広域型汚染事例にも適用可能なように関連共同性の判断要素を広げているといえよう。四日市判決は，719条1項前段の共同不法行為については，個別的因果

関係が必要との立場に立ちつつ,加害者間に関連共同性があり,それは客観的関連共同性で足りるが,その関連共同のある行為によって結果が発生したことを立証すれば,各人の行為との因果関係が法律上推定されるとし,さらに,関連共同性の認定については,結果の発生に対して社会観念上全体として一個の行為と認められる程度の一体性(「弱い関連共同性」)があればそれで足りる,とした。そうして,加害者側で因果関係の不存在を立証すれば免責されるのに対して,より緊密な一体性が認められるときには(「強い関連共同性」)責任を免れない,と判示した。四日市事件では,被告側6社に弱い関連共同性を認め,さらにその中の3社について機能的・技術的・経済的に緊密な結合関係があるとして強い関連共生を認めて,結局6社全部に共同不法行為責任を認めたのである。

これに対して,これを承継した90年代の都市型の前記大気汚染公害訴訟判決の共同不法行為論は,(判決によって詳細は異なるが)概略的に言えば,719条1項前段の要件に関して個別因果関係の要件を関連共同性の要件に置き換え,さらに強い関連共同性が満たされる場合には719条1項前段,弱い関連共同性にとどまる場合には同条後段として適用法条を明確にし,さらに,強い関連共同性の判断基準として主観的要素と客観的諸要素をあげて,それらの総合判断によって決せられることを判示した,といえよう。こうして,都市型の広域的大気汚染事例において,十数社の企業の共同不法行為責任が認められた。

なお,これらの訴訟では,判決後,和解が成立して終了したが,この和解にさいして,患者原告に対して損害賠償が支払われたほか,公害によって環境が破壊され,あるいは悪化した地域の環境再生をめざして和解金が支払われていることが注目される。原告の請求が判決以上に認められた点で原告に有利な和解であり,その内容が現行不法行為法の枠組みを前提にしては得にくいものであること,環境の回復・再生をめざすものであったことなど,環境法上注目すべき和解であった。

(2) **公害差止めの壁に穴を開けた公害訴訟**　大型の大気汚染公害差止め訴訟は,(前述した公共性論や差止請求が相手方に大きな負担をもたらすという考慮などのほか)2つの問題に直面していた。1つは,訴訟形式の問題であって,一定基

準値（たとえば，環境基準値）を超えないよう大気汚染物質の排出の差止めを求める，いわゆる抽象的不作為請求が認められるか，という問題であり，もう1つは，道路自動車公害の原因と考えられたNO₂やSPMの健康影響を証明できるか，の問題であった。

抽象的不作為請求については，前述した千葉川鉄判決，西淀川判決，倉敷判決，川崎判決などの大気汚染訴訟判決は，これを否定した（反対に，肯定したものとして，名古屋新幹線公害訴訟に関する最判昭60・4・12判時1150号30頁があった）。抽象的不作為請求であっても，結局大気汚染物質を一定基準値以下にするという作為を求めるものであり，被告の履行すべき作為義務の内容が特定されていない，などというのがその理由であった。しかし，学説の多くは，判決で命じられた内容をどのような作為によって講じるかは被告側に任せればよいのであって，強制執行は間接強制によればよい，と批判した。この点につき，最高裁は，横田基地訴訟判決（最判平5・2・25判時1456号53頁）において，抽象的不作為命令を求める訴えも請求の特定に欠けることはない，としてこのような形の請求を認めることを明らかにした。

もう1つの困難は，道路公害の原因物質として，NO₂およびSPMの健康影響を証明できるかであったが，この点については，千葉大調査が道路沿道の健康影響を科学的に証明していた。

以上のような経緯を踏まえて，尼崎公害訴訟に関する前掲神戸地判平成12年1月31日判決，前掲名古屋南部公害訴訟に関する名古屋地判平成12年11月27日判決は，一定基準値（判決では明示されている）を上回る浮遊粒子状物質を排出してはならない，という差止請求を認める画期的な判決を言い渡したのである。

(3) **国の責任を認めた水俣病訴訟と患者認定の問題**　水俣病訴訟は，1973（昭和48）年3月の水俣病第1次訴訟判決により，被告企業・チッソの責任が確定して以降，国の責任と水俣病患者の認定が争点となっていたが，1987年，熊本3次1陣判決が国の責任を肯定し，その後の1990年以降，各地裁および福岡高裁は当事者に対して和解勧告をし，原告，チッソ，熊本県はこれに応じたものの国は和解に応ぜず，結局，（新潟水俣病第2次訴訟を含めて）6つの地裁の判決をみることとなった。国の責任を肯定した判決が3つ（昭和62年3月30日熊本3

次1陣訴訟判決,平成5年3月25日熊本3次2陣訴訟判決,平成5年11月26日京都訴訟判決),否定した判決が3つ(平成4年2月7日東京訴訟判決,平成4年3月31日新潟2次訴訟判決,平成6年7月11日関西訴訟判決)であり,患者認定については,認定審査会(行政認定の制度)によって認定を棄却されあるいは保留された者が,相当に高い割合で司法認定されている。このような水俣病事件解決のいきずまりのなかで,1995年,水俣病事件の和解による政治的解決がはかられたが,関西訴訟の原告は訴訟を続け,大阪高裁平成13年4月27日の判決は,国の責任を肯定し,さらに,上告を受けた最高裁は,平成16年10月15日の判決で,国の責任を肯定した原審判決を正当なものとして維持した。

しかし,患者認定については,その後申請者が増加し,新たな訴訟も提起されたため,2009年,国は新たに水俣病救済法を制定したが,それにより水俣病問題が終息するかどうか不明である。

5　2000年前後頃以降

(1)　**道路公害差止訴訟と人格権**　先に紹介した尼崎および名古屋南部の大気汚染公害訴訟に関する2つの差止判決は,身体的人格権の尊重を全面に出して差止請求を認めた画期的なものであった,と評することができよう。その背後には司法改革の動きがあったかもしれないが,実定法的には,大気汚染物質の健康影響の証明に基づいて人格権とくに身体的人格権の保護を確実にしようとするものであり,人格権の内実化をすすめるものである。道路公害問題は,現在,東京大気汚染訴訟(本書第Ⅱ部第6章)が和解によって終了したこと,および微小粒子状物質($PM_{2.5}$)の環境基準が設定されたことを踏まえて,沿道周辺の呼吸器系疾患の患者に対して医療救済制度をもうけることの必要性とその可能性であり,研究者から立法提案がなされている。

(2)　**環境訴訟と伝統的権利**　大規模開発(河川の堰やダムの建設,干潟の干拓開発など)による環境や自然資源の破壊をストップさせ,あるいは歴史的・文化的または都市的アメニティーを保全するための新たな環境訴訟は,未だに立法化がなされていない。そのような現状において,既存の多様な法律上の根拠を活用して環境訴訟が提起され,一定程度成果を上げてきている。地裁レベルで

は，景観利益を所有権から派生した付加価値とし，所有権侵害の不法行為を理由として，近隣の街並みの樹木と建物の高さをはるかに超えて建てられたマンション建物の一定の高さを超えた部分の除却を命じた判決がある（国立大学通り1審判決東京地判平14・12・18）。この訴訟は，2審で逆転判決がされ，景観権も景観利益も否定されたが，最高裁は，景観利益が不法行為に関する709条の法益にあたることは認めた（結論は2審判決を維持）。

この最高裁判決を前提として，鞆の浦埋め立て免許差止請求訴訟（行政事件訴訟法34条の四）では，同地に居住する住民にひろく原告適格（行政事件訴訟法9条2項）を承認した上で，公有水面埋め立て法上，違法であると判断し，差し止めを認めた（広島地判平21・10・1判時2060号3頁）。

干潟の干拓開発の是非をめぐって社会的な関心を引いている諫早湾干拓開門請求訴訟（本書第Ⅱ部第15章）では，開門調査を命じる判決が言い渡されたが，原告側の請求の基礎となる権利は漁業権であった。

(3) **課題としての**環境訴訟　環境権訴訟にせよ，自然享有権訴訟にせよ，あるいは自然の権利訴訟にせよ，これらの権利主張が求めているのは，個人的被害を超えた自然や環境被害の防止を求めて，団体や個人が差止めを請求できる制度が必要だということである。前記の権利概念は，解釈論によってその実現をはかろうとしたものである。それがどうしても認められないのであれば，たとえば，自然保護団体や環境団体などのNPOに訴える資格を認める立法措置を講じるべきではないか，ということである。

西欧諸国ではすでに30数年前よりそのような立法措置が講じられており，アジアでも，市民訴訟や団体訴訟を認めるところが出てきている。

1970年の環境権の提唱以来，大きな課題が未解決のまま残されているのである。

【参考文献】
〈環境法全体について〉
阿部泰隆・淡路剛久編『環境法（第3版補訂版）』（有斐閣，2006年）
大塚直『環境法（第2版）』（有斐閣，2006年）
吉村良一・藤原猛爾・水野武夫編『新・環境法入門』（法律文化社，2007年）

富井利安編『レクチャー環境法（第2版）』(2010年，法律文化社)
大塚直・北村喜宣編『環境法ケースブック（第2版)』(有斐閣，2009年)
〈環境法学の生成・発展について〉
淡路剛久「環境法および環境法学のフロンティア」環境経済・政策学会編『環境経・政策研究のフロンティア』（東洋経済新報，1996年) 118頁以下
同「環境法の課題と環境法学」大塚・北村編『環境法学の挑戦』（日本評論社，2002年) 9頁以下
同「環境法学の特色と課題」司法研修所論集113号（2004年) 40頁以下。
吉村良一『公害・環境私法の展開と今日的課題』（法律文化社，2002年)
〈四大公害訴訟・差止訴訟・環境権訴訟について〉
淡路剛久『公害賠償の理論（増補版）』（有斐閣ブックス，1978年)
沢井裕『公害差止の法理』（日本評論社，1976年)
原田尚彦『環境権と裁判』（弘文堂，1977年)
淡路剛久『環境権の法理と裁判』（有斐閣，1980年)
中山充『環境共同利用権―環境権の一形態』（成文堂，2006年)
大塚直「生活妨害の差止に関する基礎的考察－物権的請求権と不法行為基づく請求との交錯（1～8完)」法協103巻4号・6号・8号・11号，104巻2号・9号・，107巻3号・4号，同「生活妨害の差止に関する裁判例の分析（1～4)」判例タイムズ645号・646号・647号・650号
〈公害・環境訴訟について〉
淡路剛久・大塚直・北村喜宣編『環境法判例百選』（有斐閣，2004年)
淡路剛久・寺西俊一編『公害環境法理論の新たな展開』（日本評論社，1997年)
〈自然の権利訴訟について〉
籠橋隆明「奄美『自然の権利』訴訟の意義」環境と公害25巻2号18頁以下
〈団体訴訟について〉
大久保規子「団体訴訟」自由と正義57巻3号31頁以下
東京弁護士会・公害・環境特別委員会「環境訴訟で団体訴権が使えるならばできること」(2007年度環境シンポジウム報告書) 2007年

第3章

公害・環境法理論の生成・発展と弁護士の役割

吉村　良一
立命館大学教授

> わが国の公害・環境法は，1960年代以降に本格的な発展を見た。当初は，公害による健康被害の防止や救済に関する公害法として，やがて，生活のアメニティや自然保護といった広い課題をも含む環境法へと展開していった。
> 　公害・環境法の発展において重要な意義を有したのが，公害被害の救済や環境保護を求める公害・環境訴訟である。そして，これらの訴訟においては，既存の法規範や理論が適用されるだけでなく，例えば，環境権のような新しい理論が，訴訟を担った実務家（弁護士）によって主張され，それらが公害・環境法の発展に大きく寄与したのである。

1　はじめに

　わが国の公害・環境問題は，足尾鉱毒事件や大阪の煤煙問題に見るように，戦前期から深刻な問題として存在した。しかし，公害発生や環境汚染を規制したり，生じた被害を救済したり，環境を回復させる特別の法制度（公害・環境法）は，まとまった形では，この時期には存在しなかった。戦後，特に，高度成長期に問題は深刻さの度を加え，公害反対運動や環境保護運動が高揚する中，ようやく1967年に公害対策基本法が制定され，独自の法体系へと発展していくことになる。法理論面で重要なことは，1960年代末の時期に，いわゆる四大公害訴訟に代表される公害訴訟（民事訴訟）が提起され，それを契機とする損害賠償法理論や差止め論が活発に展開され，それが公害・環境法理論の発展に大き

な役割を果たしたことである。これらの公害訴訟では，被害者救済に取り組んだ弁護士が，狭義の訴訟活動においてだけではなく，理論面でも大きな役割を果たしている。すなわち，現実の訴訟の中で，弁護士らが，研究者と協力しつつ，新しい理論創造に主導的とも言いうる役割を果たしたのである。1970年代以降，公害・環境問題が多様な広がりを見せるようになるにつれて，訴訟の類型やそこで主張される環境利益も，自然保護，生活のアメニティ等，多様な広がりを見せてくる。そして，その中で，環境権，自然享有権，さらには「自然の権利」のような新しい権利の主張がなされるようになり，このうち，環境権は，環境法の基本理念として定着していく[2]。注目すべきは，これらの権利はいずれも，公害・環境問題に取り組む弁護士によって主張されたものであることである。

以下では，このような公害・環境法理論に焦点をあて，公害・環境問題における訴訟の役割や，運動を通じた理論形成の有り様，そして，そこにおける法律家（特に弁護士）の役割を考えてみたい。

2　四大公害事件に見る法と裁判

戦前の公害問題においては，足尾鉱毒事件に典型的なように，公害反対の住民運動は官憲による弾圧を受け，被害者はわずかな給付と引き換えに，将来の権利主張を放棄させられるというのが一般的であった。戦後になっても，状況は，高度成長期まで変わりはなく，ようやく，1960年代になって，本格的な公害反対の住民運動が取り組まれるようになる。その転機とされるのが，1963～1964年の三島・沼津・清水のコンビナート誘致反対運動であった[3]。この時期以降の公害反対運動は，一方で，公害反対の世論が多数を占める地域で環境保全派のいわゆる革新首長を誕生させ，地方自治体レベルで公害対策に取り組んでいくとともに，他方で，公害反対の世論が相対的に弱く公害被害者が孤立を余儀なくされている地域においては，公害発生企業の責任（民事責任）を追及する公害訴訟の提起という道を選択することになる。

これらの公害訴訟は，その被害の悲惨さや，裁判の過程を通して明らかになっ

ていった被告側の対策の不備等からして，今日の目から見れば，損害賠償責任が認められることに何の不思議もないように思われるかもしれない。しかし，当時の状況において，裁判の提起までには長い年月と被害者らの苦しい運動があった。例えば熊本水俣病事件（本書第Ⅱ部第7章）の場合，チッソの操業にともなう水俣湾の汚染は戦前からのものであり，1956年の患者の公式発見からでも1969年の提訴まで13年の期間が経過している。この間，被害者やその家族らは，チッソの企業城下町と言われた水俣において，孤立させられ放置されてきた。補償の問題について言えば，被害者らが1958年に患者家庭互助会を結成し補償を求めて立ち上がった際にも，熊本県知事や水俣市長を中心に構成された調停委員会によって，水俣病の原因が不明であることを前提に，死者への和解金がわずか30万円などという超低額の「見舞金」と引き換えに，「将来水俣病が水俣工場の工場排水に起因することが決定しても，新たな補償金の要求は一切行わない」（見舞金契約5条）ことを約束させられるという，戦前と変わらない「解決」が押しつけられ，さらには，1968年に原因はチッソ工場で生成されたメチル水銀化合物であるとした政府見解が発表された後にも，国・厚生省による低額の和解斡旋がなされるという経験をしている。したがって，被害者らの提訴は，いわばギリギリに追い詰められた段階での最後の手段だったのである。複雑な経過の後，提訴に踏み切った原告らの原告団結団式における，「今日ただいまより国家権力に立ち向かうことに相成りました」という代表の決意表明に，当時の原告らの置かれていた状況が率直に示されている[4]。

　このような事情は，他の公害訴訟でも多かれ少なかれ共通であり，例えば，1968年に提訴されたイタイイタイ病訴訟（本書第Ⅱ部第9章）も，「鉱業所に対してはもちろん，自治体や国への運動も行きづまり，裁判しか残された道はないというという状況[5]」での提訴であり，提訴をめぐる弁護士と被害者の話し合いの中で，「残るは裁判しかないはずだと思う。……万一裁判に破れることがあれば，地元におれるわけがない。……それでも子孫の将来のため私どもはやるしかないでしょう」という決意が表明されている[6]。

　日本の裁判所と法理論は，被害者らがいわば最後の権利実現の場として選択した公害訴訟にどう応えるかという点で，鼎の軽重が問われることになったの

第3章 公害・環境法理論の生成・発展と弁護士の役割

であるが，四大公害訴訟は，1971年のイタイイタイ病訴訟第１審判決（富山地判昭和46・6・30下民22巻5＝6号別冊1頁）以降，1973年の熊本水俣病判決（熊本地判昭和48・3・20判時696号3頁）までの５つの判決の全てにおいて被告企業の責任を認め，損害賠償請求を認容する判断を示した。すなわち，全体として日本の裁判所は被害者らの期待に応え，その権利実現の場として機能したのである。これらの判決の最大の意義は，これまで放置され，あるいは熊本水俣病のように僅かの「見舞金」で泣き寝入りを余儀なくされていた被害者に権利救済の道が開かれたことである。そして，このことは，被害者の権利や加害者の責任を曖昧にしたまま僅かの補償で済ますという公害被害に対する戦前以来の「伝統的」な処理方法が克服され，汚染者が自らの発生させた被害を補償する責任を負うという考え方が確立したことをも意味する。水俣病訴訟にたずさわった弁護士の板井優（敬称略，以下同じ）は，新潟や熊本の第１次訴訟判決が被告企業の責任を認めたことは，「少なくとも，危険なものを使って操業して利益をあげた場合に，被害者が出たらこれを必ず救済させるという論理について，日本の裁判所は，きっちり定着をさせた」という点で，大変大きな意義があると述べている[7]。

加えて，企業の責任を明確にした判決は，以上にとどまらないインパクトを公害問題においてもたらした。環境社会学の長谷川公一は，公害訴訟の社会的機能として，社会問題として公害問題を開示する機能，制度形成・規範形成機能，被害者救済機能をあげ，さらに，公害判決の多面的機能として，原告救済機能，被告への制裁機能，救済圧力の高進，制度・規範形成機能を指摘している[8]が，ここでは，原告勝訴の判決が，当該原告に対する救済をもたらしただけでなく，判決後の直接交渉等により，同様の被害を被っている住民への救済に広がっていったこと，さらには，国や自治体の公害・環境行政にも大きな影響を与えたことを強調しておきたい。そのことは，例えば，四大公害訴訟の１つであった四日市公害訴訟（本書第Ⅱ部第4章）において，判決（津地裁四日市支判昭47・7・24判時672号30頁）が，コンビナート企業の責任を厳しく指摘したことを受け，当時の環境庁長官が，①公害対策に全力をあげて取り組むこと，②被害者救済に制度の検討を進めること，③事前チェックのための制度の必要性の

3点を指摘する談話を発表し，これらの点が，③の事前チェックの制度化（アセスメント法の制定）が大きく遅れたことを除けば，1970年代前半における環境基準の改定や排出規制の強化，公害健康被害補償法の制定等により実現していったことを見れば明らかであろう。

3　公害問題における法律家（弁護士）の役割

　公害問題において，被害者らが提訴にいたる過程には共通のパターンがあることが指摘されている[9]。すなわち，公害に反対する住民運動は，まず被害の救済を求め，陳情・抗議を繰り返すが，それらの行きづまりの中から提訴を決意するのである。この点は，前述の水俣病訴訟において最も顕著であった。そして，提訴のもう1つの契機が弁護士との接触であった。すなわち，専門家としての弁護士との出会いの中で，裁判の見通し等々が明らかになることが，提訴にいたる決定的な契機となるのである。淡路剛久は，薬害スモン事件の経過を分析する中で，被害者が「法的要求行動を起こすためには，法や権利について種々の知識や情報を得ることが必要であ」り，「被害者の原初的な要求および行動が法的要求行動へと転化ないし収斂されるについて重要な要因となるのは，被害者が法律専門家—とくに弁護士—と接触し，後者から法ないし権利について様々な知識や情報を得ることである」[10]として，被害者の要求を法的要求に高めて提訴にいたる上での専門家としての弁護士の役割が決定的に重要であったことを指摘しているが，全く同様のことが公害問題においても指摘できよう。さらに注意すべきは，公害裁判の場合，弁護士が果たした役割は，単に，専門家として被害者らに法的アドバイスを行うにとどまらないことである。すなわち，多くの公害裁判では，地域社会の中で抑圧され隠蔽されている被害を明らかにし，様々な困難に直面している被害者やその家族を励まし，提訴にいたる道筋をつけていくといった役割を，弁護士が果たしているのである[11]。

　公害訴訟の場合，原告側の多数の弁護士が弁護団を組織し，訴訟活動にあたることが一般的である。長谷川公一によれば，原告弁護団の果たす役割は法廷の内外にわたり，多面的であり包括的である[12]。まず，提訴の準備段階では，弁

護士の組織化が必要であり，さらに，住民運動のリーダーと一緒に原告を募り組織化していくという活動が展開される。提訴後の法廷内では，原告の救済要求を実現するために必要な主張・立証活動が行われる。公害訴訟における弁護士の役割は，法廷の中にとどまらない。すなわち，原告リーダーらとの訴訟・運動方針の協議，各種の集会や学習会等を通じた情宣活動，マスコミへの対応，原告側と被告側の直接交渉のサポート等，多様な役割を担うのである。ここで注意すべきは，このような活動の中で，既存の理論に依拠した主張がなされるだけではなく，新たな理論や権利主張が行われることである。公害・環境訴訟の中で原告弁護団やそれと協力する研究者によって生み出された新しい理論の典型は，大阪空港訴訟（本書第Ⅱ部第10章）の中で生成・発展してきた環境権論であるが，それ以外にも，因果関係の証明における疫学的因果関係論，あらたな損害賠償請求方式としての一括・包括請求や一律請求，さらには，公害企業の責任を厳しく追及する責任論としての「汚悪水論」等，様々である。以下では，水俣病裁判の中で登場した「汚悪水論」と，環境権を中心とする新しい権利論を取り上げて，それがどのようにして形成されてきたのか，そこに弁護士はどうかかわったか，その意義はどこにあるかを検討したい。

4　運動を通じての理論形成――「汚悪水論」を中心に

　水質汚濁防止法19条や大気汚染防止法25条のような，いわゆる公害無過失責任規定が存在しなかった段階における公害責任が問題となった四大公害訴訟では，被告企業の過失の存否が大きな争点になった（ただし，イタイイタイ病訴訟のみは，鉱業法109条によって無過失責任が認められていたことから，過失は争点となっていない）。過失は一般に，結果の予見可能性を前提とした回避義務違反と考えられるが，公害訴訟においてまず問題となったのは，公害被害結果について被告企業に予見可能性があったかどうかであり，さらには，被告企業に課される結果回避義務はどの程度のものかである。特に，世界で初めての大規模な有機水銀中毒事件であった熊本水俣病において，予見可能性が大きな争点となった。すなわち，この訴訟で被告側は，予見すべき対象は責任を負うべき対象と同一

でなければならないとの立場から，工場排水による生命・身体侵害についての予見が必要であるが本件ではそのような予見は不可能であったと主張したのである[15]。このような被告の主張に対し，原告側が主張したのが，「汚悪水論」であった。「汚悪水論」とは，「総体としての汚悪水を排出して，他人に被害を与えたことこそが，不法行為にほかならない」「このような危険な汚悪水を排出しながら操業を継続させたならば，この排出行為自体に責任がある」[16]という主張であり，そこでは，工場が危険な廃液を未処理のまま排出すること自体に責任の根拠が求められている。

　裁判所は被告の責任を認めたが，そこでの過失論は，「化学工場が廃水を工場外に放流するにあたっては，常に最高の知識と技術を用いて廃水中に危険物混入の有無および動植物や人体に対する影響の如何につき調査研究を尽してその安全性を確認するとともに，万一有害であることが判明し，あるいは又その安全性に疑念を生じた場合には，直ちに操業を中止するなどして必要最大限の防止措置を講じ，とくに地域住民の生命・健康に対する危害を未然に防止すべき高度の注意義務を有するものといわなければならない」，「被告は，予見の対象を特定の原因物質の生成のみに限定し，その不可予見性の観点に立って被告には何ら注意義務がなかった，と主張するもののようであるが，このような考え方をおしすすめると，環境が汚染破壊され，住民の生命・健康に危害が及んだ段階で初めてその危険性が実証されるわけであり，それまでは危険性のある廃水の放流も許容されざる得ず，その必然的結果として，住民の生命・健康を侵害することもやむを得ないこととされ，住民をいわば人体実験に供することにもなるから，明らかに不当といわなければならない」というものであった。すなわち，そこでは，「汚悪水論」が正面から認められているわけではないが，水俣病という特定された病気の発生を問題にせず人体に対する何らかの被害の発生することをもって予見の対象として判断すべきとしたこと，特定の原因物質という考え方を排したことにおいて，「汚悪水論」の狙いが十分に受け止められているのである。特に，特定の原因物質やその作用メカニズム，あるいは特定の症状の予見を求めることは「住民をいわば人体実験に供することにもなる」として，これを排した点で大きな意義を有する。

第3章 公害・環境法理論の生成・発展と弁護士の役割

　注目すべきは，このような「汚悪水論」は，決して学者の机の上での研究から生まれたものではなく，弁護団の「合宿学習会」の中から，すなわち運動の中から生まれたものであることである。原告弁護団長であった千場茂勝はその間の事情を以下のように述べている。[17] 当初は，チッソの過失を突き詰めて行こうとすればどうしても原因物質にとらわれてしまい，袋小路に迷い込んでしまった。しかし，合宿学習会を続けているうちに，「何も原因物質にこだわらなくてもいいんじゃないか。そもそも，化学工場から排出される汚水には何が含まれているか分からないのだから，排出者側にはもともと十分な注意義務があると考えてみてはどうか」という発言が飛び出し，にわかに学習会の会場を覆っていた重苦しさが雲散霧消していった。そこから，水俣病の発生についても原因物質の特定にこだわらずに，工場の汚悪水をたれ流し続けたこと自体を問題にする責任論が導出され，そのことにより，工場が排出していた無期水銀が有機化する機序を明らかにしなければならないという問題も一気にクリアできた。千場は以上のように述べている。

　このように，熊本水俣病訴訟における「汚悪水論」は，原告弁護団の真摯な議論の中から，まさに運動の中から生み出されたのである。その点をとらえて，研究者の清水誠は，この理論を，弁護団が生み出した「珠玉のような法理論と呼んでも言い過ぎではない」と評価している。[18]

5　新しい権利の主張——環境権・自然享有権・自然の権利

　わが国の環境問題は，当初，公害問題として（しかも人身被害をともなう）登場し，そこでは，生命・健康といった人格的利益に対する権利である人格権が問題となった。その後，より広い環境利益に関心が広がるとともに，人身被害を防ぐ上でも，それが顕在化する以前の環境汚染の段階で対処しなければならないことが明らかになっていった。このような変化を背景に，良好な環境を享受する権利としての環境権論が1970年代に登場した。わが国における環境権論の始まりは，1970年に東京で開催された国際シンポジウムにおいて採択された「東京宣言」にあるとされる。そこでは，「人たるもの誰もが健康や福祉を侵す

要因にわざわいされない環境を享受する権利と将来の世代への現在の世代が残すべき遺産であるところの自然美を含めた自然資源にあずかる権利とを基本的人権の一種としてもつという法原則を，法体系の中に確立するよう」要請するとして，環境を享受する権利の確立の必要性がうたわれている[19]。このような考え方を発展させて，環境を享受する権利を憲法上の基本的人権から基礎づけ，その権利が侵害された場合，差止めを請求することができるとしたのは，環境問題に取り組む弁護士であった。すなわち，1970年9月に新潟で開催された日本弁護士連合会の人権擁護大会で，仁藤一，池尾隆良両弁護士が，環境権という新しい権利の確立を提唱したのである。この提唱はマスコミ等でも大きな反響を呼び，これに励まされた大阪弁護士会の有志が「大阪弁護士会環境権研究会」を組織して検討を深め，1973年に，『環境権』という書物で[20]，われわれには環境を支配し良き環境を享受しうる権利（＝環境権）があり，みだりに環境を汚染し，われわれの快適な生活を妨げ，あるいは妨げようとする者に対しては，この権利に基づいて，その妨害の排除または予防を請求できると主張したのである[21]。

　環境権は，環境保全の重要性を明確にするものであり，しかも，その場合，生命・健康といった人格的利益を超えて広く環境利益を把握しうる点，さらには，自然保護と公害問題という別個の問題とされがちであった問題を架橋しうるものである点で，大きな意義を有している。これに対し，私法上の権利（特に差止めの根拠）としては，権利主体の範囲や権利内容の不明確さ等を理由に，裁判上これを正面から認めるものは存在せず，学説上も，環境権は，その対象である環境利益が特定の個人に帰属するものではなく公共的な利益であるという点で所有権や人格権のような権利とは性格が異なるものであり，その意味で，民事上の差止めの根拠となりえないのではないかという批判がある。しかし，環境に関わる住民の主体的関与を保障するためには，それを民事法上の権利として構成することが必要であるとの観点から，環境権とは「他の多数の人々による同一の利用と共存できる内容をもって，かつ共存出来る方法で，各個人が特定の環境を利用することができる権利」であるとして，環境権研究会の環境権論を発展させる考え方も主張されており[22]，また，環境秩序の形成や維持に参

加する住民の権利として環境権を位置づける説もある[23]。

　1980年代になって,自然保護に関わって,新しい権利が,やはり弁護士によって主張された。自然享有権である。自然享有権とは,国民が生命あるいは人間らしい生活を維持する為に不可欠な自然の恵沢を享受する権利であり,1986年の日弁連人権擁護大会で提唱されたものである[24]。その背景は,1980年代になって,人間の健康や生活には直接の影響はないが極めて大きな価値を有する自然環境そのものの保全が課題となり,さらに,現在の世代だけではなく,将来世代のためにも環境を保全する必要があることが明らかになってきたことにある。この権利が従来の環境権論と違う点は,自然を公共財とみて,環境共有法理のような環境利益に対する支配権を想定せず自然からの恵みを受ける権利として構成している点,人間は自然の一員として自然の生態系のバランスの中で生活しているものとして,そのような自然を享受する権利を有するとともに,そのような自然を保全し次世代に引き継いでいく義務を負っているという考え方が表れていることである。

　1990年代になって,従来のものとはまったく異なる権利論が,やはり,自然保護訴訟にたずさわる弁護士から主張された,いわゆる「自然の権利」論である。この時期,アメリカにおける,自然物を共同原告とした訴訟をめぐる議論がわが国に紹介され,それを手がかりに,いくつかの自然保護訴訟において,自然物を原告(権利の主体)とする主張が展開されたのである。その代表事例である奄美自然保護訴訟では,奄美大島のアマミノクロウサギ等の生息地である森林の開発に関する知事の許可取消訴訟において,アマミノクロウサギほか4種の野生生物を原告として表示した請求が行われている。裁判所は,この主張を認めなかったが,判決理由の中で,「『自然の権利』という観念は,人,法人の個人的利益の救済を念頭に置いた現行法の枠組みのままでよいのかという,避けては通れない問題を提起した」と述べている[25]。

　「自然の権利」の主張そのものについては,裁判所はもちろん,学説の側においても,なおこれを正面から肯定するものは少ない。伝統的な権利観との大きなギャップが埋めがたいからである。しかし,このような考え方に基づく訴訟が,環境法理論やさらには今日の環境保護のあり方に対して提起したものは

少なくない。特に重要なことは，自然保護の目的に関わる点である。自然は何のために保護するかについて，2つの考え方があるとされる。1つは，人間のために自然を保護するとする人間中心主義であり，他は，自然はそれ自体として保護に値するとする自然中心主義である。従来は人間中心的な自然観に立って，自然を人間の活動の客体としてとらえられがちであったが，この考え方は，環境に対する人間の働きかけを肯定的に見るために，自然環境破壊をもたらしやすい。これに対し，「自然の権利」論の最大の意義は，自然を権利主体として主張することにより，自然中心的な考え方を強く打ち出したことにある。人間の権利としての環境権を超えて自然の権利という自然中心的考え方にまで進むべきかどうかはなお慎重な議論が必要であるが，「自然の権利」論の問題提起の意義は小さなものではない。

6 結びにかえて——公害・環境法理論の発展における実務家と研究者の協働

本章では，主として，公害・環境法理論の発展に果たした実務家（特に，弁護士）の役割を見てきた。これまで述べたところから明らかなように，公害被害の救済，自然保護のいずれにおいても，その功績には誠に大きいものがある。そして，この間の経験が教えることは，弁護士の役割は，既存の法規範や理論を法廷の中で展開するだけではないこと，既存の理論の不十分さを打破する起動的役割をこれまで果たしてきたし，今後も期待されているということである。しかし，このように，実務家の役割を強調することは，公害・環境法理論の発展において学者（研究者）が役割を果たさなかったこと，あるいは，今後もその役割はそれほど大きなものではないということを意味するものではない。むしろ，実務家が現実の訴訟活動や運動の中で必要に迫られて提示した大胆な問題提起を研究者が受け止め，あるいは，研究者の研究を手がかりに実務家が新たな主張を実践の中で行うといった，両者の，場合によれば一定の緊張関係をもはらんだ協働[26]こそが，公害・環境法理論の発展をもたらしたのである。その例は，本章で触れた「汚悪水論」の理論化における沢（澤）井裕の役割[27]，あるいは，環境権の主張に対する淡路剛久の論稿[28]など，多数存在する。また，本章

第3章 公害・環境法理論の生成・発展と弁護士の役割

では詳しく触れられなかったが,公害訴訟に特有の「一括一律請求」や「包括請求」が,その手がかりとしたのが,西原道雄の人身損害論(いわゆる西原理論)であったことも,夙に知られたところであり[29],また,被告企業がコンビナートを形成していた四日市訴訟とは異なり,地域的に被告企業が散在していたため,共同不法行為の規定が適用できるかどうかが問題となった西淀川訴訟(本書第Ⅱ部第5章)における共同不法行為論には,澤(沢)井裕が主導的な役割を果たしている[30]。

司法制度改革によって作り出された法科大学院制度において,「理論と実務の架橋」が言われ,それはしばしば,学者の研究や,主として研究者教員が担ってきたこれまでの大学や大学院における法学教育は,実務を知らずにそれとかけ離れたものであったとの批判をともなって主張される。しかし,公害・環境法理論の発展を見る限り,そこでは,これとは異なり,ある意味で真の「理論と実務の架橋」が行われてきたとも言えるのである。今後の公害・環境法理の展開においても,このようなプロダクティヴな協働関係が維持・発展されることを期待したい。そのためにも,筆者のような研究者の側としては,淡路剛久がかつて,環境権等の新しい権利の生成に関して述べた,「従来,新しい主張が実定法化されていく場合には,当事者の要求を踏まえて,弁護士という職業を持った人がそれを法的に構成し,それを裁判所が認めるというプロセスをとり,研究者はその後で,判例評釈としてこれをとり上げ,画期的とか,あるいは不十分とか評してきたが,新しい現象が広汎に起こっている情況の中で,そのような受け身の態度で十分かは,考え直してみることが必要であろう。社会の中で起こっている様々な紛争や新たな利益の要求というものにわれわれがもう少しアプローチして,それが権利として生成・確立していくプロセスにもう少しコミットしていいのではないか」との発言が,今日なお,重要な意義を持つことを確認しておきたい[31]。

1) わが国の公害・環境法の歴史的展開については,吉村良一『公害・環境私法の展開と今日的課題』(法律文化社,2002年)第1部第1章参照。
2) 例えば,環境法の代表的な体系書である,大塚直『環境法』(有斐閣)は,2002年の初版以来,環境権を環境法が実現すべき基本理念の1つとしてあげている(同書50頁

63

第Ⅰ部　軌跡と到達点

　　　以下)。
　3) この運動について詳しくは，宮本憲一＝遠藤晃編『講座　現代日本の都市問題8巻』（汐文社，1971年）参照。
　4) 熊本水俣病事件の訴訟にいたる経過については，水俣病被害者・弁護団全国連絡会議『水俣病裁判』（かもがわ出版，1997年）63頁以下参照。
　5) 沢井裕「イタイイタイ病判決と鉱業法109条」法律時報43巻12号90頁。
　6) 松波淳一『イタイイタイ病の記憶』（桂書房，2002年）97頁。
　7) 水俣病被害者・弁護団全国連絡会議編『水俣裁判全史・第5巻』（日本評論社，2001年）430頁。
　8) 長谷川公一『環境運動と新しい公共圏』（有斐閣，2003年）108頁以下。
　9) 長谷川前掲書（注8）109頁。
　10) 淡路剛久『スモン事件と法』（有斐閣，1981年）185頁。
　11) 提訴にいたるまでとりわけ複雑で困難な状況が存在した熊本水俣病事件において，弁護士がどのような役割を果たしたかについては，同訴訟の原告弁護団長であった千場茂勝の著書『沈黙の海』（中央公論新社，2003年）第2章に詳しい。
　12) 長谷川前掲書（注8）110頁以下。
　13) 長谷川前掲書（注8）111頁。
　14) 公害訴訟において主張された新しい理論の内容そのものと，それが公害・環境法理論の発展において有する理論的意義については，吉村前掲書第2部第2〜5章参照。
　15) 被告最終準備書面『水俣病裁判』（法律時報臨時増刊，1973年）76頁。
　16) 原告最終準備書面・前掲『水俣病裁判』195頁以下。
　17) 千場前掲書（注11）68頁以下。
　18) 清水誠「追憶の汚悪水論」淡路剛久・寺西俊一編『公害環境法理論の新たな展開』（日本評論社，1997年）185頁。
　19) 淡路剛久訳『リーディングス環境第2巻・権利と価値』（有斐閣，2006年）100頁より。
　20) 大阪弁護士会環境権研究会『環境権』（日本評論社，1973年）。
　21) この間の経過については，環境権研究会前掲書（注20）61頁以下参照。なお，同研究会メンバー9人のうち8人は，差止めの根拠として人格権とならんで環境権が主張された大阪空港訴訟の原告弁護団の構成員であり，このような環境権論も，現実の公害訴訟の実践と密接な関連を持って発展していったものなのである。
　22) 中山充『環境共同利用権』（成文堂，2006年）103頁以下。
　23) 淡路剛久『環境権の法理と裁判』（有斐閣，1980年）83頁以下。
　24) その経過については，山村恒年『自然保護の法と戦略』（有斐閣，1989年）388頁以下参照。
　25) 鹿児島地判平成13年1月22日（LEX／DB28061380）。
　26) この点について，澤井裕「水俣病裁判外史」淡路・寺西編前掲書（注18）388頁は，水俣病訴訟をはじめ，多くの訴訟の「現場」に関わった経験を踏まえて，「現場に深入

りすると，心にもない論文を書くはめになるのではないかとの危惧は当初から持っていたし，後々一生付きまとう問題であった。しかし，これは自分に忠実であれ，という決意を繰り返すことによって，学者的良心を維持できると信じた。……学者の『公平』感覚は被害者べったりではないから，原告弁護団とは絶えず緊張関係にあった。すなわち，『しんどい思い』をすることも少なくなかった」という，「現場主義」を貫いた研究者だからこそ言える深い感想を述べている。

27) 澤井は，「汚悪水論も馬奈木弁護士の発想で，弁護団会議で練られていったものである。私も手伝って理論化し論文を書いた」と述べている（前掲（注26）396頁）。

28) 淡路は，1973年，1977年に，環境権論の提唱を積極的に受け止める論文を雑誌エコノミスト，公害研究で発表しており，両論文を含めた前掲書（注23）を1980年に刊行している。また，沢井も，環境権を基礎づける論文（「環境権論の基礎にあるもの」）を，環境権研究会前掲書（注20）に寄せている。

29) 西原理論と公害における新しい請求方式の関係については，吉村良一『人身損害賠償の研究』（日本評論社，1990年）122頁，同前掲書（注1）284頁以下参照。

30) 西淀川公害患者と家族の会編『西淀川公害を語る』（本の泉社，2008年）165頁は，原告側が主張し判決も容認した共同不法行為論は，「澤井裕教授が考えてくれた……『入り混じり』論を原告側の主張の論拠とし」たものであったとしている。

31) 日本法社会学会編『権利の動態Ⅰ』（法社会学38号）17頁以下。

第Ⅱ部

弁護士の挑戦

第4章

四日市公害訴訟

野呂　汎
弁護士・愛知県弁護士会，
四日市公害訴訟弁護団事務局長

> 　工場が集中した地域で，排煙による呼吸器疾患が集団発生したが，訴訟をした前例が無く，しかも救済が急がれるため，必ず勝てるように原告となる患者と被告とする企業を絞った。
> 　判決は疫学的因果関係を認め，被告らに共同不法行為責任を認めた。もっとも，認められた損害額は，鑑定結果に基づく個別積み上げ方式をとった結果，低額になったので，その後の大気汚染訴訟では慰謝料一括請求が主流となった。
> 　この判決は，公害健康被害補償法制定の契機となった。また，各地の大気汚染訴訟の leading case となった。

1　四日市市の歴史と公害の発生

1　位置，沿革

　四日市は，本州の太平洋沿岸中央部に位置する伊勢湾の内奥西岸（中部国際空港対岸）に所在する人口約20万人（当時・現約31万人）の都市。近代以前（江戸時代，1603～1867年）には，江戸（現東京）と京都を結ぶ主要街道（東海道）の宿場町として，第二次世界大戦中は軍需産業都市として，戦後は窯業肥料など地場産業と四日市港を基地とする海運業で栄えてきた。
　四季それぞれの自然は豊かに，平穏な日々の暮らしが，そこにはあった。

2 石油化学コンビナートの誕生と公害の発生

ところが、1950年後半、日本の高度経済成長の尖兵として石油精製、電力、石油化学などを集めた一大コンビナート（ナフサセンター）が、国・自治体の後押しもあって集中立地してから、四日市は、数年の間に自然破壊、海水汚濁、大気汚染など深刻な公害の都市と化してしまった。

まず影響は、稲作の減収、朝顔の立ち枯れなどに現れ、ついで海域で取れる魚の異臭が問題となり、ついに1961年夏には四日市ぜんそくと呼ばれる閉塞性呼吸器疾患（以下「公害病」という。）が集団発生した。間もなくその原因は、コンビナート企業より排出される排煙中の亜硫酸ガスであることがわかった。ピーク時のSO_2濃度は1ppmと殺人的であり、遂に自殺者まで出るようになった。

2 公害訴訟の提起

このようにして1966年になると四日市大気汚染公害の原因がコンビナート企業より出る排煙にあることは社会問題として定着し、市は、公害病患者認定制度を設けて治療費の補助を決めたが、発生源企業は、排煙と公害病との因果関係をこぞって否定し、発生源対策も全く放置したため、被害は増大し、認定患者は全市で300人を超えてしまった。

こうなれば、被害者にとって残された途は発生源企業に対し救済を求めて訴訟を起すしかなかった。訴訟の準備は、1966年8月から始まった。まず弁護団の結成であった。四日市がある三重県と隣県の愛知県の各弁護士会からの有志と、それとは別に労働問題を中心に扱う東海労働弁護団、さらに、他県の弁護士ら43名が結集した。弁護団の当面の作業は、原告・被告の選定、被害の聞き取り、訴状の作成であった。

当時四日市には第1コンビナートの外に第2コンビナート、内陸コンビナート等企業群があり、全市への公害発生源を形成していたが、最も公害病認定患者が集中して発生していた地域（磯津）に近く、同地での被害発生に大きく寄与していた第1コンビナート6社が被告と決まり、原告は、磯津の住民で、当

第4章　四日市公害訴訟

時認定患者として県立塩浜病院に入院中の患者の内から男女，年齢，職業別に9名を選んだ。つまり，如何にして，早く勝訴するかの勝ちパターンの選択が優先した。その理由は，当時四日市以外にも全国に大気汚染地域は多くあり，公害病患者も多発していてその救済は焦眉の急であっ

塩浜病院空気清浄室に入院中の原告―窓の外は公害企業工場

たが，現在進行中の大気汚染を原因とする人の健康被害救済の訴訟は当時は前例がなく，この訴訟での帰趨は全国の公害被害者の救済に決定的な影響を与えることは必至であったため，なんとしても勝たねばならなかったからである。

次に被害の聴き取り。当時の我々の間で「被害に始まり，被害に終わる」の合言葉が良く交わされた。公害被害の掘り起こしは何度やっても，もう十分ということは絶対無い。聴けば聴くほど次々と被害像が鮮明となり，その深刻さに胸が打たれるのをしばしば経験した。公害問題に携わる弁護士の仕事にとって非常に重要なことは，この聴き取りで理解した被害者の訴え，苦しみをどれだけ正しく，適確に裁判官に理解させるかということではないだろうか。

訴状作成にあたっては，上記被害の聴き取りの外，被告企業の操業の内容，規模，発生源施設，被告相互の関連等の調査，被害と大気汚染との因果関係立証証拠の収集，整理，証言予定者からのレクチュア，打ち合わせ，支援組織の立ち上げ等々多岐にわたる課題を手分けして担当し，弁護団会議を何回となく開いて調整してようやく1967年9月1日提訴にいたった。

支援組織も労働組合，在野政党が中心となって「四日市公害訴訟を支持する会」が発足，その後の訴訟を傍聴，訴訟準備，運動，財政面など多様な面で支援してゆくことになった。

第Ⅱ部　弁護士の挑戦

3　訴訟の経過

1　概　　要

提　　起　　1967年9月1日

裁　判　所　　津地方裁判所四日市支部

原　　告　　9名（男性7名女性2名。内2名が訴訟中に死亡し相続人5名が承継したので，判決時12名）

被　　告　　6社

請　　求　　損害賠償　提訴時総額1800万円（慰謝料）

結　審　時　　訴訟中に請求を拡張したので総額2億円（逸失利益1億1100万円慰謝料5600万　弁護士報酬3300万円）

判決認容額　　総額8821万円（認容率44％）
　　　　　　　内訳　逸失利益5619万円（50％），慰藉料2400万円（42％）
　　　　　　　弁護士費用802万円（24％）

結　　審　　1972年2月1日（54開廷，内検証1回）

判　　決　　原告勝訴　同年7月24日（確定）

2　原告の主張

(1) **四日市公害の社会的経済的原因**　　当時の日本はいわゆる高度経済成長期で，GNP年率10％以上の高率で経済が発展していたが，それを支えたのが重化学工業中心の拠点開発方式であった。この開発方式は，主として太平洋岸のベルト地域に重点的に重化学工業の拠点を集中し，その波及効果により地元も国も経済力を増強すべく作られた，国の政策の実現方式であった。しかし，その目的が経済本位に偏っていたため，開発が進む中で地域の豊かな自然，快適な人の生活環境は失われ，地場産業も衰退していったが，開発中こうしたデメリットは無視されてしまった。その最悪のツケが深刻な公害の発生であった。この訴訟は被告の責任を問うと同時に国の経済開発政策を裁く場でもあった。

(2) **因果関係**　　(ア)　大気汚染の実態　　原告居住地区磯津は四日市市の南

東部の伊勢湾岸沿いにある漁師町。第1コンビナートはそこより川をへだてて北西に，700mから2300mの距離を置いて集団立地している。

操業が始まる1960年代より磯津の亜硫酸ガス濃度は年を追って増大していき，1962年冬には年平均値0.14ppmに増大し，SO_2の排出量は年間3万トンに達した。これは当時の環境基準0.05ppmの実に約3倍の高濃度汚染であった。その原因は当地域の冬の主風向が北西風であるため，近接する工場群の排煙が，集中して大量に磯津に到達することと，この地域の気象の特徴として短時間にピーク型汚染が連続して発生するために夏も主風向に関係なく高濃度の大気汚染が滞留することだった。

(イ) **磯津での公害病の多発**　三重県立大学医学部公衆衛生学教室では，1962年から1963年にかけて四日市市の種々の汚染段階にある10地区を選んで国民健康保険の請求書により公害病の1つである気管支喘息の罹患率を調査した結果，磯津での罹患率は汚染度の少ない対象地区と比し年々顕著に増加していることがわかった。その外，SO_2濃度と喘息発作の関係，住民検診，学童検診，死亡率調査，磯津集団検診，等様々な調査でも磯津の公害病は他地区より顕著に多発していてしかも重篤症状にあることが明らかになった。

以上の事実を総合すれば，被告6社の排出により発生した大気汚染と原告らの公害病の罹患との因果関係は明らかである。

(3) **共同不法行為**　被告企業らは，第1コンビナートと総称されるように互いに場所的，機能的，技術的，資本的な結合関連性を有し客観的には他から識別できる程度に1個の企業集団を形成し，同時に他の企業が同種のSO_2の排出行為を行っていることを認識して操業し，自らも同様の排煙行為を継続してきたから，その間には強い関連共同性が認められるので，磯津にもたらした大気汚染と公害病被害の発生に対して各被告企業はその排出量の多寡にかかわらず責任を負うべきである。

(4) **故意，過失**　(ア) 故意　「四日市ぜんそく」は，1960年代より広く大気汚染を原因とする公害病として社会的には知られていて，現に被害住民は被告企業を公害企業として糾弾してきた。1964年3月の黒川調査団（厚生省・通産省）の調査の結果では磯津地区の汚染と公害病との密接な関連性が明らかに

なったから，これ以降の被告の操業は加害行為であることを確定的に知ったのであり加害の故意があった。

　(イ)　**過失**　①立地上の過失：被告の事業はその生産工程でSO_2など有害物質を副生するから，工場の立地，建設に当っては，付近の住民の生命，身体に対し危害を加えないよう事前に調査をする義務，有害物質を企業外へ排出しない万全の防除設備を設置する義務があり，各企業はいずれもその能力があるのにこれを怠り漫然と立地した過失がある。②操業上の過失：企業は操業にあたり，有害な大気汚染物質を大気中に排出するのであるから，最高の技術を用いて，排出物質の有害性の有無，性質を調査し，有害性の除去に万全の措置を講ずるべき注意義務があるも，被告各企業はこれを怠った過失がある。

　(5)　**損害**　(ア)　**逸失利益**　原告らはかけがえのない生命，身体をなんらの過失なく被告らの利潤追求の結果失ったのであり，その喪失割合は生涯にわたり全損を当然として，全労働者（性別年齢階級別）の平均賃金を基準として請求する。

　(イ)　**慰謝料**　死者につき100万円から800万円，生存原告につき500万円以上，重症者800万円を請求する。

　(ウ)　**弁護士費用**　判決認容額の2割を請求する。

4　判決の内容

　判決は，以上の原告の主張をほぼ全面的に認め，被告企業の公害を放置する体質を厳しく咎め加害者責任を明確にした画期的な内容であった。以下にその特徴を指摘する。

1　共同不法行為

　原告の主張では，被告企業間に上述の一体性が認められれば関連共同性がありとして不法行為（排出行為）と発病との因果関係を全企業に認めるべきとしたが，判決ではこれを弱い関連共同性と強い関連共同性に分け，前者の場合には因果関係は推定に留まり被告に反証の余地を残す一方で，後者の場合，つま

り機能的，技術的，経済的により緊密な一体性が認められるときは，被告の反証を許さず因果関係を認めるべきと判示して，磯津より遠方に立地し排出量も少ない3社に弱い関連共同性，残る3社に強い関連共同性を認め，かつ同社らからの反証を排斥した。

2　疫学的因果関係

疫学とはある異常な流行の実態を調査，研究することで流行の原因を探し，その対策の方法を見つける医学的手法である。四日市においては，上述の各種疫学調査がすすめられ公害病対策にも利用され，大気汚染と公害病との関係解明，治療，予防に役立ってきたが，判決はこの手法を用いて原告の公害病と被告の排煙行為との因果関係を認めた。

3　故意，過失

判決は原告主張の故意は認めなかったが，過失について，操業に伴う原告ら公害病被害の発生は予見できたとして立地上の過失，操業上の過失とも認めた。操業上の過失について，結果回避の可能性を認めた上で，「企業は経済性を度外視して，世界最高の技術・知識を動員して防止措置を講ずべき」注意義務に違反したとし，当時経済性優先の利潤競争に明け暮れていた企業の姿勢を厳しく批判した。なお，立地上の過失の判示中判決は，被告企業が第1コンビナートに進出したことについて，「当時の国，自治体が，経済優先の見地から公害防止に対する調査，検討を経ないまま旧海軍燃料廠の払下げや，条例で誘致するなどの落度があったことは窺われる」と国や自治体の責任にも言及した。

4　違法性

被告らは，違法性不存在（受忍限度内）事由として，①行為の公共性，②行政基準の遵守，③行為の社会的有益性，④場所的慣行性（磯津の準工業地域指定地内），⑤先住関係を主張したが，いずれも原告の生命，身体など重大な被侵害利益との較量で排斥した。

5 損　害

　先行公害訴訟（新潟水俣訴訟：1967年2月提訴, 1971年9月判決, 富山イタイイタイ病訴訟：1968年4月提訴, 1971年6月判決）はいずれも慰謝料の包括一律請求であったが，本訴訟は慰謝料と逸失利益の分別請求であったため，判決では，慰謝料を一律方式により500万円から200万円を100万円毎に4ランクにわけて認定した。逸失利益については以下のとおり認定した。まず過去分について上述の平均賃金に，労働能力に関する鑑定結果から算定した原告各人の喪失率（30%, 50%, 100%の3ランク）を乗じて半年毎の逸失利益額を算出し，合算した。さらに将来分として，原告の過去の病状，喪失割合を基礎に将来の喪失率を出し，これを現在時の平均賃金に乗じた上，就労可能期間中の逸失利益を算出し現在額を認定した。なお，弁護士費用は請求の1割が認容された。交通事故のような個別救済でなく，社会的救済が主眼の公害訴訟では，包括一律請求のほうが早期結審による迅速な救済（制度救済を含む）の目的にふさわしいことから，その後の大気汚染公害訴訟では包括一律請求が主流となっていった。

　損害算定・認定作業の困難性，長時間化の割に損害額は低額に止まり，原告間でバラツキが目立った本訴訟の損害論はこうした意味で教訓的事例であったといえる。

5　判決の影響

　本訴訟の最大の特色は，判決の影響であった。判決は控訴されず原告勝訴に確定し，強制執行も成功したが，そうした当事者間にとどまらず多方面に多大な影響を与えた。

1　2次訴訟原告予定者の磯津自主交渉の成立

　1971年7月以降，磯津地区の公害病認定患者，特に患者の児童をもつ「塩浜母の会」の母親が中心となって2次訴訟提訴の準備が始まった。やがてその動きには1次訴訟の支援団体，弁護団も加わり，9月には原告団の結成総会を迎えたが，工場の高煙突化による汚染範囲の変化，児童の公害病との因果関係の

究明など1次訴訟とは異なる状況により提訴が遅れるうち，翌年7月の判決となったため，この運動は，被告6社との磯津現地における自主交渉へと変っていった。この交渉は1972年9月から磯津の参加者140名との間ではじまり，11月，補償金5億6900万円で妥結した。

判決後の磯津―三重県知事，四日市市長，被告企業に対し被告企業のプラント増設に抗議

2　全市の公害患者との財団交渉と国の救済法の糸口

つづいて，全市の約1000人の公害病認定患者救済のため被告6社の外，主たる発生源企業が四日市公害対策協力財団をつくり，一時金，死亡弔慰金，年金式生活保障的給付を内容とした金銭補償制度をもうけた。この方式は1974年に国の公害健康被害補償法（公健法）として公布され，全国の公害指定地域の公害病認定患者に適用されるようになった。

3　立入調査権の取得

判決直後の被告代表者との直接交渉により，原告，弁護団，支援者らは工場内に立ち入り，公害対策の実情，違反事実について調査，説明を受ける権利を得た。

4　国，自治体の公害規制・予防対策の強化

三重県は，公害防止条例を改正，環境基準の強化，総量規制の採用，新増設の許可性に踏み切り，国は，上述の公健法の外，四日市地域公害防止計画の見直し，全国の石油コンビナートの総点検を約束した。

5　企業の公害対策

発生源企業も硫黄分の少ない重油に転換したり，脱硫，脱硝装置の新設など一定の公害防除への姿勢を示した。

6　全国大気汚染訴訟・運動への波及と公害法理の定着

この後千葉川鉄，西淀川，川崎，倉敷，尼崎，名古屋南部，東京と，大気汚染激甚地での公害訴訟と運動は21世紀にかけて各地で戦われ，いずれも被害者勝利の結果を得た。これら訴訟は四日市訴訟の意義を受け継ぎ，上述の被害者救済本位の公害法理を定着させながら，さらに運動を進展させていった。

6　訴訟後の状況と課題

1　行政の後退

国は1988年3月，公健法を改正し，指定地域を解除し，新たな公害病認定をしなくなった。その結果，現患者約500名の高齢化がすすみ，四日市では認定患者の高齢化率は58％と全国の41％を上回っている。また合併症，療養の長期化で，公健法による救済は高齢者対策の一環とするべきか運用上の課題となっている。

2　懲りない加害企業

被告6社の1つである石原産業（株）という化学原料を生産する企業は，大気汚染以外にも，廃硫酸を伊勢湾に流した（1971年）罪で有罪（1980年）になった。さらに，懲りずに1998年からリサイクル製品として大量の土壌埋め戻し材（フェロシルト）を製造販売してきたが，2004年になって，これが有害廃棄物と判り摘発された。それでもなお懲りず，最近になって毒ガス・ホスゲンを住民に隠して生産していたことがわかった。判決の教訓は生かされなかったのである。

第4章　四日市公害訴訟

3　環境再生の手がかり

　判決で裁かれたのは公害だけでなく，当時立地選定を誤り拠点開発方式に従い発生源工場群の集中立地を許した四日市の都市計画，まちづくりの失敗もあった。この反省にたてば，判決後の四日市は，市民参加のもとに，臨海部の自然を活かした快適な都市に向け再生を図る好機であった。丁度，大阪市西淀川区，川崎市，倉敷市，尼崎市のように。2008年4月発表された学際的な研究成果「四日市から考える政策提言」は，その有力な手がかりを与えてくれている。

【裁判例】
津地裁四日市支判昭47・7・24判時672号30頁

【参考文献】
ジュリスト514号（1972年）
『四日市公害記録写真集』（同編集委員会，1992年）
宮本憲一・遠藤宏一・岡田知弘『環境再生のまちづくり』（ミネルヴァ書房，2008年）

第5章

大阪・西淀川公害訴訟

村松　昭夫
弁護士・大阪弁護士会，大阪・西
淀川公害訴訟弁護団員，財団法人
公害地域再生センター理事長

　西淀川公害訴訟は，1978年4月20日に提訴された原告総数725名の大規模大気汚染公害訴訟である。①被告企業らの主要汚染源性，②原告らの疾病と大気汚染との因果関係，③被告らの共同不法行為，④自動車排ガスと健康被害との因果関係等が中心的に争われた。
　1次判決において被告企業らの公害責任が認められ，1995年3月に被告企業らと和解が成立した。1995年7月の2～4次判決では，はじめて自動車排ガスの健康影響を認める画期的な判断が示された。
　原告らは，「財団法人公害地域再生センター」(通称，「あおぞら財団」)を設立し，現在も環境再生と地域再生に取り組んでいる。
　西淀川公害訴訟は，都市型大気汚染訴訟の先駆けとして，また環境再生・地域再生の取り組みでも先駆的な事例として注目されている。

1　西淀川地域の沿革と公害の発生

　大阪市西淀川区は，大阪湾の最奥部に位置し，歌島，出来島，姫島，千船，佃などの地名からもわかるように，古くは淀川の河口にひらけた川と島の自然豊かな農漁村であった。しかし，早くも大正年代には，水運の便を求めて兵庫県尼崎市，大阪市此花区など西淀川区周辺に鉄鋼，電力，ガスなどの大工場が次々に立地し，次第に阪神工業地帯の中核部，一大重化学工場地帯に変貌していった。
　第二次世界大戦は，西淀川区周辺の工場群にも大きな痛手を与えることに

なったが，各工場はいち早く戦災復興を果たし，1960年代から始まった高度経済成長期には，西淀川区周辺の工場群も例外なくその波に乗って急速に生産を増大させていった。

大工場は，その一方で，煤じんや粉じんをまき散らし凄まじい大気汚染も進行させていった。1963年の西淀川区の亜硫酸ガス濃度0.382ppm，は環境基準の4倍近く，想像を絶する大気汚染の進行であった。空を飛んでいるスズメが落ち，朝顔が1日にして枯れる，そんなことが日常的に繰り返された。「西淀川や尼崎の子供に絵を描かせると空を灰色に塗る」とも言われた。西淀川区は，いつしか「公害の町・西淀川」に変貌していった。

尼崎臨海部の鉄鋼工場や火力発電所，化学工場など

それに追い打ちをかけたのが，1970年代から始まった自動車排ガスによる大気汚染であった。大工場が集積すれば原材料や製品を運ぶための輸送も頻繁になる。モータリゼーションの進行とあいまって，幹線道路が大阪，神戸間の大動脈として次々に建設されていった。南北わずか5km程度の西淀川区に，国道2号，同43号，阪神高速空港線，同西宮線と，東西に4本もの大幹線道路が横切ることになった。1日交通量30万台，それもトラックなどの大型車が区内を縦横に走り回るという事態になった。こうして，住民は，工場排煙とともに自動車排ガスの汚染にも晒されることになった。

2 公害病——死に至る病

こんな大気汚染が住民の生命や健康を蝕まないはずがない。西淀川区では，気管支ぜんそく，慢性気管支炎，肺気腫などの公害病認定患者が，区民の5パーセントにも及んだ。

昼夜の別なく襲うぜんそく発作とせき込み，公害は，患者の身体をむしばみ，

職を奪い，勉学の道を閉ざし，普通の日常生活を送ることさえ困難にしていった。ぜんそく発作のために駅のトイレで事切れた女性，発作のあまりの苦しさに耐えきれず「殺してくれ」と叫びながら死んでいった患者，公害病は「死に至る病」として住民に襲いかかった。患者をかかえた家族の生活も破壊された。公害患者をかかえた家族は，患者の深夜の発作やせき込みで，1日たりとも安心して眠れる夜はなかったという。一家の主柱が公害病に倒れ，経済的困難に陥った家族も多数に上った。

公害は，とりわけ子供や老人に容赦なく襲いかかった。小学校の時に気管支ぜんそくにかかり，以後亡くなるまで病院のベットでの生活を余儀なくされた南竹照代さんは，ベットのそばに人が来ると「空気が減るから来ないで」と頼んだという。そして，休みなく襲いかかる発作の波に翻弄されながら，24才で亡くなった。

　……葬式の時，お棺に入れられたあの子を見て，私，ハァーと思いました。大きいんです。思ったより，背が。いつも苦しい言うてかかがみこんだり，うずくまるみたいな格好ばっかりしていましたからね。背筋をピンと伸ばした普通の姿勢でおるところ，もうずーっと見たことなかったんですわ。何年来。お棺に入れられてはじめてまっすぐに伸びきった姿見たら，アー，この子，こんあに大きかったんか，と……　大きくなっていたんやなあ，と……。思いました……。(照代さんの母親の談)

ぜんそく発作のために，エビのようにしか寝ることができなかった照代さん。公害は，何の罪もない照代さんの青春や夢，そして最後には命までも奪ってしまった。

3　盛り上がる公害反対運動

1960年代後半から1970年代にかけて，公害反対運動が全国各地で激しく展開された。その矛先は，当然のことに利潤追求を最優先して公害をまき散らす大企業と，それを規制しないばかりか，大企業優先の開発政策を推し進めていた国や地方自治体に向けられた。西淀川区でも1970年7月に「西淀川から公害をなくす市民の会」が結成され，9月には，公害患者を最も身近で見続けてきた

西淀川区医師会が,「一貫して地域住民の側に立って公害とたたかう」と総会声明を発した。公害反対の世論と運動の急速な高まりである。そして, 1972年7月に言い渡された四日市公害訴訟判決に励まされて1972年10月29日「西淀川公害患者と家族の会」が結成された。全国でも判決に前後して尼崎, 倉敷, 川崎, 大牟田など次々に公害患者会が結成され, 1973年10月には「全国公害患者と家族の会連合会」結成へと続いた。

全国の闘いに呼応して, 西淀川公害患者会も, 最大の汚染企業である電力会社などに対し, 公害責任の明確化と公害防止対策, 被害者救済を求めて深夜にも及ぶ激しい抗議, 要請行動を続けた。しかし, 加害企業は, 自ら進んで公害責任を認めることも, 被害者救済も, 公害防止も行わなかった。

加害企業の公害責任を明確にし, 公害根絶と被害者の完全救済をはかるには, 裁判提訴しか道は残されていなかった。

4 西淀川公害訴訟の概要と経過

大阪・西淀川公害訴訟は, 1978年4月20日, 大企業10社と西淀川地域の幹線道路や高速道路を設置・管理している国, 旧阪神高速道路公団(以下「旧道路公団」という。)を相手取って, 第1次訴訟(原告数112名)が提訴され, その後, 1984年7月に第2次提訴(原告数470名), 1985年5月には第3次提訴(原告数143名)と続き, 最終的には原告総数725名の文字通り最大規模の大気汚染公害訴訟として闘われた。

西淀川公害訴訟の原告らは, すべて気管支ぜんそくや慢性気管支炎などの呼吸器疾患に罹患し,「公健法」によって公害病認定を受けた公害患者たちとその遺族であった。

被告は, 西淀川区およびこれを取り巻く尼崎市, 此花区等の臨海部に大工場を有する鉄鋼・電力・ガス・硝子・化学等の関西を代表する大企業10社と, 西淀川区を貫通する国道2号線, 同43号線, 旧阪神高速大阪池田線, 同大阪西宮線の設置・管理者である国, 旧道路公団であった。

請求の内容は, 第1には, 二酸化窒素(NO_2), 二酸化硫黄(SO_2), 浮遊粒子

状物質（SPM）について，各環境基準に定める数値を越える汚染を原告ら居住地に発生させてはならないという，いわゆる「排出差止請求」であり，第2には，原告らの健康被害等に対する損害賠償請求であった。公害病による精神的，財産的被害は甚大であり，原告らの請求額はその被害の程度によって4ランクに分けて請求された。

1991年3月の1次訴訟の判決においては，被告企業10社の共同不法行為による公害責任が認められたが，自動車排ガスによる健康被害に関しては認められなかった。その後，被告企業10社との関係では，1995年3月に被告企業らが総額39億9000万円を原告らに支払うことなどを内容とする和解が成立した。

一方，国，旧道路公団との関係では，1995年7月の2～4次訴訟判決で，はじめて自動車排ガスの健康被害を認める画期的な判断が示され，この判決を受けて1998年7月に国，旧道路公団との間でも，原告らが損害賠償金を放棄する代わりに，今後，原告らと国，旧道路公団との間で道路沿道対策などについて継続的な協議を行うことなどを内容とする和解が成立した。

ところで，日本における公害訴訟は長期になることが通例であったが，本件訴訟も，1次訴訟の提訴から最終解決まで実に20年の年月が費やされた。その原因の1つとして，被告企業ら工場からの有害物質の排出量や公害対策に係る資料や情報が，ほとんど被告企業や行政に握られ，被告企業らがこうした資料や情報を最後まで明らかにしなかった点を指摘しなければならない。被告企

〈コラム〉　公害健康被害補償法とは

　大気汚染や水質汚濁などで健康被害を受けた人を救済することを目的にして，1973年10月に制定された法律である。四大公害裁判や全国各地の公害反対運動に押されて制定され，加害者負担の原則を踏まえている点に特徴がある。大気汚染の場合，全国41か所が公害指定地域に指定され，その地域に一定期間住んでいるか，通勤している慢性気管支炎，気管支ぜんそく，肺気腫等に罹患している者を，大気汚染による公害病患者と認定し，医療費，療養費等が支払われる。財源は8割が企業から，2割が自動車重量税からそれぞれ負担されている。しかし，1988年に改訂され，以後，新規認定は打ち切られた。

らのこうした対応は，訴訟引き延ばしと非難されてもやむを得ないものであった。最終解決時に原告らの３分の１以上が死亡していたという事実は「生きているうちに救済を」の原告らの願いに反する重大な事態と言わざるを得ないものであった。

提訴当時の常任弁護団は，弁護団長等数人を除いては，ほとんどが弁護士10年未満の若手弁護士で，その後も毎年のように新人弁護士が弁護団に参加したため，常に若手弁護士が中心となって立証活動や書面作りを担った。そのため，経験不足は否めなかったが，その意欲と行動力が法廷内外の活動や取り組みを大きく前進させる原動力となった。

5 主な争点と原被告の攻防

1 はじめに

本件訴訟の法的構成は，基本的には，四日市公害訴訟と同様であるが，本件においては，被告企業らの工場が広範囲に立地し，かつ，道路の設置管理者である国，旧道路公団に対しても共同不法行為責任を追及している点に大きな特色があり，「都市型複合汚染」を裁く訴訟と言われた。以下では，主な争点と原被告の攻防を紹介したい。

2 被告企業らの主要汚染源性（到達の因果関係）

原告居住地の周辺に，被告企業らの工場以外に排出源がない場合は，原告居住地の激甚な大気汚染の原因者が誰であるかの証明は，比較的容易である。ところが，本件は，被告企業の工場以外にも周辺に中小の汚染源が存在し，かつ被告企業らが高煙突による広域拡散論を主張したため，訴訟では西淀川区の大気汚染の原因者は誰かが激しく争われた（到達の因果関係）。

原告側の基本的な主張と立証は次のようなものであった。

被告企業ら工場は，いずれも原告居住地に近接してこれを取り囲むように立地し，硫黄酸化物（SOx）をはじめとする有害物質の排出量は他の排出源と比較にならないほど大量であり，かつその大量排出を長期間に亘って継続的に

合同製鉄の高炉

行ってきた。このことからしても、被告企業らの工場からの排煙の原告居住地への大量到達は明らかである。原告側は、1960年代の航空写真などによってこのことを立証し、さらに、大阪平野は、その盆地状の地形とも相まって、工場排煙が滞留しやすい特有の気象条件があり、とりわけ淀川河口部に位置する西淀川区には、海陸風の交替などによって排煙が集りやすいメカニズムがあることを指摘し、こうした気象的特徴ともあいまって、被告企業ら工場からの大量の排煙が、原告居住地に大量に到達し、それが大気汚染の主要な汚染源になっていると主張し立証した。

一方、被告企業らは、原告側のこうした主張に対して、大阪平野の地形的気象的特徴を否定するとともに、被告企業らの工場からの排煙は、高煙突で拡散され、拡散式を用いて計算すれば原告居住地への到達は極めて少なく、西淀川区の大気汚染の主要な原因は、西淀川区内の中小企業からの排煙であると主張した。特に冬の北東の微風下における高濃度の出現は区内の北東に存在している中小企業群が原因であると主張した。

しかし、被告企業らのこうした主張には、次のような問題があった。

①被告企業らは、自社の工場からの排煙の到達について拡散計算をその根拠としているものであるが、この拡散モデルは、総量規制など広域的な行政による規制を行う場合には有用であるが、個別の工場からの排煙の到達を論じる時には、その性質上自ずから限界があることが指摘されていた。

②被告企業らは、自らの工場からの排煙の到達は徴量であると主張しながら、到達問題において基本的な前提である排出量については、これを最後まで明らかにしなかった。被告企業らのこうした対応は、被告企業らの主張の根本的な弱点であったと言わざるを得なかった。なお、原告側は、公表された限られた資料に基づいて被告企業ら工場からの排出量を推計して、被告企業ら工場から

の大量排出を立証した。

③さらに被告企業らの冬の北東微風下における中小企業原因論に対しても，より信用性のある拡散計算結果を報告書として提出して具体的な反論を行った。この拡散計算は，被告企業らの拡散計算とは異なり，風向き，風速の変化に対応して，排煙の動きを時間的経過に従って明らかにすることができる「パフモデル」を基本にしたものであり，より信用性の高いものであった。これによれば，被告企業らが，自らの寄与度が最も小さいと主張する冬の北東微風下においてさえ，被告企業ら工場の汚染寄与率は少なくとも50％以上であり，特に原告居住地が高濃度であるほど，被告企業ら工場の汚染寄与率が高いという結果となった。

いずれにしても，被告企業らの大量排出，大量到達は疑いようのない事実であった。

1次判決は，結局，大阪市などの行政が行った拡散シュミレーションを基本としながらも，それらの拡散シュミレーションには大きな誤差があるとして，被告企業ら工場の高い汚染寄与を認定した。

3　原告らの疾病と大気汚染の因果関係

公害訴訟において，原告らの疾病の原因物資を究明し，その発症のメカニズムをすべて証明することは，現在の医学の到達点からみても極めて困難な作業である。とりわけ，大気汚染による疾病は，気管支ぜんそくや慢性気管支炎など，大気汚染以外の原因によっても発症しうる非特異性疾患と言われるものであり，この点からも，原告個々の発症のメカニズムをすべて明らかにすることは不可能といってよい。

疾病と大気汚染との因果関係をさぐる最高の科学的手法が疫学である。また，訴訟で問題となっている因果関係も，自然科学における「厳密」な意味での自然的因果関係ではなく，現在の自然科学の到達点を基礎にした法的因果関係であり，それは，原告らに発生した損害を誰が賠償するのが最も公平で法的正義に合致するのかというすぐれて法的判断の問題である。

こうした見地から，四日市公害訴訟以来，疾病と大気汚染の因果関係の法的

判断においては疫学的証明の有用性が認められてきた。

　西淀川公害訴訟においても，原告側は，行政によって行われた四大疫学調査（千葉調査，環境庁の六都市調査，大阪兵庫調査，岡山調査）などに基づいて疾病と大気汚染との疫学的因果関係を立証した。

　被告企業らは，こうした疫学調査について「科学的厳密性」がないなどと非難したが，被告企業らのいう「科学的厳密性」とは，結局「科学的厳密性」の名によって，因果関係の判断を永遠の彼方に追いやる不可知論に過ぎず，当然のことにその反論は成功しなかった。なによりも，西淀川区は，1960年代以降，全国有数の大気汚染の激甚地域であり，そこにおける公害病患者の大量発生は，激甚な大気汚染によってしか説明できないことは明らかであり，こうした公害病患者の多発の原因を説明ができない被告企業らの主張は根本的な弱点を有していた。

　こうしたなかで，被告企業らはその反論の矛先を，個別因果関係の問題に向けてきた。すなわち，その公害病の発症が他原因（タバコやアレルギー等）によるものであるとか，原告の病気は他の病気の疑いがある（ニセ患者論）とかというものであった。

　しかし，そもそも疫学的因果関係が肯定される以上，高濃度曝露の集団に属する原告個々の疾病と大気汚染との因果関係は推定され，被告企業らがこの推定を覆そうとするならば，被告企業らで他原因の存在とその他原因が当該原告の疾病をもっぱらもたらしたものであることを証明しなければならないものである。このことは，従来の公害訴訟等によって確立した判例の立場であった。また，「ニセ患者論」に関しても，原告らは，全ての原告が「公健法」の厳格な認定手続きの中で公害病認定を受けていることを主張し，訴訟にも西淀川医師会の医師らによる統一診断書を提出し，さらに，各自の陳述書等によって発症からの経過も明らかにした。原告らが大気汚染によって公害病に罹患したことは疑いようのない事実であった。

　1次判決も，基本的に疫学的手法による因果関係立証の有用性を認め，大気汚染と原告らの健康被害の因果関係を認定した。

4　被告らの共同不法行為

　前述のように西淀川公害訴訟は，原告居住地を取り囲むように近接して立地する被告企業10社と幹線道路等の管理者である国，旧道路公団を被告として，これらの民法719条の共同不法行為責任を問うものであった。同様の先例としては四日市公害訴訟があった。しかし，四日市公害はいわゆるコンビナート型汚染であったが，西淀川公害は広範囲に一定数の排出源が存在する都市型汚染であり，そこには様々な理論上あるいは立証上の困難が存在した。

　原告側は，基本的には四日市公害判決を踏まえて，共同不法行為の成立する要件としては客観的関連共同性で足りるとし，その客観的関連共同の基準は，被告企業らの侵害行為が連帯して賠償義務を負わせるのが妥当と思われる程度の社会通念上の一体性を有すると評価できるか否かであると主張した。つまり，被告企業らの原告らへの侵害行為が社会的にみて全体として一個の行為，一体となった侵害行為（行為の一体性）とみられるか否かが関連共同性の基準であると主張した。

　四日市公害判決は，客観的関連共同性のメルクマールとして，被告工場の場所的一体性（近接性）と時間的一体性（立地・操業の同時性）を挙げていた。ところで，ここで考えられていた「侵害行為」とは，工場煙突からの煙の排出行為であり，「関連共同性」は当然のことにこの「侵害行為」の関連共同性として理解されていた。この考え方では，排出から原告居住地への排煙の到達は，因果関係の問題となる。

　しかし，「侵害行為」そのものは煙突からの煙の排出行為で完結してしまうものではない。そもそも，共同不法行為においては，「打撃」（権利侵害）の関連共同性が原点である。大気汚染のような場合，排出において関連しているのに，原告居住地において，ばらばらになっているという事態は考えられないために，従来「打撃」の関連共同すなわち原告居住地における排煙の一体性は当然のこととして検討の対象にさえならなかった。しかし，西淀川公害のように，被告企業らの他にも一定の排出源が存在するような場合には，「原告居住地における排煙の一体性」という共同不法行為の原点から出発することが重要である。また，西淀川公害のような多数の汚染源がある場合には，問題を個別工場

ごとの違法性・因果関係にばらばらに分けてしまうと，全体として工場側に違法性と原因性があるのに，被害者の救済が置き去りにされることになり，不当な結果を招来することになってしまう。そこで，「原告居住地における排煙の一体性」を最も重要な関連共同性の徴表であるとみるべきである。そのことを，本件において考えると，被告企業らは，排煙を原告居住地に大量に到達させ，そこで他の排出源からの排煙とまじりあって一体となって，原告らの健康等への侵害行為を行ったと評価できる。原告側は，以上のような共同不法行為の基本的な考え方を主張した。

また，尼崎市，西淀川区，此花区の臨海部に立地する被告企業らを含む企業群という視点からみても，これら企業群は，単に地理的に近接しているというだけでなく，集積の利益を求めて阪神工業地帯の中核部に集中立地してきた歴史があり，また，港湾や道路などの産業基盤の形成を共同して進め，それを共同して独占的に利用してきた事実等もある。さらに，被告企業の一部には，資本的・取引的・技術的に密接な関係も見られる。

したがって，これらのファクターを総合的，全体的にみれば，被告企業ら企業群はきわめて強い社会経済的一体性があると評価できると主張し，立証した。

そのうえ，被告企業らは，生産量，工業用水の利用量などで，この地域の代表的企業であり，それにとどまらず，下請関係などを通じて地域支配性を有し，その資本力や技術力において他の排出源とは比較にならないほどの力量を有している。ところが，被告企業らは，圧倒的な巨大排出源であり，高い技術力を持ちながら，一貫して公害対策を怠ってきたという悪性もあり，こうした点も考えるならば，被告企業らは，単に共同不法行為者の１人というにとどまらず，西淀川公害においては，「決定的な役割をはたした者」すなわち西淀川公害の「主導者」とも評価できる者，あるいはその巨大な排出量に着目すれば，「主要汚染源」とも言いうるものである。従って，被告企業らを共同不法行為者の中で狙い打ちする社会的法的妥当性も十分にあると主張した。この主張は，被告企業らが西淀川公害において，共同責任を負うべき実質的理由であった。

一方，被告企業らは，四日市公害判決を狭く解して，関連共同性のメルクマークを技術的一体性や取引関係，パイプ関係にしぼるべきだとする反論を行った。

しかし，被告企業らの主張は，共同不法行為法理の発展に逆行するものであり，自らが西淀川公害の「主役」であるにもかかわらず，その責任をまぬがれようとするものであった。

1次判決は，「原告居住地における排煙の一体性」と被告企業らの「公害対策における一体性」に注目して，基本的に被告企業らの共同不法行為責任を認めた。

5　道路の設置・管理の責任

道路からの自動車排ガスの公害責任，すなわち国，旧道路公団の公害責任については，残念ながら1次判決は自動車排ガスの健康被害を認めなかった。「現在，直ちに環境大気中の二酸化窒素単独あるいは他の物質との複合と本件疾病との相当因果関係を認めるには至らない」というのが1次判決の判断であった。しかし，その一方で，千葉川鉄判決等においては，二酸化窒素を含む大気汚染と呼吸器疾患との因果関係を認める判断が下されていた。ほとんど同一の証拠資料に基づきながら，1次判決やその後の川崎公害判決は，二酸化窒素を含む大気汚染と呼吸器疾患との因果関係を否定し，千葉川鉄判決等はこれを肯定するという，まさに正反対の判決が存在する状況であった。そして，その違いが生じた原因は，明らかに国の公害責任を追及しているかどうかの1点に尽きるものであった。

一方，大気汚染は，自動車交通とりわけ大型ディーゼル車の増加のなかで一向に改善が進まず，東京や大阪などの道路沿道においては，NO_2濃度は緩和された環境基準の上限値（日平均値の98％値で0.06ppm）を大幅に上回る状況が長期間にわたって続いていた。ところが，行政は，一貫して交通総量の削減という抜本的な公害対策に正面から取り組まず，総合的な交通政策がないまま，交通量の増加との「いたちごっこ」といわれるように，一貫して交通量主義に基づく道路建設を全国各地で進めた。

このような状況のなかで，司法によって，道路からの自動車排ガスの公害責任が明らかにされることは，公害被害者はもとより社会的にも期待されていた。

そして，ついに，1995年7月の西淀川2次〜4次判決は，自動車排ガスの健

康被害をはじめて認め，国，旧道路公団の公害責任を認めた。その後，川崎2次判決も自動車排ガスの健康被害を認め，さらに，尼崎公害判決や名古屋南部公害判決では，国，旧道路公団に対して，排出差し止めを命じる判決を下すまで前進した。

西淀川2次〜4次判決は，大気汚染公害訴訟の経過からみれば，企業責任追及の先鞭をつけた四日市公害判決にも匹敵する，自動車排ガスの公害責任追及において大きな意義のある判決と評価できるものである。

6 公害地域再生の取り組み

前述のように，西淀川公害訴訟は，1995年3月に，被告企業らとの間で総額39億9000万円の解決金の支払いを内容とする和解が成立した。この和解では，解決金のうち15億円は，環境再生等の取り組みに拠出されるものであることが明記された。和解後，原告らは，この和解条項に基づいて，6億円の和解金を拠出して公害地域の再生をめざした「財団法人公害地域再生センター」(通称「あおぞら財団」)を設立した。財団は，現在まで10数年間に亘って，西淀川地域の環境再生，地域再生事業をはじめ，エコドライブの社会実験，西淀川・公害と環境資料館の設置，環境教育，公害患者らの健康回復事業，国内外に日本の公害経験を伝える活動など，多様な事業に取り組んでいる。公害反対の運動は，訴訟終結で終わるものではなく，公害を根絶し，公害で疲弊した地域を真に公害のない安心して生活できる地域に再生するまで終わらない。西淀川の取り組みは，その先陣を切る取り組みとして注目され，その後倉敷や尼崎などでも同様の取り組みが進んでいる。

7 結びにかえて

西淀川公害訴訟は，1978年の提訴から1998年の最終解決まで20年間に亘って闘われたが，都市型大気汚染訴訟の先駆けとして，多くの成果を上げてきた。とりわけ，被告企業らの共同不法行為責任を認めさせたこと，自動車排ガスの

健康被害をはじめて認めさせたこと，差し止め請求において原告らの原告適格を認めさせたことなどは，極めて重要な訴訟上の成果であり，さらに，訴訟終了後の環境再生，地域再生においても先進的な取り組みを続けている。

その意味で，西淀川公害訴訟は，日本の公害訴訟の１つの到達点を示しているといえるのではないだろうか。

【裁判例】
大阪地判平3・3・29判時1383号22頁（西淀川大気汚染公害訴訟1次訴訟）
大阪地判平7・7・5判時1538号17頁（西淀川大気汚染公害訴訟2次〜4次訴訟）
神戸地判平12・1・31判時1726号20頁（尼崎大気汚染公害訴訟）

【参考文献】
小山仁示『西淀川公害――大気汚染の被害と歴史』（東方出版，1988年）
新島洋『青い空の記憶』（株式会社教育史料出版会，2000年）
西淀川公害患者と家族の会「西淀川公害を語る――公害と闘い環境再生をめざして」
　（本の泉社，2008年）

第6章

東京大気汚染公害裁判

西村　隆雄
弁護士・横浜弁護士会，東京大
気汚染公害裁判弁護団副団長

> 　国・地方自治体及び自動車メーカーを相手に，損害賠償と排出差止め請求の訴訟を起こし，勝訴判決をもとに被害者救済制度を構築することを目標とした。
> 　1審判決は，行政府の責任は認めたが，メーカーの法的責任までは認めなかった。そこで，控訴審では，立証活動に尽力するとともに，世論を喚起する活動を展開して和解に持ち込んだ。和解の結果，原告・弁護団は，メーカーにも資金拠出させた上で，ぜんそく患者の医療費を助成する制度を導入させた。また，国に，$PM_{2.5}$の環境基準を新設させた。

1　東京の大気汚染の特徴

1　東京の特徴

　東京に先立って大気汚染公害裁判が提起された大阪西淀川をはじめとする先行地域は，いずれも日本の高度経済成長期を中心に形成された重化学工業地帯の工場（固定発生源）からのばい煙による産業公害としての大気汚染が，その主流をなしていた。

　これに対し，東京の場合は，臨海部に若干の発電所等が存在したものの先行地域のような大規模固定発生源は存在せず，時期的にはやはりほぼ同時期の1960年代から大気汚染公害が顕在化してきたものの，発生源は自動車（移動発生源）がメインであった。

　このため同じくぜん息などの呼吸器疾患をひきおこした大気汚染公害と言っ

第6章　東京大気汚染公害裁判

ても，少なからず様相を異にする部分もあった。しかし，先行地域では，四日市公害判決以降，遅まきながら固定発生源の公害対策が徐々に取り組まれ，1980年代半ばには，各地とも発生源の主役が，固定発生源から移動発生源（巨大幹線道路）に変化するところとなってきた。

排ガスをまきちらして走るディーゼル車

2　訴訟提起への契機

こうした中で，日本における最大の自動車交通の集中集積の場である東京は，日本最悪の大気汚染地域としてクローズアップされるところとなり，大気汚染の中心を占めたNO_2（二酸化窒素），SPM（浮遊粒子状物質）でみても，東京の測定局が全国ワースト10に軒を並べ，また平均値でみても，東京が全国最悪の値を更新する事態が続くようになった。

そしてこれと裏腹の関係として，とりわけ東京では1980年代半ば以降も新たな大気汚染公害による被害者が激増するところとなった。

しかし，四日市公害判決を契機に成立した公害健康被害補償法による救済は，1988年3月の指定地域全面解除によって新規認定が打ち切られ，東京でも，これ以降新たに発病した患者，ないしは事情があってこれまでに認定を受けていなかった患者は何らの救済も受けられない事態が続いていた。

2　訴 訟 提 起

1　訴訟提起に向けて

こうした中，何とか東京でも訴訟を検討できないかということで，1993年9月，第1回の東京大気汚染公害裁判研究会が開かれた。メンバーは，弁護士と

東京公害患者会，そして東京民医連の事務局・医師であった。東京公害患者会は，これまで既に十数年にわたって被害救済を中心に活動してきた患者団体であり，東京民医連は，長年東京での民主的医療機関として医療活動を展開し，様々な社会活動にも関わってきた団体である。

研究会では患者の実態について聴き取り調査を行い，この中で未救済患者のすさまじい実態が次々に明らかになっていった。

2 訴訟の骨格

こうした中で，訴訟自体は過去の損害賠償と現在進行形の公害差止めを請求することとなるものの，まず何よりも，裁判勝利で何としても新たな被害者救済制度を構築することを目標として掲げることとした。

このために原告の組織とりわけ，公健法の救済を受けていない未救済患者を原告団に組織することに力を入れた。そして，東京の大気汚染が巨大幹線道路の沿道に限らず，東京全体を面的におおいつくしていることから，原告は東京都心全域（後に東京都内郊外地域の幹線道路沿道も含む）から募ることとし，制度実現のためには世論に訴えることが重要と，1000人規模の原告団を目指すことを目標に掲げた。

とはいっても中核は，既に存在していた東京公害患者会（大半が公健法の認定患者）が担うことになったが，東京民医連の病院，診療所を中心に裁判説明会，聴き取り活動を繰り返し行い，1995年12月原告団結成，1996年5月原告102名での提訴にこぎつけた。

なお，その後も2次以降の追加提訴を意識的に追求し，最終的には，6次まで，全633名の原告団（うち未救済原告258名），実働弁護士約30名を擁するまでになった。

一方，被告の選定をめぐっては，先行訴訟でも被告としていた道路管理者としての国，東京都，首都高速道路公団と公害規制責任の関係での行政（国，東京都）とあわせて，初めて自動車メーカーを被告にすえることとした。産業界の雄として日本経済を背負って立つ自動車メーカーを，日本の公害裁判史上初めて被告にすえることになったが，具体的には最も有害なPM（粒子状物質）

を大量に排出するディーゼル車の製造メーカーにしぼってトヨタ以下7社を被告とすることとした。

3 裁判の争点──自動車メーカー責任をめぐって

1 提訴前の「常識」

本訴提起前の,大気汚染と自動車メーカーの関係をめぐる日本の「常識」は次のようなものだった。

すなわち,大都市部の大気汚染が深刻で,その原因が自動車排ガスにあるとは認識する一方,日本の自動車メーカーは1970年代から世界でも屈指の排ガス対策を行っており,仮に被害が出ていたとしてもメーカーには責任はなく,社会全体で解決すべき問題であるといったところであった。

しかしメーカー自身,技術的に可能な排ガス対策を怠ってきた実態があり,何よりディーゼル車を大量に販売して大気汚染の悪化を招く一方で膨大な利益をあげてきたメーカーには,被害救済に対する責任があると考えて提訴に至ったのである。

2 1審段階

これに対し,1審段階では,確かにガソリン乗用車については世界に先がけて厳しい排ガス対策を実施し低公害化をはかったものの,これに次ぐべきガソリン商用車並びにディーゼル車の対策は後手に後手を踏んできたことを明らかにした。すなわち,自動車メーカーは,ガソリン乗用車の三元触媒をはじめとした排ガス低減技術につき,経済性の観点から商用車への搭載を怠り,一方ディーゼル車についての電子制御燃料噴射をはじめとした最新技術を規制の厳しい輸出車には搭載しながら,国内車にはこれを怠るというダブルスタンダードで対処していた。こうした実態を暴き,低公害よりコスト・売上げ優先のメーカーの本質を浮きぼりにしていった。

3　1次判決の判断

しかしこれに対し，2002年10月の東京地裁1次判決は，①自動車排ガスとぜん息の因果関係を認め，②遅くとも1973年には，メーカーは被害の発生を予見できたとしたうえで，③メーカーは最大限かつ不断の努力を尽くしてできる限り早期に排ガスを低減する社会的責務があるとしながら，④いつ，どのような排ガス低減技術が可能であったのか，これを採用していればどれだけ排ガスを減らせたかが不明であるなどとして，メーカーの法的責任を認めるに至らなかった。

4　2審（控訴審）段階

そこで2審段階では，ディーゼル化，直噴化の問題にしぼって主張・立証を展開することとした。

すなわち，東京の自動車排ガスについてみると，窒素酸化物（NO_X）の67％，浮遊粒子状物質（SPM）の大半はディーゼル車から排出されており，そのディーゼル車の中でも，燃焼がスムーズで排ガス対策もとりやすい副室式に対し，直噴式はより大量のNO_X，SPMを排出し，国も甘い規制のまま放置してきた。

2度のオイルショック（1973年・1979年）と円高不況（1977年）によって，ガソリン価格が高騰し，トラックなどの売上げ不振に陥った自動車メーカーは，この打開策として，燃費がよく経済的として，1970年代から1980年代にかけて，小型トラック，乗用車のディーゼル化と中型トラックの直噴化を強力に推進した。

この結果，それまでガソリン車だった小型トラックでいっきにディーゼル化が進み，1994年には64％にまで激増，乗用車でも0％（1975年）が13％（1995年）に増加した。またこれと併行して，中型トラックの直噴化も進行し，1980年で30％にすぎなかった直噴式が，1980年で92％に激増した。

そしてガソリンへの転換が可能な中小型トラック（4t積以下），中小型バス，乗用車がガソリン車であったとすると，大型トラック，バスがディーゼル車のままでも東京都内の自動車からの粒子状物質の74％（1990年時点）がカットで

きることを立証した。自動車からの汚染が4分の1に減れば，東京の大気汚染公害は被害発症レベルを大幅に下回って改善されたであろうことを明らかにしたのである。

4 全面解決を求める運動

1 5000人の判決行動

前述の2002年10月の東京地裁1次判決は，国・東京都・首都高には勝訴したものの，面的汚染による因果関係を否定し，救済を巨大幹線道路の沿道50メートルに限定した結果，勝訴したのは原告99名中たったの7名だけ。また焦点となったメーカーの加害責任も否定されるという，大変厳しい内容となった。

しかし原告団を先頭に，これにひるむことなく，裁判所前行動から都庁前，さらには深夜におよぶ被告メーカー行動までのべ5000人の判決行動で，トヨタをはじめ被告メーカー各社から，行政が救済制度を検討する場合には，前向きに対応する旨の内容を含む「確認書」を獲得。その後，メーカーとりわけトヨタに対する一大運動を展開した。

2 全面解決方針

こうした中，東京高裁（1次訴訟控訴審）での結審が見通せるようになった2006年3月，判決を待つまでもなく，①東京都での医療費救済制度の創設，②一時金支払い，③謝罪，④公害根絶に向けての公害対策，⑤今後に向けた協議機関の設置を内容とする全面解決をかちとる方針を確立した。

この方針のもと，トヨタ，東京都に焦点をしぼっての連続的な大行動を展開する一方で，この方針を高裁にも伝え，要請行動を展開する中で，2006年9月，東京高裁は，結審に際して，「裁判所としては，できる限り早く，抜本的，最終的な解決を図りたい」との『解決勧告』を行い，マスコミ各紙も，これを大きく報道し，全面解決に向けた世論の流れが形成された。

トヨタ東京本社前座り込み

3　全面勝利解決へ

その後2006年11月，東京都は，高裁宛に医療費救済制度の創設を提案。都内全域のぜん息患者を対象に，医療費の自己負担分全額を助成し，財源は都が3分の1，国が3分の1，メーカーと首都高が各6分の1ずつ負担するというものであった。

これをうけて，メーカー各社への要請行動を展開した結果，2007年1月には，メーカー各社は，都提案を受諾し，財源負担に応じる意向を明らかにした。

一方，国は当初から東京都提案に対する財源負担を拒否してきたが，原告団の首相官邸に対する座り込みと直訴行動の結果，5月には安倍首相自ら，東京都に対する60億円の拠出を決断し，その後首都高も5億円の拠出を表明するに至った。そしてこれと併行して，原告側は国，東京都との協議を精力的に重ね，6月には，国，都のそれぞれから，今後に向けた公害対策の提案を引き出した。

財源負担，公害対策をめぐる国，東京都の大きな前進と，メーカーに解決を迫る行動の末，高裁は6月22日，それまでの救済制度，公害対策の到達点を盛り込むのに加えて，メーカーに対し12億円の一時金支払いを求める和解案を呈示した。

原告団としては，深刻な被害の救済としては，一時金の額に到底納得できないものがあったが，原告のみにとどまらない都内の多数の被害者救済を勝ち取ったことを誇りに，胸を張って和解案を受諾することを決定し，最終的な和解成立に至った。

5 和解の成立とその内容

1 医療費救済制度の創設

具体的には，都内に引き続き1年以上住所を有する気管支ぜん息患者で，非喫煙などの要件を満たす者を対象に，収入制限など一切なしで，当該疾病の保険診療にかかる自己負担分全額を助成するというものである。東京都では1972年から，未成年（当初は15歳未満，1973年から18歳未満に拡大）のぜん息患者等に対する医療費助成制度を実施してきたが，今回の制度創設により，全年齢のぜん息患者に対する医療費助成が実現することとなった。

これにより，公健法の指定地域解除（1988年3月）以降，未救済のまま放置されてきた東京都全域のぜん息患者に救済の道が開かれることになったのは，何よりも大きな成果である。

そして，本制度創設に当たっては，前述のとおり汚染者負担の原則にのっとって，メーカー，国，首都高，東京都の汚染原因者に財源負担を求めた点が，特筆される。

2 公害対策の実施

(1) **PM$_{2.5}$環境基準の設定**　これまでわが国では，微小粒子状物質（PM$_{2.5}$）の環境基準の設定と規制は，国が一貫してこれを拒否してきた。

しかし今回の和解では，これに風穴をあけ，「環境基準の設定も含めて対応について検討」することを約束させ，あわせて，国，東京都にPM$_{2.5}$測定の実施・拡大を約束させた。

(2) **大型貨物自動車の通行禁止規制**　これまで東京都は，「週末の夜を静かなものに」との騒音対策として，土曜日22時から日曜日7時まで，環七通りの内側地域で大型貨物自動車（積載量5トン以上）の通行禁止規制を実施してきた。われわれは，これを大気汚染対策の見地から拡大することを求め，都心部等における大型貨物自動車の通行禁止規制について総合的に検討することを約束させた。

(3) その他　この他に、近年、研究・実用化がはかられてきた低濃度脱硝装置（NO_2の除去効率90％以上、電気集じん機によるSPMの除去効率80％以上）の地下高速道路（新設）への導入の検討、幹線道路沿道での道路緑化、2010年においても環境基準達成が困難と予測されている激甚交差点に対する局地汚染対策の検討などが和解条項に盛り込まれ、各地同様、「連絡会」を設けて、原被告間で公害対策の実現に向けて協議を行っていくこととなった。

3　一時金支払い

トヨタをはじめとするメーカー側は、高裁の和解案を受け入れる形で、一時金12億円の支払いを受諾した。

この数字は、東京地裁1次判決の認容水準の約3倍に相当し、何より2ケタの億にのぼる一時金となったこと、これに先立つ東京高裁の和解勧告でも自動車使用による大気汚染による健康、生活環境への影響について、自動車メーカーは社会的責任を受け止めるべきものとされていたことからして、自動車メーカーの過去の行為に対する「責任」をふまえた負担であることは明らかであろう。

6　和解後の動き

1　医療費救済制度

東京都は2008年3月、従来の大気汚染医療費助成条例を改正して、新たに18歳以上の気管支ぜん息患者を対象にした医療費助成制度をスタートさせた。具体的には5月1日からの事前申請受付期間を経て、8月1日から救済実施された。最新の2010年4月末現在での認定申請者数は、全都で4万9249人となっている。

しかしこの申請者数は、都の当初見込数7万7000名と対比してもまだまだ少数に止まっており、より広範な周知・宣伝措置が求められている。

そして今回の制度は、気管支ぜん息のみを対象とし、従来公健法の対象疾病とされてきた慢性気管支炎、肺気腫が除外されている。また、ぜん息治療薬の

PM₂.₅濃度の推移（年平均値） (μg/m³)

		2000年度	2001年度	2002年度	2003年度	2004年度	2005年度	2006年度	2007年度
一般局	取手市役所		21.0	17.8	17.2	16.4	16.6	15.8	15.5
	蓮田(埼玉)		24.0	22.3	21.1	20.0	19.7	19.1	17.6
	真間小学校(千葉・市川)		21.1	19.0	18.0	17.0	18.8	17.8	16.4
	氷川(板橋)		23.7	20.9	20.6	20.5	18.6	17.7	16.8
	鳴海配水場(名古屋)		21.1	20.9	21.0	18.4	19.2	19.3	18.2
	大日(守口)		21.7	20.6	20.7	19.9	20.2	20.0	18.4
	金岡(堺)		21.9	19.8	20.0	19.4	19.9	19.5	18.1
	垂水(神戸)		20.5	18.9	19.9	19.3	20.1	20.7	19.1
	玉島(倉敷)		22.9	21.9	21.6	21.7	23.4	22.5	20.6
	吉塚(福岡)		23.2	21.9	20.9	20.9	22.2	22.3	21.9
	綿打中学校(群馬・太田)	25.1	21.7	21.1	22.4	21.1			
	戸田・蕨(埼玉)	24.3	23.4	20.5	19.6	18.3			
	国設川崎	21.3	23.2	20.6	19.4	18.7	19.7	20.2	20.3
	国設大阪		22.9	22.1	21.6	19.7	20.6	20.0	18.1
	国設尼崎	25.2	24.5	22.9	22.7	21.6	22.9	23.2	19.6
自排局	取手消防署		22.4	19.9	18.5	17.4	17.6	16.6	16.0
	塩浜体育館(千葉・市川)		27.6	25.9	24.0	21.9	21.3	20.4	19.0
	浅間下(横浜)		32.9	28.4	25.3	23.0	22.5	21.1	18.7
	稲沢(愛知)		30.3	27.5	24.7	23.1	23.2	21.4	20.2
	大庭浄水場(守口)		40.6	38.3	35.5	33.1	31.0	28.6	25.1
	国設入間(埼玉)			25.2	18.5	14.6	12.2	9.8	10.3
	国設野田(千葉)			30.4	22.7	17.0	16.1	23.8	20.1
	国設霞ヶ関		21.6	18.8	19.0	21.0	24.3	18.2	16.4
	池上新田公園(川崎)	36.7	34.5	31.4	27.8	27.0	25.2	22.9	21.4
	国設厚木			30.2	27.4	24.6	24.4	22.4	19.6
	元塩公園(名古屋)	37.8	36.0	32.3	30.4	25.7	26.5	26.0	22.7
	国設飛島(愛知)			32.6	28.6	27.3	24.5	24.6	22.5
	出来島小学校(大阪)	26.2	27.3	24.6	23.9	23.5	23.8	22.5	20.4
	四条畷(大阪)	27.4	28.8	23.5	24.4	25.4	23.5	22.7	20.0
	武庫川(尼崎)	26.2	27.8	24.9	26.6	25.6	21.5	21.1	19.9
	国設尼崎			38.5	33.4	32.6	29.2	26.7	23.7

■日本および米国環境基準（15μg/m³）超え
■WHOガイドライン（10μg/m³）超え
出典：環境省のデータをもとに作成

ステロイド剤投与による副作用（糖尿病・高血圧・骨粗しょう症等）など同じく公健法で対象とされる続発症も救済対象となっていない。

こういった点の改善も要求しながら，制度の充実・発展に向けた活動も展開されているところである。

2　PM$_{2.5}$環境基準

前述の和解条項をふまえて，その後，環境省の微小粒子状物質健康影響評価検討会が，微小粒子状物質の定性的影響を肯定した。そして，これに続いて，2008年12月には中央環境審議会にPM$_{2.5}$環境基準の設定についての諮問がなされ，専門委員会での討議を経た上で答申が出され，2009年9月9日，ついに環境大臣によるPM$_{2.5}$環境基準の告示がなされるに至った。

新基準は年平均値15μg／m³以下，日平均値の98パーセンタイル（percentile）値35μg／m³以下という米国環境基準並みの厳しいレベルに設定させることができ，大きな成果をかちとった。

今後は新基準の早期達成を目指し，PM$_{2.5}$測定体制の完備と削減対策の実施に向けた活動が求められている。

【裁判例】
東京地判平14・10・29判時1885号23頁

【参考文献】
淡路剛久・寺西俊一編『公害環境法理論の新たな展開』（日本評論社，1997年）
吉村良一他編『新・環境法入門』（法律文化社，2007年）

第7章

熊本水俣病訴訟

千場　茂勝
弁護士・熊本県弁護士会，
水俣病訴訟弁護団団長

> 水俣病は，有機水銀化合物が海水中の微生物から魚介類へと食物連鎖によって蓄積され，それを摂食した人間に発病した有機水銀中毒である。患者数は数万人に及んでいる。
>
> 1969年6月14日，熊本地方裁判所に「水俣病第1次訴訟」が提訴された。最大の争点は責任論であり，被告チッソ株式会社は水俣病発生の予見可能性がないから責任はないと主張したのに対し，原告らは危険な工場排水を排出すること自体，人間の健康に被害を与える可能性は当然予見できたと主張した（汚悪水論）。1973年3月20日，水俣病第1次訴訟判決は，全面的に原告らの主張を認めた。
>
> 水俣病の原因は，企業利益優先・人命軽視・人権無視のチッソ株式会社と，それに癒着し擁護した行政の姿勢にある。地域住民は連帯して立ち上がり，これと闘った。これこそが水俣病の教訓である。

1　水俣病の発生と拡大

1　水俣病とは何か

水俣病の発生源は，熊本県水俣市にあるチッソ株式会社水俣工場（有機合成化学工場）（以下「チッソ」という。）で，原因物質はそこから排出されたアセトアルデヒド廃水中に含まれるメチル水銀化合物である。水俣病は，それが海水中の微生物から魚介類へと食物連鎖によって蓄積され，それを摂食した人間に発病した有機水銀中毒であり，老人から胎児まで，死亡者から比較的軽症者ま

で含んでいる。

　その環境汚染地域は南北約80km，東西約20kmの八代海の全域に及んでいる。汚染地域の人口は約48万人に及び，患者数はすでに2万人を超え，さらに数万人は存在すると言われている。

　即ち，水俣病はまさに産業公害であり，また世界最大の水汚染公害である。

2　水俣病の公式発見とその後

　1956年4月12日の朝，水俣市月の浦の水俣湾に面した小さな入江の奥の家，田中義光方で，5才だった静子さんの目がキョトンとしており，口もまわらなくなっていた。朝食の茶碗を取り落としたので，父親がびっくりして，チッソ水俣工場附属病院に連れて行って，早速入院となった。続いて妹の2才の女の子が歩行障害，手足の運動の困難等を訴え，姉と同じ状態ですぐ同病院に入院した。隣の家にも同じような女の子がいるということで，驚いて付属病院を挙げて調査して多数の患者を発見し，8名を入院させた。細川院長は同年5月1日に熊本県水俣保健所に「原因不明の中枢神経疾患が発生している」と報告した。これが，所謂，水俣病の「公式発見」である。

　その後まもなく，熊本県水俣保健所・地元医師会，チッソ附属病院などで作った「水俣奇病対策委員会」で調べたところ51人の患者が発見された。患者の症状は，言語障害，歩行不能，起立不能，飲み込み困難，四肢の硬直と変形，運動障害，視力障害，めまい，手足や唇のしびれ，けいれんの頻発，狂躁状態の発生等で，極めて重篤な病状で，寝たきりになっている人も多く，すでに数名は死亡していた。

　その後の調査で，水俣では，1950年ころから魚が浮いたり，鳥が落下したり，猫や豚が狂死したりし，海中や海底では海藻が枯れてゆくなどの異常事態，すなわち，「環境汚染」が発生していたことがわかり，水俣病患者と疑われる患者も相当前から発生していたことも分かってきた。

　熊本県は厚生省に報告し，県の依頼で熊本大学に水俣病医学研究班がスタートし，疾患と原因の追及が始められた。

　当初は，伝染病から食中毒，ある種の重金属による中毒が疑われ，その重金

属もマンガン説，セレン説，タリウム説と二転三転した。熊本大学が有機水銀説を発表したのは3年後の1959年7月だった。

1958年，チッソは排水路を北に変更し，直接八代海に排水したので，患者発生地域もそれまでの水俣湾から広い八代海に広がった。

3　患者の立ち上がりと見舞金契約による闘いの終息

有機水銀説が出ると，漁民や患者はチッソ水俣工場に押しかけ，乱闘騒ぎが起こり，警官隊も出動し，漁民数名が逮捕・起訴された。

1959年12月には，患者の組織水俣病患者家庭互助会が見舞金契約によって，チッソから僅かな金を貰い，患者の闘いは終息させられた。

その後，胎児性水俣病患者の存在も発見された。1962年には工場場内からメチル水銀化合物が検出されたことが熊本大学によって発表された。しかし，それでもチッソも国もチッソ排水が水俣病の原因だとは認めなかった。

水俣病は，見舞金契約による患者の闘いの終息後も八代海一円に拡大してゆき，患者・家族は死亡者を出しながらも，その苦しみの中でひっそりと暮らしていた。

4　新潟水俣病と公害問題の浮上

1965年，新潟県阿賀野川流域で第2の水俣病（新潟水俣病）が発生したことが，新潟大学によって発表され，熊本に次いで新潟にも水俣病が起こったことは国内に大きな衝撃を与えた。

そして，1967年には新潟地裁に患者13名が昭和電工を相手に損害賠償訴訟を起こした（新潟水俣病訴訟）。

その前には，富山県にイタイイタイ病が発生し，四日市ではコンビナートの大気汚染による四日市ぜん息が問題化しており，一気に公害問題がクローズアップされるに至り，やがて四日市ぜん息の患者もイタイイタイ病の患者も裁判に立ち上がっていた。

ところが，最大の公害である水俣病患者だけが取り残されており，患者家庭互助会から「このままではいけない」という声が上がっていたのは当然であっ

た。

1968年1月には新潟水俣病の原告や支援組織が水俣を訪問して，水俣病患者たちを激励したが，それを機会に市民約30人で水俣病市民会議が結成され，それ以後水俣病患者の支援組織として活動する。

5 　企業城下町水俣と水俣病訴訟

(1) チッソの発展と地域支配　　1960年代の後半，日本で初めての公害裁判が次々に起こり，四大公害訴訟と呼ばれたが，その中で水俣病訴訟は大きな特色があった。

チッソ水俣工場

それは，水俣病が加害者チッソの企業城下町（特定企業がその都市における産業の大部分を占め，強い影響力をもっていること）であったということである。そのことが水俣病訴訟の進行にとって大きな影響を及ぼした。

水俣の町に企業誘致運動を受けてチッソが進出してきたのは，1908年だったが，カーバイド工場として出発したチッソは，本社は大阪だが，やがて，日本でも有力な化学企業となり，1922年になるとヨーロッパから次々に新しい技術を取り入れて発展し，世界的総合化学会社へと展開していった。

筆者は，戦時中の学徒動員（第二次世界大戦中，農村・工場などの労働力不足を補うため，学生・生徒が強制的に動員されたこと）で1944年から約1年1ヶ月，日本海軍の監督下にあったチッソ水俣工場で働いたが，水俣工場で働く工員らは，一種の特権階級で，市民の間では「チッソあっての水俣」という観念が頭に染み込んでいた。

敗戦後，チッソは食糧増産のための肥料や，その後急速に普及するプラスチックの生産で膨大な利益を得て，地域経済や地方財政におけるチッソ水俣工場の影響力は絶大なものとなり，水俣工場長が水俣病が問題となったころの水俣市長であった。工場の最盛期には人口5万人の町で，工場の従業員数は約4000人，

関連会社や取引先の従業員等を加えると1万人にのぼり,地元の商店街や飲食店など工場と関わりがある人を入れれば,市の人口の半数に及んでいた。つまり,水俣ではチッソの地域支配が貫徹していた。

(2) **零細漁民と訴訟の困難性**　このように,水俣の町は工場を頂点とするピラミッド構造で序列化されており,その中で最底辺に置かれていたのが,水俣病が多発した零細漁民であった。

このような状態で,零細漁民の患者・家族たちが,水俣病の補償を求めるのは,せいぜい「お上」である行政に対する下からの陳情だった。

訴訟は,双方が対等の立場に立って行われるものであり,零細漁民が城主であるチッソを訴える等想像を超えることであり,「チッソあっての水俣」と思いこんでいる一般市民にとっては,最下層の者が市の階層的な秩序に挑戦し,壊そうとする無法な行為だとして,排除されるということだった。

四大公害訴訟の内,新潟水俣病は,加害企業が川の上流にあり,その下流で起こったため,加害企業の支配力は及ばなかった。イタイイタイ病においては,加害企業は県外にあったし,四日市ぜん息の場合は,加害企業は6社あって,いずれも支配力は及ばなかった。

水俣がチッソの城下町であったことが,水俣病訴訟にどのような影響を及ぼすかは,この後の記述でお分かり願えるであろう。

2　水俣病第1次訴訟

1　訴訟提起のきっかけ

(1) **再度の面談拒否**　私は,二度も面談を断られた。1968年9月14日,水俣に行き,水俣病市民会議の紹介で,水俣病患者たちと面談したいと求めたが,患者たちの組織,水俣病患者家庭互助会から面談を拒否された。

その理由は,地元の弁護士に会うと,訴訟するのではないかと疑って,チッソが怒るからということだった。

その数日後にもう一度水俣まで行ったが,やはり拒絶され,何故被害者が加害者チッソをそんなに恐れているか訳が分からなかった。

(2) 面談と確約書調印問題　翌1969年3月，今度は会いそうだとのことで，また水俣に行って，一軒の患者の家に案内され，今度は面談することができた。そこには20人位いたが，患者家庭互助会の一部の人たちで，患者かその家族ということだった。

会ったらすぐ，質問が待っていた。確約書と書かれた書面に署名捺印して良いかという問いで，その確約書には，「あっせんをお願いするに当たっては，あっせん委員の人選は一任します。結論には異議無く従います。」と書いてあった。

その前の1968年9月26日に，厚生省は，「水俣病は水俣湾でとれた魚を大量に食べたことによる食中毒であり，その原因はチッソ株式会社水俣工場から排出されたメチル水銀化合物である」という政府による「水俣病の公害認定」を出しており，チッソの社長が患者の家をお詫びして廻ったので，それに期待した互助会が，チッソに補償要求をし，交渉が始まったが，チッソが難色を示すので，困った互助会が，厚生大臣に陳情した。

それを受けて厚生省が「水俣病補償処理委員会」を作り，それに伴って厚生省が各患者にこの確約書の提出を求めたということだった。

私は，そこにいた人達に，あっせん委員の人選も，結論も全部厚生省に一任するなら，それはまさに白紙委任状で，これに署名捺印すれば，どんなに不利な条件を示されても後で争えなくなるから絶対に署名捺印してはいけないと熱心に説明した。

患者たちは驚き，これに捺印しないと補償交渉のあっせんをしてもらえなくなるが，どうすればよいかと聞くので，私は訴訟しかないと答えた。患者たちは，大変動揺していたが，私は彼等が訴訟に傾きかけてきたと感じた。

2　訴訟提起までの取組，弁護団，原告団，支援団体等の結成

私は，患者面談の当日，待っていた市民会議や熊本県総評（総評は当時，日本最大の労働組合連合体）等と訴訟のことを話し合い，支援の約束を得て，弁護団結成に取りかかった。

私は，青法協（青年法律家協会）や，自由法曹団等，弱者救済，人権擁護の立場に立つ弁護士たちを誘って，9名で「水俣病法律問題研究会」を結成した。

一方，患者家庭互助会の総会が開かれ，問題の確約書提出を巡って，会員の意見が激しく対立，確約書を提出して厚生省に頼るという「一任派」と，確約書提出を拒否してチッソと交渉し，それが駄目なら訴訟も辞さないという「訴訟派」とに分裂した。

そして，その数日後に「訴訟派」から水俣病法律問題研究会に訴訟の依頼があったので，私たち9名の弁護士は弁護団結成に乗り出した。

私たちは，全国の自由法曹団，総評弁護団，青法協等の革新的な弁護士に呼びかけた。そして，また水俣病患者家族は，私たちの説得を受けて，熊本県内の弁護士ほぼ全員に頼んでまわった。

その結果，県内から23名，全国で200名以上の弁護士が参加し，ここに私たちは「水俣病訴訟弁護団」を結成した。ただし，全国の弁護士は名前を出してくれただけである。

団長には，県内の長老山本茂雄弁護士が就任し，私は事務局長になった。そして，その6日後には，熊本県総評を中心とする「水俣病訴訟支援・公害を無くする熊本県民会議」が結成され，本格的な支援団体が誕生した。なお，その外に，水俣病患者の支援団体として「水俣病を告発する会」が結成された。市民会議は当然に支援団体となった。

原告は，患者及びその家族29世帯，112名で，水俣病訴訟原告団が結成された。なお，ここに家族とは死亡患者の遺族や子供の患者の両親などで，その人たちが原告になった。私たちはひっくるめて「原告患者」と呼んだ。

弁護団は，結成早々，直ぐ訴訟を起こすよう市民会議から要請された。チッソの訴訟派切り崩しが激しく，多数の脱落者が出るからとのことだった。

私たちはせかされて提訴を急いだ。しかし，それによる準備不足が後で弁護団を苦しめることになった。

かくて，1969年6月14日，熊本地方裁判所にチッソを被告とする原告112名の損害賠償訴訟が提起された。この訴訟は後に「水俣病第1次訴訟」と呼ばれる。

この水俣病訴訟の提起によってその当時全国的な問題となっていた四大公害訴訟が出そろったことになった。

なお，第1次訴訟原告は生活に窮し，カンパで生活しており，裁判の費用など出せる訳はなかった。わが弁護団は県総評から貰った金でやっていたが，やがて無くなり，それとともに弁護団を辞める人が続出し，実働7名の弁護団となった。

3　訴訟上の論点と課題の克服

水俣病第一次訴訟の争点は①責任論，②和解契約論（和解契約である見舞金契約によって原告らは見舞金を貰っているので，これ以上請求権は無いとのチッソの主張），③損害論（原告の請求金額など）の3つである。

その中でも特に問題は①の責任論である。原告は損害賠償請求権の根拠として不法行為を主張していたが，予見可能性が無いから過失はないとの主張が予想された。これは弁護団にとって当初からの難問で，急かされて十分討議しないで提訴したが，果して被告チッソは「水俣病発生当時には，チッソはもとより専門家も水俣病の発生原因がある種の有機水銀化合物であることは知り得なかったので，予見可能性は無い。まして，メチル水銀化合物が海中の魚介類を汚染し，それによって体内に蓄積された物質が食物連鎖を経て，人の摂食により人体に蓄積して中毒性神経症状を引き起こすなど知る筈もなかった。よって予見可能性はない。だからチッソに過失は無い」と主張してきた。この予見可能性については，原告弁護団は頭をかかえて苦悩した。

いつまでも原告から主張がないので，裁判所からも催促を受け，苦しんで我々は何回も合宿討議を重ねた末，予見可能性の対象を原因物質にこだわるからいけないので，対象を工場排水としたらよい。工場排水によって漁業被害が起こり，漁民の要求によってチッソは何回か補償している。化学工場の排水にはどんな有害な物質が含まれているか分からないから，そんな工場排水を排出すること自体，人間の生命・健康に被害を与える可能性は当然予見出来た筈だ。しかし，チッソは何らの調査もしていないし，結果発生の防止の手段もつくしていない。だから，被害が発生すれば当然責任を負わねばならない，という主張にたどり着いた。その主張を書いた準備書面を提出した。

4 訴訟の進行と敵性証人の主尋問

(1) **水俣病患者の悲惨さ**　予見可能性の壁を突破すると次は立証である。

私の担当した世帯の中に，水俣病公式発見第1号，第2号の田中静子・実子姉妹の世帯があった。当時，2才で発病した実子さんは17才になっていた。

実子さんは綺麗な着物を着せられていたが，よだれのためベトベトにぬれていた。実子さんの前にバナナが置かれているのに，実子さんは手に取ろうとしないので，私が食べるように言うと，母親のアサ子さんは「実子は自分でバナナを取って食べることができんのです。実子は，バナナの皮をむいてやって，口まで運んでやると食べるんです。しかし，自分でバナナの皮をはいで食べないといけないということが分からないんです」と答えた。そして，言葉を続けて「この子が生きている内に，私たちが死んでしまったら，どうなるかと思うと……」と。

(2) **証拠保全と裁判官**　私は，何人もの患者の痛ましい姿や家族の苦しみを見ている内に，チッソに対する怒りに燃えるとともに，この裁判にどうしても勝つためには裁判官にこの惨状を早く見てもらわなければいけないと痛感するようになった。

ある患者が風邪をひいて危ない状況にあると聞いて，私たちは「証拠保全による証人尋問」を裁判官に強く要請し，3人の裁判官が水俣に足を運ぶことになった。1971年1月のことで少女は当時17才だった。

意識もなければ，目も見えず，全身は発病当時から殆ど発育しておらず，6〜7才の幼児のようだった。彼女の手は肩口に折り曲げられ，か細い足は斜めに組まれていた。そして，その姿でベッドに横になったまま生きていたのだ。

ベッドの上の彼女をのぞき込む裁判官はにわかに顔色が変わり，身じろぎひとつせず，じっと立ちつくしたままだった。

その時を境に裁判官の態度は一変した。

公害裁判は，被害を知ることに始まる。裁判官もこの悲惨な患者を見て心を動かされたに違いない。

(3) **敵性証人の主尋問へ**　その後，いよいよ立証段階に入ろうとすると，さらに高いハードルが待ちかまえていた。チッソの過失を立証するために欠かせ

ない「証人」が不在なのだ。チッソが安全性や環境を無視し，人命を軽視して企業利益を求めて操業を続けてきた企業であり，水俣病は起こるべくして起こったのだ，ということを証言してくれる証人がいないということが判明したのだ。

　ここで私たちが必要としていた証人とは，チッソの実態をよく知っている人，つまり，チッソ水俣工場の従業員や工場周辺に住んでいる住民だった。

　私たちは，過失の立証に楽観していた。しかし，期待は見事に裏切られた。

　先ず，労働組合からは，従業員が工場内部のことについて証言したら解雇されるからと断られ，市民会議からは周辺住民は，チッソを批判するような証言をしたら，ここでは住めなくなるからと言うからと断られた。チッソの地域支配は想像以上に強かったのだ。

　私たち弁護団は，討議を重ね，四苦八苦の末，こうなったらチッソの幹部を引っ張り出すしかないとの結論になった。

　これは「敵性証人の主尋問」と言って，弁護士間では決してやってはいけないという鉄則になっている。なぜなら有利な証言どころか不利な証言がどんどん飛び出して，自分で自分の首をしめることになるからである。

　(4)　海域の汚染　　私たちは，西田栄一チッソ水俣工場長を引っ張り出してたたくことにした。外に吉岡喜一元社長らを加え，3人の証人申請をした。

　敵性証人だから事前の打ち合わせなど出来ない。それどころか，こちらに不利益にならないように相手の証言を誘導していかねばならない。勿論，尋問内容は秘密だ。

　私たちは合宿して，戦略戦術を練り，1つの尋問に対して4つの答えを想定し，それに対しまた4つの尋問を予定し，その答えにまた4つの尋問を予定するという尋問方法を採用した。

　次に書証を徹底的に活用するという方法である。そのために私たちは必死になってチッソに関する書証を集め，チッソ側にも様々な資料の提出を求めた。

　3月初めは，私の順番で海域の汚染について，工場長を追及し，真正面から取り組むことにした。

　私は，海域の漁業被害についての漁民の補償要求とチッソの回答書，関係新

聞記事，熊本県水産試験場の漁場についての調査報告書等を書証とし，前述の尋問方法で西田工場長を攻めた。

その結果，水俣のチッソ周辺の海域で，貝類がおびただしく死骸を残しており，チッソの排水溝の近くでは，黒色の軟泥がたまって沖合まで強い異臭を放っているという県の調査報告を認め，それが，水俣湾に大変な異常事態が起こっているということだと西田証人は認めたが，報告を受けていないので知らなかったと答えた。

そこで，漁民からも漁業被害の補償を要求されている状態なのに，この異常事態を工場長が知らなかったというのは，工場の大きな欠陥だが，それはどうしてなのかという尋問に，西田証人は時間を与えても答えられなくなってしまった。

そして，チッソは海域汚染の調査をやってやれないことはなかったのに，何年もやっていないことをしぶしぶ認めた。

私も，弁護団も大喜びした。

漁業被害が起きて，漁民がチッソに要求をつきつけたのは1925年からであり，それから漁業被害は広がり，漁民の要求は繰り返されたのに，チッソはやればやれたのに，一度もやらなかった。水俣病公式発見後の1958年，熊本県は水産試験場の調査報告書を出して，海域の漁業被害のひどさを明らかにしたのに，チッソはそれを無視し，海域調査は行わなかった。翌年漁業協同組合から求められて，初めて共同の調査を行い，工場排水によるひどい海域汚染の実態が明らかになったのにチッソは何一つ対策を講じようとはしなかった。

以上の事実が西田証人の証言から明らかになった。

突破口は，開かれた。チッソの堅塁の一角が崩れた。

原告患者の中の最初の死亡者は1953年だが，それ以前からチッソの過失が浮き彫りとなったのである。

(5) **環境被害とスクラップアンドビルド**　その後，弁護団は代わる代わる水銀の使用法と使用量，流出排水路の変更，工場の爆発事故の頻発と労働災害，工場の生産過程と生成物・副生物，工場による大気汚染，騒音，振動，土壌汚染とそれに対する工場の対策などを追及していった。

その結果，水俣工場で生成する物質の危険性やどんな物質が生成されるか予測ができないこと，水俣工場の爆発と労働災害の続出，ガス，粉じん，廃液等排出物による環境汚染のすさまじさ，またチッソの水俣病発生についての原因隠蔽工作などが明らかになった。

さらに，チッソがアセトアルデヒド工場を閉鎖する1968年5月までメチル水銀化合物を含んだ工場廃液を無処理のままたれ流していた事実も判明した。その事実は，チッソが石油化学工業への転換のために水俣工場をスクラップアンドビルドの対象としか考えていなかったことを示すものとなった。

1971年2月に始まった西田工場長尋問は1972年1月まで続いた。尋問回数は20回に及んだ。

なお，その後の尋問で吉岡喜一社長は，「水俣病が問題となった当時，チッソにとって最大の関心事は千葉県で進めていた石油化学への転換だった」と証言した。

5 情勢の変化と従業員・住民の証人尋問

(1) 県民会議医師団の掘り起こし検診運動　1971年1月に結成された県民会議医師団が，毎月のように水俣に通い，広い地域にかけて掘り起こし検診活動を行っていたが，その結果新に200名を超える住民が水俣病にかかっているという実態が明らかになり，しかもこれは氷山の一角に過ぎないという疑いが浮上した。

この事実は水俣市民に大きな影響を及ぼした。つまり，これまでの水俣病患者は零細漁民や魚の行商人などチッソの城下町水俣市では底辺部に位置づけされていた人々に特有の病気のように見られていたが，これによって，水俣病が網元や商店主，さらに，チッソ水俣工場の従業員などにも及んでいることが判明した。そして，「チッソあっての水俣」と言っていた人々の身内にも患者がいることが分かってきて，チッソに対する市民の意識や感情が徐々に変わり始めた。

即ち，城下町水俣における強力なチッソの地域支配にほころびが生じ始めたのである。

第7章　熊本水俣病訴訟

(2) 証人探し　水俣病に対する市民感情の変化を肌で感じた弁護団の中から，今なら証人になってくれる人がいるかもしれないという声が上がり始めた。市民会議にぶつけてみると，今なら見つかるかもしれないとのことだった。しかし，弁護士自身がぶつからないと駄目だとのことだった。

実は，訴訟が始まってから1年も経たない内に弁護士は1人減り2人減るという状況で，いつも出席する弁護士は団長以下7名になっていたので，一瞬躊躇したが，万難を排してやろうと決意し，手分けして水俣にゆき，証人探しを始めた。

市民会議が証人の候補を挙げ，自宅まで案内してくれるのだが，相手が自宅にいる夕食から就寝までの時間帯に，街灯もまばらで薄暗く，懐中電灯の光を頼り訪ねて歩いた。

最初から，証人の話をしてはいけないと聞いていたので，雑談をしながら相手がどんなことを知っているかを尋ねた。中には何の成果も得られない場合もあったが，徐々に候補者をしぼり，その人たちの自宅に2度3度と通った。水俣常駐の馬奈木弁護士の活躍は言うまでもない。

そういう中で苦労の甲斐があり，市民や漁民の何人かが証人になってよいと名乗り出てくれた。さらに一旦断られた水俣工場の第1労働組合も協力を約束してくれた。

(3) 従業員・周辺住民の証人尋問　チッソ創業者野口遵が「職工を人間として使うな。牛馬と思って使え」と言っていたのは有名だが，その体質の上にさらに朝鮮での植民地支配の差別構造を終戦後持ち込んでいたチッソ水俣工場では人権は全く無視されていた。

「工場では爆発が多く，自分と一緒に入った18歳の少年が死んだ。」

「水銀母液の分析はピペットで吸い込んでやっていたが，その係に選ばれた若い工員が3人立て続けに死んだ。」

「硫酸水銀の母液は8時間に2回入れ替え，2回で10トンだがそれをじゃんじゃん捨てて，排水溝に流れていった。」

これらの証言によって，企業利益優先，人権無視，人命軽視のチッソの基本姿勢が明らかになった。工場の周辺でも，水俣工場が，ガス，粉塵，騒音，振

原告本人尋問時，原告宅に入ろうとしている裁判官等

動などを工場内外にまき散らしており，環境を破壊している実態が具体的に暴露された。また，チッソとの共同での周辺の海域の調査のとき，工場排水による海の汚染のすさまじさを証明したが，同席したチッソ幹部は何も言えなかったという漁民の証言もあった。

このような従業員，住民，漁民の証言が相次ぐ中で，チッソ側もさすがに動揺を隠すことはできず，彼らの反対尋問もチッソの過失を打ち消すことはできなかった。

私たちは長い陣地戦から追撃戦で敵を追い詰めているような気分になった。

6　原告本人尋問——裁判官患者宅をまわる

水俣病訴訟の損害賠償請求額は患者家族が受けた損害の大きさからすると，余りに安すぎるのではないかと判断した弁護団は，慰謝料増額の手続きをとり，死者や意識のない患者は1800万円，意識はあるが寝たきりの患者は1700万円，それに次ぐ家族は1600万円とし，近親者慰謝料も増額した。

その後まもなく，新潟水俣病事件判決があり，原告が勝訴したが，意外にも原告たちは金額が低すぎて水俣病患者の苦しみが正当に理解されていないと意気消沈していた。

弁護士というものは裁判に勝つことを第一義的に考えてしまうが，それでは不充分で，相当の損害賠償の支払いを受けて初めて訴訟が意味をもつのである。

この一件で弁護団は損害論の重要さに目覚めた。

裁判官に患者の被害の大きさ，深刻さを認識してもらい，判決に反映してもらうにはどうしたらよいか。

私たちが患者の惨状を実感したのは患者の家庭を訪れ，聞き取りをした時の

ことだった。彼らは一見してみすぼらしい家に暮らし，患者は狭くて薄暗い部屋に敷かれた薄くて堅い布団にくるまるようにして横たわっていた。家族は長い看病と貧しい生活の日々に疲れ果て，家中は暗く，重苦しい空気が漂っていた。そんな状況に私は胸を締めつけられるような感情を抱いた。

そうした経験から，これは裁判官に原告らの家に足を運んでもらうしかないと考えた。

原告本人尋問が始まると3名の裁判官が一軒一軒原告の家族をまわった。各家では，患者と家族が病気の苦しみや看病の苦労を語り，県民会議医師団の各担当医が臨床的な見地からその症状の解説をして，数々の被害の実態が裁判官の前に明らかとなった。

その後，私たちは最終弁論を終えて判決を迎えた。

3 判決とその影響

1 判　　決

1973（昭和48）年3月20日，水俣病第1次訴訟判決が言い渡された。

最大の争点，過失論については，「およそ化学工場は，化学反応の過程を利用して各種の生産を行うものであり，その過程において多種多量の危険物を原料や触媒として使用するから，工場排水中に未反応原料・触媒・中間生成物・最終生成物などのほか予想しない危険な副反応生成物が混入する可能性も極めて大であり，仮に廃水中にこれらの危険物が混入して，そのまま河川や海中に放流するときは，動植物や人体に危害を及ぼすことが容易に予想されるところである。」と認定し，化学工場は廃水を流すときは「常に最高の知識と技術を用いて」安全を確認し，もし安全が疑わしい場合には「ただちに操業を停止するなどして，必要最大限の防止措置を講じ，とくに地域住民の生命健康に対する危害を未然に防止すべき高度の注意義務」がある。チッソは全国有数の合成化学工場として，その高度の注意義務の内容としては廃水の分析・調査と放流先である水俣湾の環境条件及びその変動について監視を怠らず，安全管理に万全を期すべきであった。しかし，チッソは，「多量のアセトアルデヒド廃水を

工場外に放流するに先立って，要請される注意義務を果たすことなく，ただ，「漠然と放流」したのであるから「過失」を免れないと，明快な判断を示した。

見舞金契約については，被害者の無知と経済的窮迫状態に乗じて，極端に低額の見舞金を支払って，その代わりに損害賠償請求権を一切放棄させたのであるから民法90条の公序良俗違反として無効であると判断した。

損害論については，被害者の慰謝料は1600万円，1700万円，1800万円と満額認められ，近親者慰謝料もそのまま認められた。

完全勝訴である。

そして，チッソの企業利益優先・人命軽視・人権無視の基本姿勢が水俣病という大公害を生んだことが明らかとされた。チッソは控訴せず，この判決は確定した。

2 判決後の取り組み

判決後，患者や支援団体は上京して，チッソと交渉を開始した。交渉は長引き，数ヶ月続いたが，結局，原告以外でも行政認定の水俣病患者には判決と同じく慰謝料として1600万円から1800万円までを支払うことをチッソに約束させる協定書を結んだ。

3 判決の影響

この判決以後，日本では「企業が公害を出せば責任あり」の原則が定着した。この判決は，その後の公害発生防止の観点から極めて有意義な判決となり，企業にとっては公害発生の防止が大きな課題となった。

水俣病第1次訴訟判決の影響は，このように大きなものとなった。

しかし，日本の企業はその後，国外に目をつけた。日本企業は海外で公害を発生させて現地住民を苦しめることになった。即ち「公害の輸出」である。

私は1988年，マレーシアのブキメラに行って，日本企業の公害輸出の現場を現認し，その被害者にも会って，彼等のたたかいを支援し，日本でその公害輸出企業に対する抗議行動にも参加した。

水俣病の闘いは，第1次訴訟では終わらず，その後，わが水俣病訴訟弁護団

は国の認定基準の不当性を追及する第2次訴訟や国の責任を追及する第3次訴訟などにも取り組み，いずれも全面勝訴を勝ち取った。

4　水俣病裁判の意義と水俣病の教訓

1　水俣病裁判の意義
　水俣病裁判の始まりは，日本は勿論，世界的な公害環境裁判に幕を開けたものだった。また，水俣病は，世界最初の産業公害による大量人命被害発生であり，第3次訴訟判決は，世界最初の産業公害における国の責任を世界に宣言したものと言える。
　国内的には，大量切り捨て政策という国の政策を転換させ，1万数千人の患者に一定の救済を勝ち取った。

2　水俣病の教訓
　水俣病の発生拡大は，企業利益優先・人命軽視・人権無視のチッソの基本姿勢とそれと癒着し，それを擁護した行政にある。一例を挙げると，チッソが石油化学への転換を終わり，旧製法による水俣工場の水俣病発生源アセトアルデヒド工場を閉鎖した1968年5月の僅か4ヶ月後に，政府は水俣病の「公害認定」をして，チッソ排水が原因であることを発表した。政府は工場閉鎖まで待っていたのである。これこそ，チッソ擁護であり，癒着である。企業と行政の癒着，これこそ公害発生の原因なのである。
　地域住民は立ち上がって，連帯して，これとたたかい，これを防止しなければならない。これこそ水俣病の教訓である。そして，そのことこそが公害を防ぐ第1の方法であり，たたかいなのである。

【裁判例】
　熊本地判昭48・3・20判時696号15頁（熊本水俣病第1次訴訟）
　熊本地判昭62・3・30判時1235号3頁（熊本水俣病第3次第1陣訴訟）
　最判平16・10・15判時1876号3頁（水俣病関西訴訟）

第Ⅱ部　弁護士の挑戦

【参考文献】
千場茂勝『沈黙の海』（中央公論新社，2003年）
原田正純『水俣病は終わっていない』（岩波新書，1985年）
水俣病被害者・弁護団全国連絡会議編『水俣病裁判全史1〜5巻』（1998年〜2001年）

第8章

新潟水俣病訴訟

坂東　克彦
弁護士・新潟県弁護士会，新潟水俣病地域
福祉推進審議会委員，元新潟水俣病訴訟弁
護団長，熊本水俣病第1～3次訴訟弁護団

　新潟水俣病は，熊本水俣病に次いで発生した「第2の水俣病」で，1965年，患者の発生が公表された。

　1967年に提起された第1次訴訟は，患者と認定された被害者が加害者の昭和電工を被告とする損害賠償請求訴訟である。1971年，原告が勝訴した。この訴訟について訴訟前の原因究明，加害企業・国等に対する被害救済を求める運動を紹介し，訴訟上の争点と地裁判決の内容等を報告する。弁護団が水俣病の原因究明や因果関係の解明に関連する学問領域の研究者や医師を「補佐人」として選任したことが注目される。

　その後，水俣病と認定されない被害者が激増するなかで，1982年，昭和電工と国を被告とする第2次訴訟が提起された。この訴訟は，原告らが患者であることの確認と新潟水俣病を引き起こした国の責任を追及する国家賠償請求訴訟で，最終的に和解によって終了した。

　水俣病については，現在も被害認定の基準や補償給付の内容が問題となっているが，ここでは新潟県が2009年4月から実施している新潟県条例による独自の患者支援制度と政府がすすめている「水俣病被害者救済特別措置法」についての筆者の考えもあわせて紹介する。

1　被害の発生から第1次訴訟提起まで

1　水俣病被害の発生

1950年代半ば，政府は国の基幹産業を石炭・カーバイド産業から石油化学産

業へと転換する石油化政策をとり，各地に石油コンビナートが次々に建設され稼動していった。日本はこれによって驚異的な経済成長を遂げた。

　来るべき石油化時代を見越してチッソは千葉県五井に，昭和電工は山口県徳山にそれぞれ石油から精製される中間原料であるエチレンを原料とするアセトアルデヒド生産に向けて新たな工場を建設するとともに，新工場の稼動までの間に，チッソは熊本県水俣工場に，昭和電工は新潟県鹿瀬工場にそれぞれ旧来型の設備を新設してアセトアルデヒドの生産を急増させ，アセトアルデヒドの製造の際に副生する有機水銀を除去することなく工場外に排出し続け，熊本と新潟に水俣病被害を発生させ，被害を拡大させた。

2　事件公表

　1965年6月，新潟大学医学部神経内科 椿忠雄教授が新潟県阿賀野川下流流域に水俣病患者が発生していることを公表した。

　事件公表後，国は通産・経済企画・科学技術・厚生・農林・水産の6省庁をもって関係各省連絡合同会議を組織し，厚生省のもとに「厚生省新潟水銀中毒事件特別研究班」を設けて原因究明に当った。

3　運動の展開

　1965年8月，被害者を支援するため新潟県勤労者医療協会（「勤医協」），新潟地区労働組合協議会（「新潟地区労」），日本共産党など17団体が新潟県民主団体水俣病対策会議（「民水対」）を結成した。被害者もまた，同年10月，阿賀野川有機水銀中毒被災者の会（「被災者の会」）を結成し，被害者と民水対との共同のたたかいが始まった。

　新潟水俣病の運動は，①昭和電工の責任の確定，②被害の完全補償，③公害根絶の3本の柱を中心にして進められた。

　1970年1月，日本社会党，新潟県労働組合評議会（「新潟県評」）等が運動に加わって新潟水俣病共闘会議（「水俣共闘」）を結成し，被害者を支援した。

4 昭和電工による原因究明の妨害

(1) **証拠隠滅** 原因究明が進み，原因として鹿瀬工場の排水が疑われてくると昭和電工は，1965年中に鹿瀬工場に残存していたアセトアルデヒド製造プラントを工場から撤去し，さらに工場のフローシート（製造工程の図面）を本社の指示によって焼却したうえ，「工場が使っていたのは無機水銀であって有機水銀ではないから鹿瀬工場が原因ではない」と強弁した。

(2) **昭和電工の「農薬説」** 1967年4月，昭和電工は，「1964年6月の新潟地震で被害を受けた新潟西港の倉庫に保管されていた水銀農薬が地震と津波によって日本海に流出し，約4km離れた阿賀野川の河口に達し，8月上旬に塩水が川を遡る現象である「塩水楔（くさび）」によって阿賀野川下流水域に浸入し，汚染した川魚を多食した住民が水俣病に罹患したとする「農薬説」を主張して因果関係を争い，横浜国立大学教授北川徹三が昭和電工の主張を支持した。北川は，新潟地震で被災した市内の昭和石油の貯蔵タンクから流れ出した石油が信濃川から阿賀野川河口に達して夕日を受けて光っていた写真と，阿賀野川下流の浅瀬が白く光っている写真とをつなぎ合わせ，それが農薬の証拠写真であると証言した。

昭和電工旧鹿瀬工場のアセトアルデヒド製造プラント。なかの反応塔は撤去されていた

昭和電工鹿瀬工場の排水口（1959年1月）

5 排水口からの水銀検出

1966年11月5日，特別研究班の主要メンバーの1人である北野博一（新潟県衛生部長）が副参事の枝並副二に採取させた鹿瀬工場の排水口から採取した水苔からメチル水銀が検出された。これによって鹿瀬工場が汚染源であることが確定的となった。

6 国による結論の引き延ばしと歪曲

1967年4月，厚生省特別研究班は，「汚染源は阿賀野川上流地区にある昭和電工鹿瀬工場で，汚染機序はアセトアルデヒド製造工程中に副生されたメチル水銀化合物が工場排水によって阿賀野川に流入し，アセトアルデヒドの生産量の年々の増加に比例してその汚染量も増大し，それが阿賀野川の川魚の体内に蓄積され，その川魚を一部沿岸住民が捕獲摂食を繰り返すことによってメチル水銀化合物が人体内に移行蓄積し，その結果発症するにいたったものと診断する」との明快な結論を出した。

厚生省特別研究班の結論は，厚生省食品衛生調査会答申（1967年8月），通産省見解（1968年1月），科学技術庁見解（1968年4月）を経て，1968年9月の熊本・新潟両水俣病に関する「政府見解」では，熊本水俣病についてはチッソ水俣工場の排水が原因であると断定したが，新潟水俣病の原因については，「本疾患の発生には，昭和電工鹿瀬工場の事業活動に伴って排出されたメチル水銀化合物が，大きく関与し基盤となっているものと見られる」との曖昧な表現にとどめた。

2 地裁判決とその内容

1 「毒まんじゅう」事件

原因究明に関する国，財界，昭和電工，一部の学者の一連の動きは，原因と責任を曖昧にし，死者1人わずか30万円の一時金の支払いで事件を決着させた1959年12月の熊本水俣病の「見舞金契約」に至る経緯と酷似していた。

1966年8月，新潟県は厚生省環境衛生部長 館林宣夫の意向を受けて患者，漁協関係者，市町村理事者からなる「有機水銀被害対策協議会」を設置し，新

潟水俣病の全被害を総額1億円で決着するよう斡旋に乗り出した。

民水対と筆者は，この斡旋を受けたら熊本水俣病事件の「二の舞」になる，これは「毒まんじゅう」であると言って斡旋に応じないよう被害者を説得した。1967年2月，NHKテレビに出演した昭和電工専務理事 安藤信夫が「国が結論を出しても従わない」と公言したことが伝わり，被害者は斡旋を拒否し，裁判でたたかう決意を固めた。

2　訴訟提起

1967年6月，事件公表2年目を期して新潟の被害者のうち3家族13名が昭和電工を被告とする損害賠償請求訴訟を新潟地裁に提起した。これがわが国初の本格的公害訴訟である。

新潟の訴訟提起は各地の被害者を勇気づけ，四日市ぜんそく（1967年9月），富山イタイイタイ病（1968年3月），熊本水俣病（1969年6月）の被害者がこれに続き，「四大公害裁判」としてたたかわれた。

3　裁判の問題

(1) 弁護団の構成　　弁護団の結成に当たっては新潟県内に居住する弁護士に広く呼びかけて，「被害者」を支援する裁判に参加するよう呼びかけた。これに応えて多数の弁護士が思想・信条の別なく参加した。

(2) 訴訟救助　　被害者の中には少数ではあるが生活保護を受けていた家庭もあり，民事訴訟法（82～86条）による訴訟救助が認められた。

(3) 補佐人　　訴訟の焦点は因果関係の立証であった。弁護団は民事訴訟法第60条の補佐人制度を活用し，訴訟活動を補うために，宇井純（都市工学），宮本憲一（地域経済論），丸山博（公衆衛生），庄司光（環境衛生学），山田信也（衛生学），吉村功（数理統計学），木村安明（農薬研究家），久保全雄（医師），斉藤恒（医師）などを補佐人に立てた。これらの補佐人は，訴訟準備だけでなく，証人尋問や弁論にも参加して弁護団の活動を支えた。

(4) 不法行為責任の確定　　弁論準備の段階で裁判所から予備的請求として民法第717条（土地工作物の瑕疵）を主張するかの打診があったが，弁護団は昭和

電工の責任について民法第709条の不法行為責任に絞った。

弁護団は訴訟の過程で、新潟水俣病がわが国第2の水俣病であることから昭和電工の責任について、それまでの過失責任から「未必の故意による殺人・傷害」の責任に加重した。

(5) **請求額と慰謝料一律請求**　昭和電工という巨大な企業を被告として予想される長期にわたる裁判闘争をたたかい抜くためには、何よりも被害者の団結を大切にしなければならない。弁護団は、伝統的な逸失利益を中心とするこれまでの損害賠償方式では、①損害額が低額に抑えられ、②原告らの生命・健康に差別を設けることになり、これが原告らの団結を阻害しかねない、③多数当事者の集団訴訟を短期に終らせるために、損害額について「慰謝料一律請求」の方式を打ち出した。

次の問題は、請求額をいくらにするかということであった。そのころ、雫石上空での航空機事故があり、遺族が数千万円の損害賠償請求をするという新聞記事があり、患者はこれに倣った請求を求めた。

大企業である昭和電工を相手にたたかいこれに勝利するには、裁判が物取りの裁判でないことを示し、世論の支持をえるものでなければならない。弁護団の意向を受けて筆者は被災者の会と話し合い、請求額を死者・重症患者1500万円、その他の患者一律1000万円にまとめた。

(6) **北川反対尋問**　北川が証拠で示した航空写真の裏面には防衛庁による撮影年月日が記載されており、それは北川証言で塩水楔が阿賀野川を遡上したという1964年8月より以前の日付であった。筆者は北川に対する反対尋問でこれを示して証言の矛盾を追及した。北川はその説明をすることができなかった。このとき、弁護団は裁判の勝利を確信した。

(7) **審理の経過**　裁判は訴提起から結審までの4年間に口頭弁論46回、出張尋問15回、検証5回、鑑定尋問3回、計69回の審理が行われた。

4　地裁判決

1971年9月、新潟地裁は昭和電工の主張を退け原告勝訴の判決を言い渡した。

判決は第1に、因果関係の確定にあたって、「汚染源の追及がいわば企業の

門前にまで到達した場合には,企業側において自己の工場が汚染源になりえない所以を説明しない限り,法的因果関係が立証されたものと解すべきである」とする新しい考えを示した。

第2に,化学企業が排水を一般の河川等に放出して処理しようとする場合に「最高技術の設備をもってしてもなお人の生命,身体に危害が及ぶおそれがあるような場合には,企業の操業短縮はもちろん,操業停止までが要請されることもある」として,企業活動に対する人命尊重の立場を鮮明にした。

第3に,賠償額について原告が求めた慰謝料一律請求の方式を採用した。

昭和電工は事前に控訴権を放棄していた。弁護団は,判決が請求額を半額に抑えたことから控訴をしてもたたかうべきであると考えていたが,判決を確定させ,昭和電工との直接交渉のなかでさらに有利な補償を勝ちとっていくとの水俣共闘の意向に従い控訴せずにこの判決を確定させた。

3 補 償 協 定

判決の対象となった認定患者は47名であった。補償交渉の始まった1972年4月には,認定患者は357名(2008年12月現在693名)に達していた。

1973年6月,被災者の会・水俣共闘と昭和電工との補償交渉が妥結した。この協定によって,判決が減額した請求額を復活させた。さらに補償協定に昭和電工の新潟水俣病被害を発生させた責任を認めさせ,継続補償金(年金)の支払いと工場への立入調査権を明記させた。

4 第2次訴訟

1 認定基準の改悪

1973年末,中東戦争がもたらした第1次オイルショックを機に,日本経済は低成長期に入った。ここで政府と財界は福祉切捨ての政策を強めた。

政府は,財界と加害企業の意向をうけて,感覚障害があれば認定していた水俣病認定基準を厳しく改変し,「感覚障害があり運動失調が疑われ,かつその

他の症状の組み合わせ」(1977年7月)が必要であるとし、さらに「医学的に見て水俣病である蓋然性が高いと判断」(1978年7月)されなければ水俣病とは認定しないとして、水俣病の認定に二重三重のしばりをかけた。これによって認定を棄却される患者が激増した。

2 第2次訴訟の提起

新潟でも認定を棄却された患者が1000人を超えたため、1982年6月、第2次訴訟を提起した。この訴訟は、原告が「水俣病患者」であることを確定することと、新潟に第2の水俣病を引き起こした国の責任を問う国家賠償請求訴訟であった。

1992年3月、新潟地裁は第2次訴訟原告のうち分離した第1陣原告に対する判決を言い渡し、原告の殆どを新潟水俣病患者と認定したものの、国の責任は否定し、原告・被告はともに東京高裁に控訴した。

この間、数多くの水俣病裁判が各地でたたかわれ、なかでも熊本地裁第3次訴訟判決(昭和62年3月、平成5年3月)、京都地裁判決(平成3年11月)では、水俣病を引き起こし被害を拡大させた国の責任を認める画期的な判決を勝ちとった。

5 政治決着

1994年6月、社会党を中心とする村山内閣が成立した。裁判が長引くなかで、熊本、新潟、東京、京都、福岡各地裁の原告と弁護団で結成していた全国公害被害者・弁護団連絡会議(「全国連」)は、「政治決着」を求めて各地裁・高裁に対して一斉に和解の申立をした。政治決着は国が定めた認定基準が有効であることを前提とし、国の責任を曖昧にするものであった。筆者は、この政治決着に同調できず、1997年、新潟水俣病弁護団長を辞任し、30年間にわたって関わってきた水俣病訴訟から身を引いた。

1995年12月、新潟の被害者の会及び水俣共闘が昭和電工との協定書に調印し、1996年2月、新潟での訴訟は取り下げられた。

6 新潟県条例の制定

1 最高裁判決

2004年10月,最高裁は政治決着を拒否して唯一たたかい続けていた熊本水俣病関西訴訟について,国・熊本県・チッソの責任を認めた。判決は政治決着の前提となった現行の認定基準を採用せず,大阪高裁が採用した判断条件を採用した。

最高裁判決を契機に熊本・鹿児島・新潟において新たな認定申請と訴訟提起が相次ぎ,2009年1月現在,熊本・鹿児島両県での未処分者は過去最高の約6200人に達している。また両県で国・熊本県・チッソを被告として提訴中の原告は1550人を超えている。新潟でもあらたに第3次訴訟,第4次訴訟が提起されている。

2 新潟水俣病問題懇談会

2007年2月,新潟県知事泉田裕彦は,「熊本水俣病の被害がありながら,これを教訓とせずに,何故新潟県に第2の水俣病被害が発生したのか。私たちの幸せな生活は,水俣病患者の犠牲の上にあるのではないか。今からでも患者の生活を援助するために,県独自でなしうる方策はないのか」と,新潟水俣病問題懇談会(座長新潟大学名誉教授本間義治)を設置し,県への提言を求めた。筆者もこの懇談会の委員を務めた。

懇談会は2008年3月,提言書をまとめて県に提出した。同年9月,新潟県議会は懇談会の提言を内容とする条例「新潟水俣病地域福祉推進条例」を全会一致で可決し,条例は2009年4月に施行された。

3 条例の骨子

(1) **新潟水俣病患者の定義**　「昭和電工鹿瀬工場の排水に汚染された阿賀野川の魚介類(ウグイ属魚類,ニゴイ等)を摂取したことによってメチル水銀に曝露され,水俣病の症状を有する者については,公健法に基づいて水俣病と認定

されているか否かを問わず,新潟水俣病患者とする。」

　この定義は「私たちは『ニセ患者』ではない」という被害者の切実な求めに応えたものである。

　(2)　**水俣病の診断**　　現行の新保健手帳の交付要件である「疫学条件及び神経症状を有する者」を新潟水俣病患者とし,診断のための審査会は設置しない。患者の診断は水俣病診断の経験のある医師が行うことになった。

　(3)　**支援の対象**　　この条例は,新潟水俣病被害者の会（第2次訴訟原告）,第三次訴訟原告,第四次訴訟に参加する患者に平等に適用される。公健法の適用を受けている患者は適用の対象とはならない。

　(4)　**支援の内容**　　支援の内容は,高齢となっている患者の将来不安を解消するため介護保険の福祉系サービスの利用者負担,療養に係る諸雑費,療養費の対象とならないマッサージ,自宅療養のための温熱治療器などの器具の購入費等の助成であり,2009年4月から毎月1人7000円が支給されている。

7　水俣病被害者救済特別措置法

　政府は,「水俣病被害者救済特別措置法」を成立させ, 1人210万円で水俣病問題の「最終的・全面的解決」を図ろうとしている。しかしその内容は,国の責任を明確にせず,裁判でたたかっている原告らを患者と認めないまま金銭で水俣病問題を決着しようとした1995年の政治決着と本質的に変わらない「第2の政治決着」であり,最高裁が否定した認定制度の検討すらおこなわずに,またも水俣病事件の根本問題の解決を先送りしようとするものである。

　水俣病については,いまだに「認定制度」が患者救済の障壁になっている。最初の事件公表から半世紀以上を経ているにもかかわらず,被害の実態調査も十分になされないままである。

　「真の文明は山を荒らさず,川を荒らさず,村を破らず,人を殺さざるべし。」

（1912年　田中正造）

【裁判例】
新潟地判昭46・9・29判時642号96頁（新潟水俣病事件第1次訴訟）
新潟地判平4・3・31判時1422号39頁（新潟水俣病事件第2次訴訟）

【参考文献】
坂東克彦『新潟水俣病の三十年——ある弁護士の回想』（NHK出版，2000年）

〈コラム〉　チッソ水俣工場・昭和電工鹿瀬工場年次別アセトアルデヒド生産量の推移

　図は，チッソ水俣工場と昭和電工鹿瀬工場のアセトアルデヒド生産量の推移とその間の主な出来事をグラフ化したものである。

　チッソ水俣工場は1932年にアセトアルデヒドの生産を開始した。戦災により一時生産量が減るが，戦後徐々に生産を回復していった。生産量は1953年ころから目立って上昇し，これによる汚染と被害の拡大で1956年，水俣病被害が公表された。1959年7月，熊本大学医学部研究班は原因は有機水銀であると発表し，原因がチッソ水俣工場であることが確定的となった。同年10月，チッソ水俣工場附属病院長細川一がアセトアルデヒド工場の排水を直接投与した猫400号が発症し，その結果はチッソに報告されていた。しかし，同年末，国とチッソはこの事実を握りつぶし，水俣の被害者に「見舞金契約」を押しつけ，わずか30万円の見舞金によって水俣病事件を決着させ，これを口実に水俣病の原因調査を打ち切った。

　図を見ると，水俣病の原因が工場排水と指摘されても，猫実験の結果が出ても，アセトアルデヒドの生産量は増え続けている。とくに見舞金契約後は，飛躍的に生産量が増大し，翌年の1960年には，水俣病が公式発表された1956年のほぼ3倍に当たる4万5000トンあまりを生産している。

　一方，昭和電工は，1957年に昭和合成化学工場を吸収合併し，新潟県鹿瀬町にあったアセトアルデヒド工場に新鋭プラントを増設し，生産量を1957年の6251トンから1964年の1万9467トンへと3倍に急増させた。

　この間，鹿瀬工場は，排水処理を行わないまま生産を停止する1965年1月まで有機水銀を阿賀野川に垂れ流し，新潟水俣病を発生させた。

　国が2つの水俣病の原因について政府見解を発表したのは，チッソ，昭和電工が旧来の設備での（水銀法による）アセトアルデヒドの生産を停止した後の1968年9月であった。

　国がもっと早く熊本水俣病の原因を確定させ，チッソの排水を規制し，さらに同種生産施設をもつ昭和電工鹿瀬工場の排水を規制していたなら，熊本の被害の拡大は抑えられ，新潟の被害は未然に防止し得たものである。

第8章 新潟水俣病訴訟

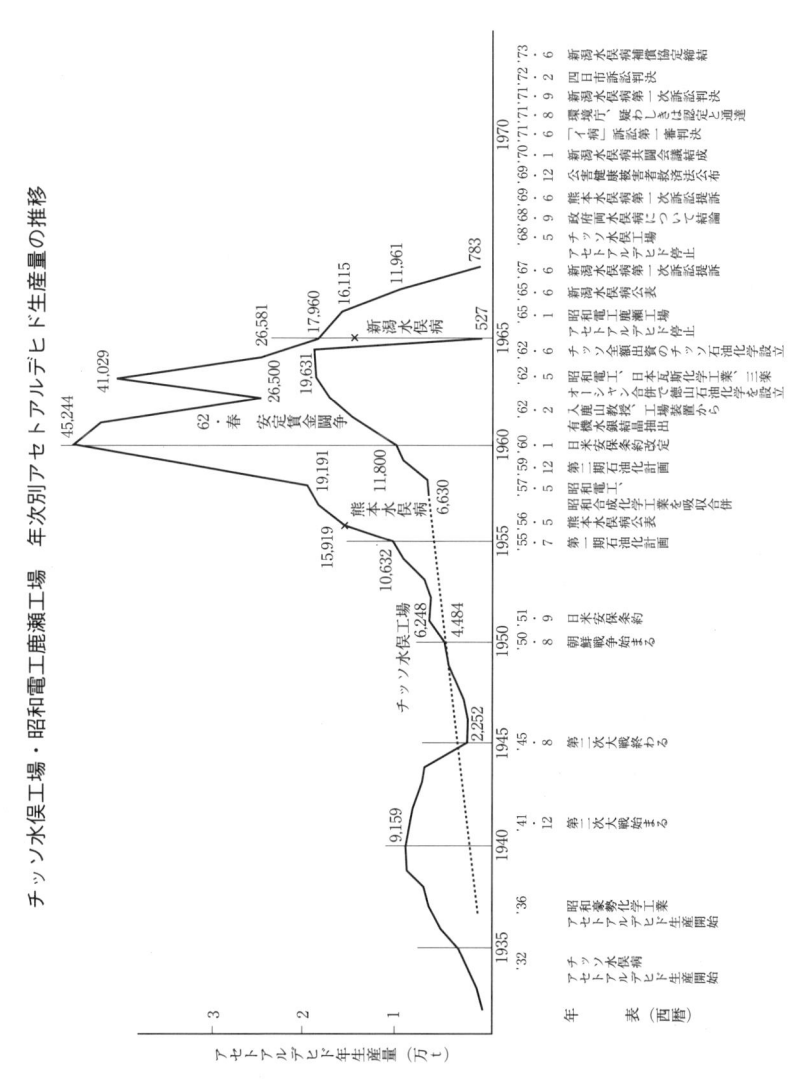

チッソ水俣工場・昭和電工鹿瀬工場 年次別アセトアルデヒド生産量の推移

アセトアルデヒド年生産量(万t)

1932 アセトアルデヒド生産開始
'36 昭和電工鹿瀬アセトアルデヒド生産開始
1940 9,159
'41 12 第二次大戦始まる
'45 8 第二次大戦終わる 2,252
1950 6,248
'50 8 朝鮮戦争始まる
'51 9 日米安保条約 4,484
'55 7 第一期石油化学計画 10,632 15,919
'56 5 昭和電工成績結晶条約改定 熊本水俣病
1955 11,800
'59 12 第二期石油化学計画 19,191
'60 1 三井三池労働争議 6,630
'62 2 有機水銀熊本結晶出裝置改定
'60 62・春安定賃金闘争
26,500
19,631
1960 45,244 41,029
'62 5 昭和電工鹿瀬工場アンモニア顧出資本スチレンへ
26,581
'65 1 チッソ水俣工場ドイツ石油化学工業を吸収合併
17,960
1965 新潟水俣病 × 16,115
'65 6 新潟水俣病第一次訴訟提起
'67 6 新潟水俣病第一次訴訟提起
'67 9 公害健康被害救済法公布
'68 5 熊本水俣病第一次訴訟提起
'68 9 政府チッソ水俣工場ドイツ石油化学工業の停止
11,961
'69 12 熊本水俣病第一次訴訟提起
'70 1 イタイイタイ病第一審判決
'71 6 新潟水俣病第一審判決
'71 8 環境庁発足
'71 9 イタイイタイ病第二審判決
'72 2 四日市訴訟判決
'73 6 水俣病補償協定締結
783

年表(西暦)

注I チッソ水俣工場のアセトアルデヒドの生産量は、有馬澄雄氏編『水俣病20年の研究と今日の課題』(P159)(青林舎)による。
II 昭和電工鹿瀬工場の生産量は新潟水俣病第1次裁判資料による。点線部分は河辺立男氏の工場周辺杉年輪の水銀量からの推定生産量である。

第9章

イタイイタイ病訴訟

近藤　忠孝
弁護士・京都弁護士会，
イタイイタイ病弁護団

> この訴訟は，神通川の上流にある神岡鉱山から流出したカドミウムにより下流の富山県内に発生した農業被害や健康被害の事例である。
> 被害は1910年ころから発生していたが，訴訟提起は1968年で，1972年に控訴審で勝訴が確定した。
> 最初に，イタイイタイ病訴訟提起に至るまでの被害者の苦労，原因解明や訴訟提起にかかわった医師や弁護士の活動と運動を報告し，次いで訴訟における因果関係を中心とした論争と被害者側の主張，訴訟技術上の工夫を紹介する。
> この事件では，勝訴判決を獲得した後も協定による被害救済と汚染土壌の原状回復を徹底して求める運動がねばり強く続けられた。この訴訟で整理された疫学的因果関係の考え方，汚染された土壌の原状回復の手法と費用負担のあり方は，その後の日本における公害被害救済と公害防止をめぐる訴訟や政策に大きな影響を与えた。

1 被害状況と闘いに決起するまでの苦難の歩み

　全身，体も足もない，どこも痛くなって，削るような，言いようのない痛み。どっちへ手をやっても痛い。話をしていても，息を吸っても，針千本刺すように痛い。くしゃみも，咳もできず，……躓いて，ももたぶが切り取られるように痛む。医者に脈をとられて骨折し，二人がかりの床返しでポキンと折れ……イタイ，イタイ，イタイ‼　軒並みに聞こえる絶叫が，イタイイタイ病の名を生んだ（患者証言の抜粋）。

第9章 イタイイタイ病訴訟

　神岡鉱山の全山操業開始は1890年頃であるが，イタイイタイ病（イ病）は1910年代前半頃から，更年期後の経産婦に発生した。同じ神通川流域の農漁業被害は，1918年頃から富山県議会で取上げられ，1931年頃から「神通川鉱毒防止期成同盟」の抗議や防止対策要求の運動が繰り返されたが，戦時体制になるとその継続が困難になり，被害への補償がなされたのは，戦後の1949年である。これに対して，「富山県風土病」「奇病」「業病」とされたイ病は，原因不明で治療法もないままその後も放置され，被害者と家族はさらに長期間，痛みと絶望の中に苦しみぬいてきた。

　イ病被害地域で開業し，日夜患者の治療にあたってきた萩野昇医師が，神通川の一定地域にのみ患者が多発していることに着眼して「鉱毒説」を発表したのは1957年であるが，最初は「医学的常識外」「非科学的なもの」という非難・中傷を浴びて孤立した。しかし，真実であるがゆえに，次第に科学者の支持を得，有力大学等の調査によりカドミウム原因説が裏付けられ，厚生省調査班中間報告でもその方向が打ち出された。

　しかし，原因が鉱毒と判明しても，イ病の運動は，三井金属鉱業の県内誘致も含む工場誘致優先の富山県知事から白眼視され，「騒ぐと米が売れなくなる」「嫁がこなくなる」という被害地域内の声にも抑えられて決起できず，イ病対策協議会が結成されたのは，ようやく1966年11月である。この闘い結集のために寝食を忘れて献身した人々に対する重圧の強さは，「この闘いに失敗したら，この美しい富山に住めなくなり，戸籍をたたんで出ていかなければならない」という悲壮感を抱かせ，「戸籍をかけた闘い」が小松義久氏など闘いを担う人々の合言葉となった。

2　訴訟への決起——だが地元には引受ける弁護士がいない

　イ病に対する補償要求のために神岡鉱山に赴いた代表は長時間待たされ，この間，岐阜県警察本部・富山県警察本部を通じて，代表に対する地元八尾警察署の身元調査が行われ，ようやく交渉となったが「天下の三井です。逃げも隠れもしません。公の機関が認めれば，何時でもお支払いします」と体よく追い

返された。一方「直接当選の国会議員四十数名，類当選百名を擁する三井金属に対して，政府が不利な結論を出すはずがない」という神岡鉱業所長の話が伝わってきた。並行して行われた行政や諸団体への要請も効果なく，国・県・警察も大企業の力によって動かされていることを体験し，最後の手段として「裁判」を決意したが，富山市の弁護士からはすべて断られた。

　当時，東京の北区ごみ焼場反対運動でも経験豊かな弁護士からみな断られた状況があった。富山でも状況は同じであり，1967年ころまでの日本で，「敗北必至の公害裁判」に関与する弁護士はいなかった。

3　青年弁護士の結集と被害住民の3つの質問

　イ病被害地婦中町出身で弁護士2年目の夏に郷里に帰り，裁判の動きを知った島林樹弁護士の「お手伝い申出」に代理人として訴訟提起することを全面依頼され，「手に負えない」と「青年法律家協会」に協力を求めた。この協力依頼を受けた同協会は，「イ病裁判こそ，青年弁護士の仕事」と「檄」を飛ばした。この呼びかけの結果，「過去の公害被害の補償さえ放置されている社会では，公害の事前防止は不可能」という思いを抱いていた多くの青年弁護士がこれに呼応して1968年1月に全国から参集した。

　ところが，この弁護団に対して，被害住民から，真剣な面持ちで，①大企業相手の公害裁判で勝った先例があるのか。②裁判には，農民に負担できない金がかかるのではないか。③裁判は長期化し，患者はみな死んでしまうのではないか。という3つの難問が飛び出し，弁護団は立ち往生した。

　①は，明治以来の工鉱業優遇の国策により多発した公害問題は，常に権力と大企業一体の力で抑圧され，足尾鉱毒事件等すべて「敗北の歴史」であった。

　②は，弁護士は「手弁当」でも，加害企業の常套手段の「無限の科学論争」と膨大な　証拠調要求に太刀打ちするには，資料代や調査費等被害者の負担は莫大である。

　③も，先輩弁護士から「権力や大企業相手の裁判で，拙速は敗北」と教えられていたが，これは戦前から弾圧と闘ってきた自由法曹団の「闘いの鉄則」で

あった。

4　訴訟提起──黙っていられなくなり，闘いが始まった

　この３つの質問は，いずれも被害者の前に立ちはだかる大きな壁であり，長い間被害住民の闘いを抑えこんで来た現実の力であった。しかも，当時の弁護団としても，被害住民が抱いていた基本的疑問に対して説得しうる回答ができたとはいえず，また，勝訴できるという確信ある展望を示せたわけではなかった。当時の状況では，被害住民が「裁判断念」の選択をしても不思議ではなかった。しかし，被害住民は闘いを決断し，代表選手を押し立てて，早期に訴状提出することを決めた。それは，深刻な被害と三井金属の横暴に「黙っていられなくなっていた」怒りと，正義感に燃えて結集した青年弁護士の情熱への期待であったと思う。

　これは，2007年２月に放映されたNHK「そのとき歴史が動いた」の闘いの始まりであるが，同時に，前人未到の困難な道への出発点であった。代表選手は被害者14名（遺族を含めると28名），請求額は6100万円（生存患者１人400万円，死亡患者500万円……当時の交通事故の死者の慰謝料額）であったが，控訴審において請求額を800万円と1000万円に倍増し，控訴審判決はその満額を認容した。

　なお，弁護団結成は1968年１月６日，提訴は同年３月９日と，この間極めて短期間であるのは，同年５月に予定されているイ病「厚生省見解」の前に，提訴という被害住民の強い意思を示すことにより，国の「公害病認定」が企業の圧力により捻じ曲げられるのを，自分達の力で阻止したいという，イ病対策協議会幹部の強い要請によるものであった。

(1)　「痛い」としかいえない患者と青年弁護士の決意　　質問に現れた闘いの「抑制要素（困難）」はすぐ顕在化し，まず「損害」の特定の困難に直面した。訴状作成のために，患者に「どのように痛いのか」と手分けして聞いて回った弁護士の耳には，ただ「痛い」という答えしか返ってこなかったからである。何度聞きに行っても同じであったが，議論しているうちに，「痛い」ということは「痛みの表現」であり，他に言い表せないのに，これを言葉することを求め

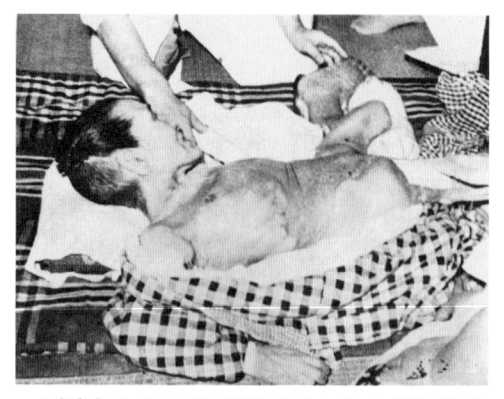

イ病患者Aさんの足が折れ曲がっている様子（昭和30年8月撮影・荻野昇氏提供）

る法律家の「非情さ」に気がつき、この「言葉にならない患者の苦しみ」をまず「我がもの」としようと確認し、これを裁判官に分からせ、社会に知らせて勝利しようと決意した。「言葉にならない痛みと苦しみを我がものとする」のは、弁護士が、患者や家族と一体になり切ることであり、この立場の貫徹が、その後の諸困難を克服した。

(2) **第2次訴訟の提訴**　このような弁護団との団結が固まり、県民世論も高まってきたことに刺激され、被害者全員が裁判の当事者になる機運が強まり、同年10月8日、遺族も含めた352名が原告となって、5億7000万円の支払を求める第2次提訴が行われ、イ病の闘いは名実ともに被害地域を挙げての運動に高まった。

(3) **「通いの弁護団」の弱点の露呈と克服**　富山市に法律事務所のないことが、弁護団会議の場所確保、被害者・支援団体との意思統一、情報収集等、すべての分野に支障をきたし、裁判の維持そのものの危機に直面した。副団長の近藤忠孝が決意し、1968年10月に富山市内に移住し新事務所を設立した。多くの県民の大歓迎となり、その歓迎と「裁判勝利」に向けての全県的な大決起集会が開かれ、運動が飛躍的に前進した。そして現地事務所確立の結果、

①毎回の裁判とその支持運動についての県民への働きかけの速やかで的確な対応
②被害団体・支援団体とのきめ細かな常時連携体制
③裁判所との連絡・意思疎通（裁判官との面談機会の増大）
④婦中町の財政援助に対する県知事の妨害に対する反撃と世論喚起（訴訟の一方当事者への財政援助は「公の支出ではない」という知事見解に対し「汚染米を

なくすことこそ『公の支出』」と反撃し，県民の支持を得て，知事は孤立した）

⑤マスコミとの友好関係確立（世論の支持拡大）と情報収集

⑥自治体との連携や県民全体に対する支援の訴え・呼びかけ

等，運動と一体となった弁護団活動が飛躍的に強まった。

　これらの県民的支援が強まる中で，被害者や家族も勇気づけられ，痛い体を引きずって，街頭に立ち，ビラ配布や支援の呼びかけの活動に積極的に参加した。圧迫骨折で背が30センチも縮んだ患者の姿を目にするだけでも，市民は公害の恐ろしさを実感し，公害問題解決を自分自身の問題と自覚し，第2次提訴に示された被害者の闘いの決意への共感と合わせて，いっそうイ病裁判支援の全県民的世論が強まった。

5　因果関係をめぐる攻防
―― 立ちはだかる因果関係論未確立の壁の克服

　これまでの公害裁判敗北の原因は，「どの程度の立証をすれば因果関係が認定されるのか」という裁判上の原則の未確立につけ込んだ加害企業の「無限の科学論争」と莫大な量と長期間を要する証拠調べの要求に，経済力等で被害住民が対応できないことであった。我々は「この敗北の原理」に学ぶことから出発した。被告（三井金属）は，イ病の病理メカニズム（機序）が明らかにされない限り因果関係は立証されたことにならないとして，カドミウムとイ病との因果関係を否定する主張を重ねた。そして，際限のない科学論争に持ち込むために，次のような鑑定申請を行った。

①人間が，カドミウムを経口的に摂取した場合の，体内のカドミウム吸収率はどうか。

②必然的に腎尿細管の機能障害を生ずるのか。仮に生ずるとすれば，カドミウムがどの程度の量，どの程度の期間，人体に蓄積された場合，腎尿細管の機能障害を生ずるのか。

③②による腎尿細管の機能障害がある場合，他の要因がなくとも，これのみで骨軟化症が惹起されるものかどうか，もし惹起されるとすれば，その発

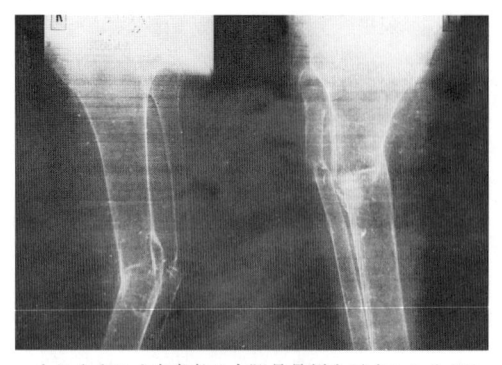

第Ⅱ部　弁護士の挑戦

生機序はどうか。

④経口的に摂取されたカドミウムが、人間の骨中に蓄積されるものかどうか。

このカドミウムとイ病の因果関係の主張・立証は、この訴訟の最大の争点であった。そのために、イ病弁護団は、全国青年弁護士の総知の結集

イタイイタイ病患者の大腿骨骨折を示すレントゲン写真

を考え、1969年夏富山市で青法協第1回公害研究集会を開催し、志を同じくする100名余の弁護士が参集して、勝利のための論議を交わした。激論の末、「疫学は科学」、「鑑定を採用させない」についての意思統一がされ、これに基づき、各地の公害裁判での論戦を展開することが確認された。

イ病弁護団も、法廷や判事室でこの議論を進展させるなかで、裁判官の「疫学」についての認識が深まり、因果関係の立証は、「地域的限局性・時間的限局性・動物実験の成功・病理的機序についての基礎的な説明」で足りるとの認識で一致することができ、訴訟の進行において、加害企業側の「無限の科学論争」、「不可知論」主張が付け入る余地を阻止した。

富山地裁判決は次のとおり、被告の主張を明確に否定した。「いわゆる公害訴訟において加害行為と損害発生との間に自然的（事実的）因果関係の存否を判断し、確定するにあたっては、単に臨床学ないし病理学的見地からの考察のみによっては、右のような特異性の存する加害行為と損害との間の自然的（事実的）因果関係の解明に十分ではなく、ここにいわゆる疫学的見地よりする考察が避け難いことと考える。」「人間がカドミウムを経口的に摂取する場合にカドミウムは体内に吸収されるかどうか、人間がカドミウムを経口的に摂取した場合、腎尿細管の機能障害が生ずるかおよび人間がカドミウムを経口的に摂取したことにより腎尿細管に機能障害が生じた場合、他の要因がなくても、これのみで骨軟化症が惹起されるものかどうかについては、これまでみてきたとこ

ろから既に自ら明らかであり，また，人間がカドミウムを経口的に摂取する場合の体内カドミウムの吸収率はどうか，人間がカドミウムを経口的に摂取し，どの程度の量，どの程度の期間，体内に蓄積された場合に腎尿細管の機能障害を生ずるかなどとカドミウムの人体に対する作用を数量的に厳密さをもって確定することや経口的に摂取されたカドミウムが人間の骨中に蓄積されるものかどうかの問題はいずれもカドミウムと本病との間の因果関係の存否の判断に必要でないことはまた疑う余地がないものといわねばならない。」

「本病の病理機序についても，その大筋において一応の説明が可能であることは，前記認定のとおりであって，なお究明を必要とし，今後の研究課題として残された点のあることを否定できないけれども，病理機序が細部にわたってくまなく明確になれば疾患の原因がいっそう明白になるとしても，反対に，病理機序が不明であるからといって疾患の原因を確定しえないわけのものではないから，カドミウムと本病の関係が前叙のとおり疫学的調査や臨床，病理所見などからの考察はもとより，動物実験の結果のうえでも明白となった以上，現段階においては，本病の病理機序が前叙のとおり大筋において一応説明の可能な程度で満足すべきであり，したがって，被告の指摘するような若干の点がさらに明確にならない限り本病の発生原因を確定しえないとすることは到底できないのである。」

6 「早期完全勝利」のスローガンと鑑定却下決定

判決前に患者が次々死んでいき，前記の被害住民が心配していた事態が起こったことは大変な衝撃であった。一方「拙速は敗北の教え」との狭間で悩んだが，この訴訟では，鉱業法109条「無過失賠償規定」により，困難な「過失の立証」を省ける条件があることをいかして，「早期完全勝利」のスローガンを掲げ，被害住民を勇気づけ，運動の拡大に直結することができた。これらの結集した力が，1970年12月，三井金属側申請の「鑑定却下」決定となった。

裁判所は，上記のとおり，細かな病理機序に関する鑑定は，因果関係の存否の判断には必要性がないと判断して被告側の鑑定申請を却下したのである。こ

れにより，提訴後約3年の異例の早期裁判となり，敗北の歴史が勝利に変わる1971年6月30日の「その時歴史が動いた」日を迎えることとなった。

この間，婦中町の保守派議員が二手に分かれて，富山県内の全自治体に「裁判への支援要請」行動を実行し，これに応じて，富山県と県境の小さな村を除いて，県内全自治体が「イ病裁判勝利を求める決議」を採択し，富山県内にイ病裁判勝利大歓迎の機運が盛り上がった。

7 判決言渡を迎えた弁護団の論議とその行動

勝利判決は確信できたが，三井金属は控訴し，執行停止の決定で賠償金支払を先延ばしにし，被害住民を失望させ，戦意喪失させる作戦が100％可能であった。我々は，この執行停止を阻止し，即日判決認容額の支払を実現する「不可能を可能にする」ための論議をし，判決当日電光石火の神岡鉱山差押と，裁判所の執行停止決定阻止に成功した。三井金属の控訴に対する「強い批判の世論」が「追い風」となった。その結果，判決当夜，第1陣訴訟の賠償金6600万円を三井金属が持参した。前代未聞の闘いで即日全額支払を実現したのだから，参加者の大拍手・大歓声があって然るべきであったが，誰一人拍手もせず，みな，沈痛な面持ちで押し黙ったままであった。「金ではない」「完全勝利まで頑張る」という決意の現れであった。

控訴した三井金属は，無限の科学論争のための膨大な証拠調べを要求したが，取りあえず証人として採用された武内重五郎金沢大学教授を，弁護団の松波純一弁護士が，学者を上回る学識による反対尋問で見事に論破したために，高裁はわずか一年で結審するという画期的な決定をした。この高裁判決に向けて弁護団は，勝訴判決を梃子に「公害根絶に直結する全面解決」を図るための激論に没頭した。

完全勝利の控訴審判決がなされた1972年8月9日の翌日の三井金属本社で，長時間の論議により用意周到に準備した要求書に基づき，延々11時間余に及ぶ激しい交渉の結果，(ⅰ)全患者に対する補償，(ⅱ)カドミ汚染田復元の誓約，(ⅲ)公害防止協定により立入調査権（専門家の同行を認め，費用は企業負担）を獲得した。

〈コラム〉 公害防止協定

　公害防止を目的として，企業などの汚染者と周辺住民・自治体との間で締結される協定で，公害対策に向けた政策手法の一つである。1952年に島根県と製紙企業との間で締結された協定が最初とされているが，1968年に横浜市と東京電力との間で締結された協定は「横浜方式」と呼ばれ，その後全国に広まった。現在，日本で締結されている公害防止協定は3万以上あるといわれている。

　公害防止協定の法的性質は，協定当事者や協定事項によって異なるが，法令の不備，行政や周辺住民による汚染行為の監視を通じた汚染防止や削減を目的とした契約であるとの考え方が多数説になっている。協定当事者は，その合意により法律が定める規制を超えた防止措置，その履行担保措置などを定めることができるなど弾力的に運用し得るところにメリットがある。最近は，自然環境保全の手法としても利用されている。

　三井金属が最も抵抗したのは，(ⅱ)の「カドミウム汚染田復元費用の全額企業負担」であった。何百億円という費用負担は，財閥企業である三井金属にとっても企業存続の成否に関わる重大問題であったから，農地汚染の責任は認めざるを得なくなっても，「被害地域のカドミウムは神岡鉱山から流失したものばかりではなく，前から自然界に存在しているものもある」と抵抗抗戦し，交渉は難航した。これに対して弁護団の木澤進弁護士が「神岡鉱山から流失したカドミウムだけ持って帰れ」と逆襲し，三井金属は降参した。

　イ病および農業被害の原因となったとはいえ，被害地域の農地のカドミウム濃度はppm次元の微量であり，従前からの土壌とカドミウムとを選り分けること自体不可能であり，仮に理論的にそれが可能であるとしても，1500ヘクタールの復元必要農地にそれを実施するとすれば，実際の復元作業の何十倍もの手間と費用がかかるからである。現に実施されてきた復元事業は，カドミウムを含む農地を地中に埋め込み，そのうえに下部の汚染土壌の影響のない厚さの通常の非汚染の土壌を持ち込んで整地するのであるが，それでも広大な汚染農地の復元には，数百億円を要するのである。

　これらの成果をかちとるたびに会場は，被害住民の割れるような歓声と拍手

に包まれた。1年前の地裁判決の直後，札束の前で押し黙っていた被害住民と同一人とはとても思えなかったが，札束とは違い，交渉で獲得したこれらの誓約書等の内容事項は，地域の公害根絶と全国の公害闘争の前進と直結しているとの思いに到達していたからである。

8 判決獲得後の公害根絶の闘いの到達点

以来，38年間，被害住民は地域を挙げて，(i)イ病患者の認定とカドミ腎症問題，(ii)カドミ汚染田復元事業，(iii)神岡鉱山立入調査による「発生源対策」に，裁判の時と同じように，農民的粘り強さで取組んできた。

(i)は，患者発生は激減し，腎臓に影響がある段階で早期に公害病と認定させ，その対策を求める「カドミ腎症」問題を政府に要求している。

(ii)の汚染田復元事業の工事は，基本的に完了し，農民が切望した汚染米のない豊かな大地を取り戻すことができた。住民主導の地域再生事業の成功である。

(iii)の立入調査は，毎年夏には被害地住民百数十名が参加し，同行科学者の指導と援助により，被害住民自らが専門的・技術的な質問と追及を行い，また適宜，住民と科学者・弁護士による「専門立入調査」を行い，これらの指摘で公害防止の実があがり，鉱山側も真摯に対応した結果，カドミウムの排出は，自然界値にあと0.01—0.02ppbに迫り，鉱山の操業からは一切の汚染物を排出しない「無公害鉱山」の実現は時間の問題となり，公害問題の権威者宮本憲一教授は「世界史的大事業」と評価している。この到達点は，「被害者の目」「科学者の知恵」「企業の努力」の三拍子そろえば「公害は根絶できる」という確信となり，「公害は，どのような取組によって，防止と根絶が可能であるのか」についての「法則」の確立により，日本全国各地の公害裁判・運動の勝利の展望が明らかになっていく。

【裁判例】
富山地判昭46・6・30判時635号17頁
名古屋高裁金沢支判昭47・8・9判時674号25頁

【参考文献】

イタイイタイ病訴訟弁護団編『イタイイタイ病裁判』（1～6巻）（(株) 総合図書，1972年～1974 4 年）

第10章

大阪国際空港公害訴訟

須田　政勝
弁護士・大阪弁護士会，大阪
空港公害訴訟弁護団

　大阪国際空港に離発着するジェット機などの騒音等被害による損害賠償請求と，21時から翌朝7時までの航空機の空港への離発着の差止めを求めた訴訟で，1969年12月に提訴され，1984年に和解が成立したことにより一応終結した。
　大阪国際空港の建設，拡張，ジェット機の離発着につれて拡大した騒音被害の経過，その対策を求める周辺住民の運動を報告し，周辺住民が，どのような問題意識をもって訴訟提起したのか，訴訟の争点とこれに対する被害者や弁護士の取り組みを紹介する。
　この訴訟は，最高裁まで係属した事件で，騒音・振動被害をめぐる損害賠償請求，差止め請求に関する重要な先例となった。また，訴訟の規模としても数千人の住民が原告となった点で，多数当事者にかかわる訴訟審理のあり方についての教訓を残した。

1　公害被害と大阪国際空港の沿革

1　被害の状況

　私の住んでいる久代は，騒音で悩まされている所だ。今，こうして作文を書いている間も飛行機が飛んでいく。飛行機が飛ぶたびに「うるさいなあ。」と思い，腹が立ってくる。一番腹が立つ時は，何と言ってもテレビを見ている時だ。とてもいい所なのに，飛行機が飛ぶと全然聞こえなくなってしまう。そんな時は，腹が立って「もううるさいなあ。」とつい口に出てしまう。電話をかけている時でも，飛行機が飛ぶと

「ちょっと待って。」と言って，飛行機が通り過ぎるのを待たなければならない。こんなことでは，時間とお金のむだだ。「久代の生徒は落ちつきがない。」などとよく言われるのも，騒音のせいではないだろうか。

　飛行機は，屋根のすぐ上を飛んでいくので，車輪なんかはまる見えだ。真上を飛んでいる時は，地震の時のように，地ひびきがして窓ガラスのガラスがふるえる。耳のこ膜が破れるのではないかと思うくらいのすごい音だ。英語の本に「ジェットエンジンの音は，すばらしい，大きな鳥が歌っているように聞こえる。」と書いてあったけれど，そんなものではない。ことばでは，言い表わせないくらいのすごい音だ。それでも言い表すとしたら，怪獣が泣き叫んでいるとしか言いようがない。

　ここでも書いたように，飛行機の騒音はほんとうにすごいものだ。飛行機の騒音さえなくなってしまえば，久代はとてもいい所だ。音がしない飛行場なんてものは，作れないだろうか。どうにかしてほしいものだ。

　これは作文集「騒音の下の子どもたち」に掲載されている当時川西市立南中学２年生飯田由紀子さんの作文である。被害の一端を示すにすぎないものであるが，よく気持が表わされている。

2　被害の特徴

　空港被害の特徴を一口でいうと，深刻，重大，かつ広範であることだ。空港公害は排ガス被害や振動による瓦葺のずれ，墜落の危険性等々いろいろあるが，その中心となるのはいうまでもなく巨大騒音による被害である。

　騒音による被害は個人差があるとはいえ，誰でも聞けば分るし，そこで生活すれば体験できる。この点は大気汚染被害や毒物による被害とは異なる。当時のジェット機による騒音は110dBにも達し（現在の航空機の騒音は90dBくらいで，相当改善されてきた），このような大きな騒音はほかに音源を求めるのも難しいほどである。

　それ故，空港公害による被害は深刻かつ受ける人の個人的素因により被害は多様であるばかりか，その及ぶ範囲は離着陸直下全域に及ぶという広範囲なものであった。人呼んでこれを積分被害という。何しろ，当時航空機の環境基準を超える範囲に大阪府と兵庫県の住民170万人が居住していたのである。

昭和57年6月23日
最高裁判決から半年の大阪空港
豊中下勝部二丁目で
(朝日新聞社撮影)

3 空港の沿革

　大阪府の木津川尻に設置されていた大阪飛行場とは別に第2飛行場として，兵庫県川辺郡神津村の現在の地に1937年（以下年号については1900を省略）建設に着手し，38年に完成した。面積は53万m²であった。その後，次々と拡張工事がなされ45年の終戦時には185万m²になった。

　戦後，米軍により接収され，軍事基地として使用されたが，58年に全面返還された。返還を受けて59年に国は空港設備法に基づき第一種空港に指定し，「大阪国際空港」と命名し，関西における民間航空機用空港として使用されるようになった。滑走路も1828mの1本に整備された。

　64年6月からジェット機の乗り入れが開始されたが，このとき大阪府や兵庫県，大阪と神戸商工会議所で組織された6者団体は，プロペラ機による騒音よりジェット機による騒音はほんわかとしているという報告書を出した。住民をペテンにかけたといえる。

　その後，70年の大阪万国博覧会を控え，空港の拡張が計画された。従前のAランの西側に3000m（Bラン）の滑走路を並行して新設するというもので，万博開催前の70年2月5日から供用開始された。拡張されたといっても，面積はわずか317万m²でしかない。諸外国の国際空港と比べても極めて狭隘である。

　Bラン供用開始による大型ジェット旅客機の就航は公害被害を一層拡大，深刻化させ，住民を耐えがたい窮地に追い込み，一層反対運動の火に油を注ぐ結果となった。

　大阪国際空港は，人家の密集した中に位置し，かつ，滑走路から近接の位置に民家が張り付いてる。

2　住民の公害反対運動と国の対策

　50年朝鮮戦争が始まると，昼夜をわかたず米軍の大型輸送機やジェット戦闘機が頻繁に離発着するようになった。

　これに伴い燃料補助タンクの落下による家屋全焼，死者の発生，宣伝用航空機の墜落という事件を発生させるなど住民を震撼させる事件も相次いだほか，前記の騒音等による被害に耐えかねた豊中市勝部地区の住民は自治会として同年9月豊中市や国に，減便などを陳述した。

　また，第二次世界大戦により未曾有の被害を受けた住民は軍事基地の機能拡大に強い危機感をもち，基地機能の強化や拡張に反対した。

　周辺自治体である大阪府豊中市，池田市，兵庫県伊丹市の3自治体も52年，住民の運動に呼応して「伊丹基地拡張反対期成同盟」を結成して，拡張計画の反対運動に乗り出した。幸わい，講和条約の発効や日本への空港返還により米軍による拡張計画は断念された。

　64年にジェット旅客機が就航するようになり，かつ，乗入れるジェット機がますます大型化すると騒音被害は前記のとおり極値に達した。

　住民サイドでは同年8月に兵庫県川西市南部の13自治会5000世帯が「川西市南部地区騒音対策協議会」（後に同飛行場対策協議会と改称）を結成し，以後，この住民団体が中心になって，当初は国に対し，飛行場移転，公共施設の防音設備，住民に対する被害補償，テレビ受信料の減免を求め，その後，夜間飛行の禁止，減便，移転補償制度の創設，民家の防音工事など切実な住民要求を掲げて，ねばり強い運動を展開していくことになる。

　他方，周辺自治体の大阪府豊中市，兵庫県川西市，伊丹市らが「大阪国際空港騒音対策協議会」（八市協と略称される）（後に，11市協となる）を組織し，国に対して騒音の調査，騒音防止対策を推進し，その法制化を求めて運動を進めていく。ここに，住民と自治体が連携して大阪空港の公害対策を国に求める体制ができあがる。

　もとより，11市協自身も騒音量の調査やアンケートによる騒音の影響調査に

第Ⅱ部　弁護士の挑戦

移転補償でたちのいた民家の跡　豊中市利倉東二丁目で
（朝日新聞社撮影）

ついて繰り返し行っている。

　以上のような周辺自治体を巻き込んだ自治会ぐるみの空港公害反対運動に対して、国（運輸省）はどのような対策を樹立したのであろうか。

　まず、国は65年11月に閣議了解に基づく第１次時間帯別規制を実施する。23時から翌朝６時までの間ジェット機の離発着を原則禁止するというものであった。この当時同時間帯にはジェット機は離発着していなかったし、61年から就航している深夜便には何の影響も与えなかった。国は将来の増便要求を抑えたものであると弁明したが、周辺住民には何の効果ももたらさなかった。67年からは外国の航空会社も大阪空港へ乗入れを開始し、文字どおり国際空港へ飛躍した年でもある。

　続いて、国は67年８月に「航空機騒音防止法」を制定し施行する。同法３条は航空機の離発着の経路または時間帯その他航行方法を告示で指定することができると定めているが、いまだかつて告示が出されたことはない。理由は違反した航空機の機長らに１万円以下の罰金を科さなければならないが、故意の認定が困難であるなどというものであった。同法でなされたことといえば、学校や病院等の防音工事助成、共同利用施設（公民館と考えてもらえばよい）建設の助成であった。

　住民が最も期待した、また、公害対策として最も重要な時間規制を初めとする発生源対策は欠如していたし、民家の防音工事制度もなく、人家の移転補償の範囲は狭小であるばかりか現実に予算がついたのは70年である。

3 提訴への胎動から提訴へ

1 提訴への決意

このような国の弥縫的な対策に業を煮やした住民は，国を相手に裁判に踏み切るほか方途はないとの考えに至る。

67年12月には川西市摂代自治会は訴訟提起を決議することになる。同高芝自治会も68年5月提訴を決議する。そして，同年以降，両自治会は訴訟へ向けて街頭署名やカンパ活動を幾度となく行うことになる。しかし，地元住民の中には「お上」を相手に訴訟をすることに消極的な意見もあり，川西市も当初の姿勢を変え，裁判をすると国の対策が進まなくなり，予算が減らされると心配する向きも出てくる。

ところが，住民らはますます意気揚揚として，住民集会等を繰り返して公害対策を前進させるには訴訟しかないと提訴への決意を固めていくことになる。これは，67年に新潟水俣病公害訴訟と四日市大気汚染公害訴訟が，68年イタイイタイ病公害訴訟が提訴されたことに勇気を得た面も大きいと考えられる。

2 「大阪国際空港公害弁護団」の結成

69年2月，摂代自治会と高芝自治会から近弁連宛に「騒音被害の救済について御願いの件」という申告書が提出された。その内容は，住民は関係機関に対し種々陳情を続けているが，被害はひどくなるばかりで政府の対策は遅々として進展しない。住民の苦痛は忍耐の限度を超えており，その救済のため司法手続によらなければならないと決意するに至った。人権を守るため貴会の協力を賜りたいというものである。

これに対して，すぐさま近弁連公害対策委員会は「大阪国際空港被害調査小委員会」を発足させた。

約7ヵ月に及ぶ調査の結果，同年9月「調査結果報告書」を提出した。その要点は，空港の公共性を考慮しても，100dB前後の騒音は受忍限度を超えており，騒音規制法の規制基準等を考えても，空港の設置者たる国や航空会社は被

害の発生を知って航空機を離発着させているから、不法行為責任を負うのは当然であるとし、国家賠償法（国賠法）2条による補償請求は可能であり、夜間飛行の禁止などの一部差止請求は人格権等により認められるべきとした。

これを受けて、両自治会は日をおかず大阪弁護士会長と神戸弁護士会長宛に訴訟代理人の推薦を依頼するとともに、住民大会を開き、訴訟提起を確認し、同年11月には南部協の決起集会でも、21自治会が訴訟支援決議を行った。

また、神戸弁護士会はすぐさま6名の弁護士を推薦し、大阪弁護士会は、調査小委員会のメンバー10名と他に10名の弁護士を住民側に推薦した。この被推薦者26名が「大阪国際空港公害弁護団」を構成することになり、訴状の作成に取りかかった。

3 訴訟の提起

そして、69年12月15日、28名の原告が先陣となって大阪地方裁判所へ夜間飛行の禁止等を求めて訴訟を提起した（第1次訴訟）。

請求の内容は、①21時から翌朝7時までの間、一切の航空機の離発着に空港を使用させてはならない。②過去の損害賠償として1人につき50万円、将来請求として、①の夜間飛行が禁止されるまで、ならびに、その余の時間帯において騒音が各原告の居住地において65dBを超える一切の航空機の発着がなくなるまで毎月1万円の支払を求めるというものである。

差止請求の法的根拠は人格権、物権的請求権であり（その後物権的請求権は撤回し、新たに環境権を追加）、損害賠償請求は国賠法2条である。

その後、弁護団の拡充が行われ、実務の中心を担ったのは、主として68年、69年、70年に弁護士登録をした弁護士とその後に加った74年と81年に弁護士登録をした弁護士である。弁護団構成の特徴は「人権派市民弁護士」（思想的にはいわゆる左から右までいて、公害は人権侵害であり、公害はなくさなければならないという一点で共通の認識をもった弁護士であった）であることである。

4 訴訟の意義および論点と課題の克服

1 本件訴訟の意義

本件訴訟の意義は,国の行う大型公共事業の差止を初めて求めたことである。

国は空港の設置,管理者であるが,実際に航空機を飛ばしているのは航空会社である。前記の近弁連の調査報告書にあるとおり航空会社も共同不法行為者であるが,その航空会社は相手にしないで,公害の元凶を作出している国だけを相手にしたことである。つまり,いきなり本丸攻めを行ったといえる。いうまでもなく,国が直接の事業者でない場合でも私的企業が公害をまき散らしているときは,国は法律を制定するなり公害防止計画を樹立して公害を防止する責任を負うものである。その公害防止責任を負う国が自から発生させている公害を規制しないで公害をまき散らしていて許されるはずもない。

また,当時の状況として,ゴミ焼却場等の嫌忌施設である公共事業に対する差止めは一部認められていたが,日本の公共交通の一端を担い航空交通網において東京と並んで重要な位置を占める大阪国際空港(関西空港や神戸空港はまだ存在しなかった)という大型公共施設,公共事業に対して,一部といえども差止,つまり,発生源の規制を求めたことである。本件提訴の後,新幹線公害訴訟,道路公害訴訟,基地公害訴訟等の差止請求事件があいついで提訴されているが,空港事件はこれらの訴訟に対して大きな影響を与えたといえる。

2 主要な論点

本件訴訟の主要な法的論点は,①夜間飛行の禁止を民事訴訟で求めることができるか,②国賠法2条は物理的瑕疵のみならず機能的瑕疵を含むものか,③因果関係の認定方法,④将来の損害賠償請求権の存否であるが,実質的な争点は,A:航空機の騒音により周辺住民にどのような被害がどの程度において生じているのか,B:また,差止や損害賠償の判定要件として重要な違法性の判断にかかる公共性はどの程度のものか,また,国は十分な公害対策を採ってきたといえるのか,という事実問題であった。①~④については後記の最高裁判

所の判決内容に関連して述べることにし、ここではA、Bを中心に述べる。

公害訴訟においては、よく「被害に始まり、被害に終る」といわれる。これは原告側が被害の立証責任を負い、他のこと（本件では公共性や公害対策）は被告側が立証責任を負うという以上に、被害の立証はなかなか困難であり、それを科学的に十分立証できれば救済されるはずである。いかに裁判所に被害の実情やその深刻さを理解してもらうことが肝要かということを指すものであろう。

空港による公害被害の中心は、先にも触れたように騒音によるものであり、ある意味騒音は人の五感の作用によって誰にでも理解できるものであるだけに、裁判所に現地検証でほんの数回現場で航空機の音を聴いてもらっただけで、騒音はこの程度のものかと誤解されるおそれがある。これは私自身の経験でもあるが、騒音、騒音というが、どの程度かと初めは期待して音を聞くので、あまりたいしたことではないと感じがちだ。しかし、現場へ何回も行っているうちにより大きく感じるようになった。しまいには共同利用施設の中にいても航空機が上空を通過するときは両耳を押えなければいたたまれないほどになった。

この被害を立証するのは、基本的には原告本人尋問であり、本人の陳述書であった。現在の一般の民事裁判では陳述書裁判が少し行き過ぎのきらいがあるが、本件では多くの住民が騒音によって異なる様々の被害を受けていることを、あたかも漆器を製作するとき漆を幾重にも塗るように、立証することが必要であった。そして、住民の訴える被害は偽りでないことを立証するのが、自治体等によるアンケート調査であり、研究成果（学術論文や専門家の証言）であった。

また、本件の被害立証において特筆大書すべきことは騒音問題の専門家で、我が国においてもその名が知られている山本剛夫京都大学教授（工学部衛生工学教室所属で、医師でもある）に一番最初に証人として証言していただけたことであろう。これにより、同じく専門家の協力が得やすくなり長田泰公国立公衆衛生院教授等にも有益な証言をしてもらえた。

山本教授は、われわれの依頼に対し、初めは他の研究者がそうであるように、堅く証人出廷を固辞しておられた。後刻、先生から聞けた話では、先生の教室を訪れた被害者から直接「私たちを助けて下さい。力を貸して下さい。」とい

う趣旨の話を聞いたのがこたえたといっておられた。つまり被害者の悲痛な訴えが山本先生を動かす決め手となった。騒音に限らず公害に関係する分野の研究をされている研究者の基本的立場は公害の防止であり，根絶である。その良心に訴えることが人の心を動かすのである。

また，公共性に関しては，ある著名な大学の経済学部の図書館に特別に入場させてもらって，航空交通に関する文献を漁り，関係ありそうな文献を読破したが，航空交通の時間的短縮効果を説いたものばかりで訴訟には役に立つことはなかった。一番役に立ったのは，ある航空会社の労働者に会うことができ，「つくられた需要」の実態を教えてもらったことである。いかに現場の実態が重要であるか教えられた。

5 車の両輪——運動と訴訟の連携

車の両輪とは，法廷での闘いと住民の法廷外での運動のことである。大きな運動を伴った裁判では「戦の主戦場は法廷外にあり」とよくいわれる。成功している運動をみると車の両輪がうまく機能している運動であり，それが「地方区」から「全国区」の運動に発展したときであるといえる。つまり，多くの国民に公害の本質を理解してもらい，共感を得たときに運動の成果はあがるといえる。それが，裁判所の判断にも影響を与えるのである。ある最高裁長官が法廷外の雑音に耳を貸すなといったことがあるが，世論は雑音ではない。健全な世論は世のコンセンサスの発信であると受けとめなければならない。

本件の原告団はもとより自治会の人々はどれほど廃品回収やカンパ活動をして資金を集め，街頭に出てビラを撒き，署名運動をされたであろうか。原告団，弁護団共同して「内に団結，外に連帯」を合言葉に公害デーにおける省庁交渉はいうに及ばず，全国のいろいろなところへ出掛けて行って被害の実情を訴え，国の無策の実態を訴え，支援をお願いしたことか。こうして，大阪空港公害問題は大きな運動のうねりとなり全国区の運動に発展して，世の理解を得るようになる。

まず，地元では71年6月川西市住民126名が新たに原告となり提訴に至った

(第2次訴訟)のに加えて,同年11月主として着陸コースに当たる豊中市の住民122名が発起して原告となり提訴に及んだ(第3次訴訟)。もともと豊中市にあって空港に隣接する勝部地区住民は,62年の空港拡張に伴い,国が40年1月に申立てた土地収用裁決申請以来,土地取上げ反対と空港による公害の拡大に反対して団結小屋を造り,ムシロ旗を立てて闘った素地があり歴史があった。

当時は,空港公害の拡大反対という点では必ずしも世論を味方につけることに成功したとはいえないが,これで北側と南側からいわば空港を挟み打ちにしたことになる。裁判の帰趨に大きな影響を与える結果に繋ったことは事実である。

こうなると,国も対策をとらないで放置しておくことができなくなる。

まず,提訴の声を聞くや,国は69年11月に閣議了解をして,第2次時間帯別規則を強化し,次のとおり翌年2月からのBラン供用開始に備え実施するとした。

 6時30分から7時まで100dB

 7時から20時まで107dB

20時から22時30分まで100dB

 但し,着陸機については107dB

22時30分から翌朝6時30分まで75dB

測定点は摂代地区内のある空港から2.4km離れた川西市久代小学校の騒音測定塔である。しかし,残念ながらこの規制も当時就航していた航空機の発する騒音の最大値に合せたものにすぎなかった。

ところが,本件裁判を軸とする広範な公害反対運動に抗しきれず,ついに71年12月には環境庁長官は環境庁設置法に基づき午後10時以降の全面飛行禁止等を勧告した。環境庁長官が伝家の宝刀を抜いたといえる。これは本件裁判の大きな成果であった。勧告とはいえ,世論の高い支持に裏付けられた勧告は交通行政の推進をはかることを目的とする運輸大臣といえども従わざるをえず,72年3月に同年4月27日から夜間の郵便機を除き22時以降翌朝7時まで全面飛行禁止をするとした。これより,深夜の旅客便3便が廃止された。

さらに,74年1月になって,あれほど裁判の場において深夜の郵便機の必要性を主張,立証していた郵政省も,あたかも判決を予想していたかのように,

4便(8離発着)の夜間の郵便機の離発着を中止すると表明した。深夜の郵便機が廃止されたことによって、国民生活にさして支障はなく、逆に公共性とはこの程度のものであることを反証したといえようし、国は実体のない公共性を主張していたといえる。

このように法廷内外において闘いを進める中で住民が最も望んでいる発生源対策は大きく前進し、残るは21時から22時までの「命の一時間」をめぐる攻防となっていた。さらに、73年12月に環境庁より航空機騒音による環境基準が告示されたことも忘れてはならない訴訟活動の成果の一つである。

6 1審判決から控訴審へ──「命の一時間」をめぐる攻防

提訴から73年6月まで審理の後、74年2月27日大阪地方裁判所は第1次から第3次訴訟について注目の1審判決を言渡した。

その内容は、前記の「命の一時間」を認めず、22時以降翌朝7時までの全面飛行差止と過去の損害賠償を認めただけであった。

判決直前に前記のとおり国が夜間の郵便機の飛行を廃止すると表明していたことから、判決が発生源対策について住民に何の恩恵ももたらさなかった。このため住民は「命の一時間」を値切られたとして判決を敗訴と評価した。

全国公害弁護団連絡会議(公弁連)に集結した弁護士が、国の行う大型公共事業を一部とはいえ発生源で差止めた初めての判決と評価したのとは対象的であった。一般的な評価としては、この評価の方がおそらく正しいであろう。

一審判決を勝訴と評価すれば裁判上の闘いは終るが、敗訴判決と評価して、それを起爆剤にして、一層運動を大きく盛り上げ「命の一時間」を死守して最後まで闘い抜くと原告団・弁護団の会合で確認し、困難な闘いに挑み続けることを決意し大阪高等裁判所への控訴に踏切った。

そして、同年12月の3694名にのぼる原告による提訴(第4次訴訟)であった。つまり、住民は1審判決に怒っていることを世に示したのである。このような大きな運動の盛り上りの中で、75年11月27日 "Osaka Airport Case" として世界的にも有名になった画期的な大阪高等裁判所の判決を獲得することになる。

その内容は「命の一時間」の差止を認め、過去の損害賠償はもとより将来の損害賠償請求も認めたもので、その理由中の判断も世に高く評価されている。

この控訴審判決には、損害賠償請求のみならず差止についても仮執行宣言がついていた。国は差止について執行停止を申立てたが、大阪高裁は同年12月8日現在運航中の国際線定期便の離発着に限り次の期限および条件を付して執行停止する（つまり、飛行してよいこと）とした。条件は、①停止期限は76年5月末日まで、②同日まで国において原告らの承諾を得ない限り、本件空港にエアバスを導入せず（当時、エアバスの就航が問題となっていた）、かつ、午前7時から午後9時までの離発機を現状より増加しないこと、であった。

公害の発生源対策の重要性について2審判決の並々ならぬ強い意思を感ずるし、判決が将来請求を認めた中で、航空機の減便等の運航規制について原告らとの合意が成立しない間は賠償金を支払えと命じた部分と併せ考えると、裁判所が意図しているところは公害問題の本質を突いているといえる。即ちそれは、公害の加害者は胸襟をひらいて被害者の意見をよく聞き、被害者と話合って発生源対策等の公害防止措置を取りなさいというごく当然なことを示唆したといえる。

2審判決に対して国は上告したものの、上告審の判断を待たずに76年7月14日に21時以降の離発着を禁止した。ここに裁判上の差止請求は実現をみたのである。これは高裁判決を受けて原告団、弁護団はもとより、全国の公害被害者や公弁連の支援の下に運輸大臣や環境庁長官と粘り強く何回も交渉して得られた成果であることはいうまでもない。

また、運輸省のこの英断を評価したいし、21時から飛行禁止をしても国民生活に大きな支障を与えたとは寡聞にして聞き及ばないことから、21時以降空港周辺の静穏を確保したことこそ最大の公共性の実現であることを示した。

7　最高裁判所の判決とその後

1　最高裁の審理

最高裁では事実審理はしないので、1、2審を通じて審理に6年しか要して

いないことから，最高裁でも早い判決が期待された。しかしながら，いきなり大型の公共事業の，しかも国を相手とする差止裁判が最高裁に係属したことから，前記のようなその後に続く，あるいは今後の大型公共事業による公害の差止裁判に大きな影響を与える事件であるが故に最高裁も事件の取扱に難渋したとみえる。最高裁の判決をみても，少数意見，補足意見が入り乱れていることも，それを裏付ける。係属した第1小法廷で78年5月に弁論をして結審したものの，8月に事件を大法廷に回付する決定を行った。同年11月に大法廷で弁論を行い再度結審したけれども，多くの裁判官が退官により入れ替わったとして，80年12月3度目の大法廷での弁論が開かれ結審するという異例の進行となった。

2　最高裁判決

そして，年の瀬も押しつまった81年12月16日に日本中が注目するなか最高裁大法廷が判決を言渡した。

判決主文は，夜間飛行の禁止を求める請求および将来の損害賠償を求める請求につき訴を却下，つまり門前払とするものであり，過去の損害賠償請求を認容し，この点の国の上告を棄却するというものであった。最高裁判決の内容は前記第4．2で述べた法的論点と密接に関係しているので，ここでまとめて述べる。

まず，第1の論点につき夜間飛行の禁止を求める差止請求につき，同判決の多数意見は行政訴訟ができるかどうかはともかく民事訴訟ではできないとした。その理由の骨子は，原告らの請求は空港という営造物の管理権にかかる非権力的な作用の違法を理由に民事訴訟で差止を求めるものであるが，営造物としての大阪国際空港は運輸大臣が管理するものの，他方で，運輸大臣は航空機の運航等権力行為としての航空行政権を有するもので，この空港管理権と航空行政権は不即不離，不可分一体的に行使されるものであり，原告らの請求は営造物管理の一部差止を求めるというものの，それは不可避的に航空行政権の行使の取消変更ないしその発動を求める請求であるから民事訴訟で差止を求めることはできないというものである。

この点に対する判決の見解はこれまでの通説に反するものであり，法理論と

して到底容認できるものではない。ここではこれ以上立入らないが，興味ある人は反対意見を展開された中村治朗裁判官の意見に詳しく述べられているので，それを見られたい。

　しかし，この訴却下の判決の持つ意味は，形の上では原告の請求を退けるものであるが，実質的には原告の求めた飛行禁止の当否につき司法としての判断を回避しつつ，当時すでに6年間も21時から翌朝7時までの差止が既成事実として実現していたので，この問題の解決を運輸行政に任せたもの，換言すれば原告を事実上勝訴させたものと評価できるのではないかと考える。第2の論点につき，原告の主張である国賠法2条に定める造営物の設置，管理の瑕疵には機能的管理の瑕疵を含むことを認めた。つまり，周辺住民に重大な被害を与えるような空港の管理は許されないということである。

　第3の論点は，国が2審判決は被害の因果関係の認定につき検証結果を重視したり，アンケート結果を重視しているが，それは違法であり，また，被害認定も個別的に認定されるべきであって，集団的認定をしたのは違法であると咬みついた点である。これに対して判決は2審の因果関係の認定について違法はないとしたうえで，被告の空港管理には違法性があり，被害は受忍限度を超えているから過去分の損害賠償を支払うのは当然であるとした。

　第4の論点は，将来の損害賠償請求である。判決は，平たくいえば，将来，空港の周辺対策も進むかもしれないので，そうなると損害賠償請求の基礎をなす事実関係および法的評価等が変わり，現在と同一ではなくなるから，今は将来請求としては認められないというものである。

　以上のとおり差止請求と将来の損害賠償請求は却下であって棄却でないから，差止請求については行政訴訟が考えられるし（本件では「行政訴訟はともかく」と口を濁していたが，最高裁はその後の「新潟空港事件」において行政訴訟が可能であるとした），将来請求も，時が経過して「過去」になった時点で不法行為が継続しているなら賠償を求めることができることはいうまでもないし，その後の横田基地事件では上記と異なる反対意見も出ており揺らぎつつあるといってもよい。

3　最高裁判決後の21時以降の飛行禁止

　最高裁判決を受けて国の対応が注目されるなか，判決翌日の同年12月17日訴訟団，弁護団らとの交渉の席上，運輸大臣は特別の事情が生じない限り21時以降ダイヤを組むことはないと言明した。

　また，第4次訴訟は84年3月17日和解が成立し，21時以降の飛行禁止については運輸省と11市協が文書を交して確認することが決った。ここに15年に及ぶ裁判闘争は終結をみた。現在も21時以降翌朝7時まで飛行は禁止されている。

　また，当時は概ね1日に410便の航空機が離発着していたが，関西国際空港や神戸空港の供用が開始されたこともあって，現在は370便（うちジェット200便）に規制されているし，ジェット旅客機の騒音も大幅に改善されていることは前記のとおりである。

　以上のとおり周辺住民は運動と裁判を通して，公共事業による公害を発生源で規制させるという大きな成果をあげ，歴史に足跡を残したし，この裁判を通して，公害環境行政を推進させるうえでも大きな役割を果した。

8　結びにかえて

　改めて思うに，権利は闘うことによって守られ，獲得されるものであることと，空港等の周辺住民に大きな影響を与える施設や事業の運営にあたっては，最終的な管理権者は運輸大臣（現国土交通大臣）にせざるをえないとしても，事業官庁の意思のみで事業を運営するのでは，本件のように公害を放置した不適切な運用をしていくことになるので，最低限，当該大規模施設毎に被害住民や学識経験者を入れた委員会をつくり，空港の利用等重要なことについて，その意見を聞くシステムを確立する必要がある。そうすれば，本件のような過ちを繰り返さないですむことになる。

【裁判例】
大阪地判昭49・2・27判時729号3頁
大阪高裁昭50・11・27判時797号36頁
最判昭56・12・16民集35巻10号1369号

第Ⅱ部　弁護士の挑戦

【参考資料】

大阪空港公害訴訟弁護団編『大阪空港公害裁判記録』（1巻〜6巻）（第一法規出版，1986年）

第11章

国道43号線道路公害訴訟

高橋　敬
弁護士・兵庫県弁護士会,
国道43号線公害裁判弁護団

　既存の幹線道路の沿道住民が，公害道路の供用差止と損害賠償を求めた初めての訴訟である。国等道路管理者は，産業活動や流通を支える大動脈の格段の公共性から公害差止は言うまでもなく損害賠償を認めるべきでないと強調したが，裁判所は厖大な自動車を集合させる道路の設置と供用を違法とした。訴訟提起をきっかけに「幹線道路の沿道整備に関する法律」が制定され，訴訟完結後の弁護団，沿道自治体，道路管理者による公害規制の協議会方式は，尼崎公害訴訟にも引き継がれ公害規制の協議が進められている。

1 被害の状況，被害の掘り起こし

1　国道43号線

　1995年1月17日，阪神大震災の被災の衝撃的映像として，高架式道路の橋脚が横倒しになったさまがテレビで放映された。その高架式道路が阪神高速道路大阪神戸線で，横倒のためふさがれた道路が国道43号線（以下「R43」という。）である。

　R43は，神戸市灘区から大阪市西成区までの幅50m，上下10車線の一般国道で，高度成長期に大阪から中国・九州への物流を担う大産業道路として1963年に供用が開始された。第二次世界大戦で阪神間の市街地の大半が消失し，1946年大阪から神戸港まで都市計画道路広路1号として都市計画決定がなされ，主に戦災復興土地区画整理事業によって，人口が密集する既存市街地の住民など

の所有宅地から25％を越える減歩で敷地が確保された（沿道住民は土地を取られ公害を押しつけられたという）。

2 阪神高速道路西宮・神戸線（1981年から大阪・神戸線, 現在3号神戸線）

1967年阪神高速道路公団（以下「公団」という。）は, R43からの騒音に対する沿道住民の悲鳴を無視し, 1970年万博関連事業として, 名神高速道路の終点である西宮市今津から神戸市須磨区までを延長とする上下4車線の自動車専用道の建設にとりかかった。この道路は西宮市から西のR43の中央分離帯上に設置された橋脚上の高架道路であり, 交通量が増えるだけでなく, 道路の構造から一層騒音等がひどくなるのではないかという沿道住民の不安をよそに, 突貫工事で住民に工事の騒音や振動を浴びせながら, 1970年3月には完成した。

3 騒音・振動等

R43は, 完成までは, 広い公共空間が建物の密集した市街地に存在し, 沿道住民には散歩や球技も出来る公園道路として良好な環境を提供していた。ところが道路が完成し供用されるとたちまち工業地帯と神戸港を結ぶ動脈として, トラックなどの大型車両が昼夜を分かたずあつまり, とりわけ夜間にばく進する車両のもたらす騒音や揺れで沿道住民の生活が一変した。R43は, 通過交通を優先するため交差点が極端に少なく住民の道路横断さえも困難になった。1965年には, タンクローリーがR43路上に横転し, 引火したガスは100mに渡り広がり爆発し, 多数の死傷者と数十軒の建物が全半焼, 数十台の車両が焼けるなど, 交通事故の危険も身近に迫り, 住民は眠れぬ夜に苦しむようになった。

2 訴訟提起のきっかけ

耐えられない道路からの騒音振動を何とかしたいという住民の叫びが, 訴訟のきっかけとなった。1970年3月阪神高速道路が万博関連事業として供用された。公団の説明では, 公害の酷いR43のバイパスとなるので, 環境は良くなるというものであったが, 実際はR43と高架道路ともに車があふれるようになり,

一層騒音・振動・排ガスなどもひどくなった。高架構造にともなう日照妨害や電波障害も加わった。こうしてR43沿道住民は、夜眠れないなど日常生活への多様な障害やストレス性の病気、喉や目の痛みや喘息・気管支炎などの健康への影響、洗濯物の汚損などの複合した被害に日々苦しめられることとなった。

ところが1971年3月公団は沿道住民の声を無視し、西宮市今津から大阪市西区までをつなぐ上下3車線の自動専用道の工事を開始した。この道路

1986年頃の神戸・魚先付近 – 高架下R43と高架上の阪神高速いずれも渋滞

も尼崎市内ではR43の上に橋脚を設置する構造であり、すでにR43で騒音等に苦しめられてきた尼崎の沿道住民は1972年8月これ以上の公害は我慢できないと道路建設予定地に座り込みをはじめ、9月には、神戸地裁尼崎支部に道路建設工事禁止の仮処分を申立てた。この動きにR43沿道の公害に苦しむ人たちはもちろん各地の道路公害被害者や道路建設に反対する人たちもともに立ち上がり、道路公害反対の動きは一挙に高まった。

しかし翌年5月裁判所は自動車専用道の建設がR43の公害を緩和するという公団の弁解を鵜呑みにして、条件付きで建設を容認し、住民の請求を却下した。その後この道路は1981年6月完成し、既存の部分と合わせ阪神高速大阪神戸線となった。

3 訴訟提起までの取り組み——被害者の会、原告団、弁護団

沿道で公害規制を求める住民が組織されたのは、1967年10月1日西宮市の夙川ランプウエイ設置反対期成同盟が最初であり、高速道路のランプ建設は住民を立退かせ、沿道への騒音振動の発生をもたらすので許せないと反対の声を上

げた。その後1969年5月には尼崎市西本町に二国高速道路対策会議，1970年9月には芦屋二国対策協議会，1971年7月には43号線公害対策西宮連合会が結成された（1974年1月に西宮市「今津を守る会」が結成。）。R43沿道では，1972年5月の阪神高速道路建設差止仮処分却下後も「眠れる夜を取り戻そう」という声はますます高まり，1974年5月に尼崎市，西宮市，芦屋市，神戸市の被害住民が集まり，43号道路裁判準備会を結成し，環境庁に自動車排ガス規制を要望するなどの活動と訴訟提起の準備をはじめた。

同年7月兵庫県と大阪府の弁護士が43号線道路裁判弁護団を結成し，9月には現地調査，1975年7月には，裁判準備会と共同して訴訟の原告を募り，原告を確定させるため4市統一被害実態アンケートを実施した。

沿道の公害問題に取り組む人の中には，訴訟提起に消極的であくまで自治体を通じて国や公団に働きかけようというグループもあったこと，原告は道路沿道50mの範囲内としたことから，訴訟の原告とならないものは訴訟の支援に回るという働きかけが行われたが，必ずしも円滑な協力関係が構築されたと言えないまま，1976年4月43号線裁判支援の会が結成され，同年5月43号線道路裁判原告団が結成され，同年8月30日神戸地方裁判所へ原告152名で提訴した。当時2本の道路の交通量は1日19万台しかも大型車が25％を超えるという凄まじい状態であった。

住民が求めたのは①騒音を住民の敷地との境界で昼間65ホン，夜間60ホンを超えない状態にしておくこと②同じく自動車排ガスに含まれる二酸化窒素を0.02PPMを超えない状態にしておくこと③住民の被害に対して慰謝料を支払うこと，の3点である。

4　訴訟上の論点と課題克服

1　差止・損害賠償

国・公団は，確かに道路の設置はしたが，交通規制権限は兵庫県公安委員会にあり，車の型式の規制は運輸省，排ガスの規制は環境庁など，道路管理者の公害規制権限は限られているから，具体的に差止方法を特定していない差止請

求が請求の特定を欠くとしつつ，沿道住民の公害被害を一切否認し，沿道の騒音は公的な基準を超えているが全国にはもっと騒音の数値の大きい道路沿道があるし，本件道路が産業の基幹を支える優越的公共性を持つうえ，実際沿道住民も利便性を享受しているので住民被害は受忍限度内であると主張した。

2　差止・損害賠償についての国・公団の主張への反論

住民側は，騒音等公害の具体的規制方法は，行政内部の問題であり，道路管理者がその権限で調整すれば事足りるし，差止基準は数値を明示しているので特定され明確であると反論した。被害については，沿道住民は日々騒音・振動・排ガスに苦しめられ安眠や健康を脅かされ，毎日苦痛に満ちた生活，閉じこめられた生活をさせられている。住民宅に宿泊した人は一様に「とても寝られる所じゃない」と近寄らないし，歴代の環境庁長官が就任時にR43を訪れ，「聞きしに勝る」とか「黙示録的惨状」などと沿道公害のすさまじさに驚きの声をあげており，沿道住民の困難な状況を見分すれば一見明白であると反論した。

3　被害立証の困難と取組

弁護団では，道路沿道の騒音測定値が43号線沿道より高いという測定場所をすべて調査確認し，それらが測定位置，測定時間帯などの特殊な条件で高いだけで，43号線沿道とは騒音被害が質的に違うことや，大型コンテナーの走行距離や運行状況の調査，研究者の協力を得て沿道の小学校児童と沿道を離れた小学校の児童の排ガス等暴露と健康影響に関する調査も行い，公害被害の深刻さを明らかにする努力をした。

騒音・振動・排ガスの一般的な性質（発生・伝播・人への影響），沿道でのその量的質的状況と住民への影響等についての証拠調には，相当時間を要した。十数人の原告や家族の証言や供述，被害とR43との関係について明らかにする陳述書の作成などにも日時を要し，疑問の余地がないと考えていた住民の被害の立証にも大変時間と労力を要した。

原告住民らが決め手と期待してきた沿道での検証は，提訴から1年足らずの1977年7月と1984年9月の2度行われた。裁判官に沿道住民宅へ足をはこんで

もらえば、原告らの置かれた状況は、なんの説明もなくわかってもらえるという期待は見事に外れ、原告宅の1室にぎっしり人が座ると、人の重さで振動を感じず、騒音の受け止め方も普段とは一変してしまい、沿道住民が日常曝されている騒音・振動を追体験してもらえなかった。そこで2度目の検証は時間を深夜、早朝に設定し、検証場所の原告宅居室でできるだけ日頃の就寝時の状況に近い条件で検証をすることを求めたが、国・公団の反対により、居室に多人数が入りこみ、日頃の就寝時の状況とは程遠い条件で検証せざるを得なかった。

5 法廷外の取り組み

　原告団と裁判支援の会は、兵庫県の公害運動が一同に集まる公害なくせ県民大集会に参加し、集会の成功と訴訟への支援を訴えた。また道路公害反対運動交流集会、大阪湾岸道路問題連絡会にも参加交流し、訴訟への支援を訴えてきた。

　毎年カプセルによる二酸化窒素簡易測定調査にも参加し、沿道の汚染状態の客観的確認に手を尽くした。沿道の騒音測定、大型コンテナ交通量測定、低周波測定等調査活動も進んで行った。

　43号線道路公害の実態を広く知ってもらうため、「コスモスの甦る日まで」パンフ作成・頒布活動、署名活動、43号道路公害問題住民シンポジウムの開催にも尽力をした。

　R43沿道には、数万人が生活し大なり小なり沿道公害により生活や健康を損なわれている。しかし騒音公害というのは道路に直近している住民と2列目に位置する住民の間でも騒音や振動のレベルの違いが大きく被害者が道路新設や拡張への対応のように地域的広がりを持ちにくく被害住民が長い線のような状態となり、被害者の広範な団結が困難であった。そのため原告は152名に過ぎなかった。

6　1審判決，控訴審判決，そして最高裁判決へ

1　1審神戸地裁判決（1986年7月17日）

(1) **国・公団の違法行為と責任**　国・公団が漫然と幹線道路を設置し多大な数の自動車を集合させその結果現在に至るまで沿道住民に耐えがたい被害をもたらしたことは，幹線道路の有用性（公共性）を考慮しても違法であるとして，本件道路の車道端から20m以内に居住する原告に対して過去（提訴前3年と結審まで）の損害賠償（総額2億円足らず）を命じた。

(2) **差止**　しかし，原告の求めた騒音排ガスの差止については，原告が差止条件だけを示しその実現方法を示さないのは，裁判での請求としては特定されていないとして，却下した。さらに仮に差止が認められるような請求の特定があるとしても，原告らの被害が精神的苦痛や生活被害の範囲にあり，騒音による聴力障害や排ガス汚染による公害病や持続性咳・痰などの発生と因果関係（健康被害）が認められないから，道路の公共性を考えると差止めは認められないとした。

(3) **評価**　判決が既存の一般国道の管理のあり方が違法状態にあるとして，被害住民に損害賠償を認めたのは高く評価できる。しかし，住民側が最も力を注いだ沿道の汚染による住民とりわけ児童の健康への悪影響や危険性については，まともに応えるところがなかった。R43沿道の学童の健康影響に関する岡山大調査（芦屋市の学童健康調査）は，わかり易く，しかも沿道における他の学童や住民への健康影響調査・研究と考慮すれば，排ガスは住民の健康に何らかの影響を与えていることを否定するのは困難な状況にあった。しかし判決は，本件沿道の芦屋や西宮地域などが公害健康被害補償法の指定地域でもなく，原告らが公害病や持続性咳・痰など「疾病」の患者として差止や損害賠償を求めていないから，沿道汚染と「疾病」には因果関係がないとして，住民の健康への影響の可能性を強引に否定した。

2 2審大阪高裁判決（1992年2月20日）

(1) **被害のとらえ方の前進**　騒音被害の把握につき屋外環境も折込み，被害の程度を Leq（等価騒音レベル＝騒音エネルギー量）で数値化した。そして，道路端から20m以内の住民についてはLeq60デシベルを超える者に，道路端から20mを越える住民についてはLeq65デシベルを超える者に，排ガス被害と騒音被害につき受忍限度を越えるとして，損害賠償を命じた。

(2) **差止**　住民が人格権に基づき差止めを求めることを認めた。また本件差止は内容の特定が十分であり，公権力の発動を求めるものでもないから，差止請求は許されるとしたが，住民の被害は，生活被害のレベルにとどまり健康被害の程度に達しておらず，道路の公共性と衡量して，差止めは認められないとした。

(3) **評価**　この判決は，住民の被害の把握において１審判決より格段に公害の実情に迫ったものであり，検証で得られなかった事実上の検分の成果がうかがえるものであった。

3 最高裁判決（1995年7月7日）

(1) **法律上の争点**　国・公団は自動車の走行は有用性があり，幹線道路である本件道路は高度の公共性を有しているから違法性はないと主張した（道路管理の違法性）。

国・公団は，本件道路の設置・管理の瑕疵があったと言うためには，財政的技術的及び社会的制約のもとで住民への被害の回避可能性があったかどうかを住民側が明らかにするべきであったと主張した（被害回避可能性の主張立証責任）。

国・公団は住民各戸で騒音振動などの程度が違うのにグループ化して騒音の程度を認定したのは誤りであると主張し（集団訴訟における審理の方法），１軒１軒騒音などを明らかにしないと損害を認めるのは誤りだと主張した。

住民側は，２審判決が，明快に憲法第13条第25条を指針として人格的利益の保障がなされた立場から差止請求の根拠とされるとしたことを受けて，住民の被害は優に健康を損なわれたものであるから，最高裁判所での差止請求の認容を求めた（公害差止と抽象的不作為請求の適法性）。

(2) **判決内容**　判決は，国・公団および住民のいずれの上告をも退けた。

本件道路が産業物流のため地域間交通に寄与しているとしても，それが日常生活に不可欠な生活道路ではないことに鑑みれば，沿道住民が受けている騒音等の被害は，受忍限度を越えているといえる。

住民への被害の回避可能性があったかどうかの主張立証は，道路管理者国・公団にあり被害者住民の負担するものではない。

多数の被害者が全員に共通する限度で一律額の損害額を請求する場合，本件のように屋外騒音を基本に道路端からの距離を補助的に基準として被害を認定するのは合理性がある。

住民の上告した差止請求については，住民の被害が「精神的苦痛等のいわゆる生活被害に止まる」のに対して，本件道路は「多大な便益を提供している」から差止を認容すべき違法性があるとはいえない。しかし，住民の差止請求の憲法上の根拠と抽象的差止請求の適法性については明言しなかった。

7　判決後の取り組み

本件提訴の動きの直後から，国・公団は，にわかに公害対策を講ずるようになり，R43の制限速度は60km/hから40km/hにされた。また，R43の歩道と車道の間に植樹帯が設けられた。訴訟提起前後に，道路端に防音壁を造り，R43の上下の歩道寄りの各1車線を削り緑地帯を造った。

また高架による沿道被害対策としてテレビの共同アンテナを設置し，日陰になった住宅所有者への補償を行い，沿道の住宅（窓の外1mで65ホン以上）について建物の防音工事代金の助成をはじめた。その総額は公団によれば100億円に近いという。

国は本件訴訟を契機に沿道の建造物の高層鉄筋化などへの誘導を容易にする「幹線道路の沿道の整備に関する法律」を制定し1982年8月3日兵庫県知事がR43の20kmを沿道整備道路に指定した。

本件道路沿道では，95年11月R43の環境改善に向けた国の「国道43号線及び阪神高速神戸線の環境対策の検討状況」（中間取りまとめ）が作成され，以後43

号線の上下とも更に1車線減らし(建設当時の10車線が6車線となる),夜間の外側車線の通行禁止,吸音板付きの防音壁が全線に亘り設置され,阪神高速道路の側面全部をカバーし,対面する高層建物には道路を覆う防音壁が設置された。沿道住民の建物敷地の公共買取り(5000万円の所得税控除)が進み,提訴当時のむき出しの公害道路という様相に変化がみられた。

　訴訟終結後,原告団,自治体,国・公団で連絡協議会を設立し,新たな沿道の補修や工事などは必ず協議会に諮り,一層公害規制を進めるための協議が行われることになった。

【裁判例】
神戸地判昭61・7・17判時1203号1頁
大阪高判平4・2・20判時1415号3頁
最判平7・7・7判時1544号18頁

【参考文献】
吉村良一「道路公害の差止めと損害賠償」法律時報58巻12号
潮見一雄「国道43号線第1審判決について」ジュリスト669号
小貫精一郎・高橋敬「道路公害をめぐる問題」法と民主主義218号
吉村良一ほか「特集　道路公害と国の責任」法律時報67巻11号

第12章

豊島・産業廃棄物不法投棄事件

石田　正也
弁護士・岡山弁護士会，豊島弁護団・豊島廃棄物処理協議会委員

　本件は，瀬戸内海の島に産業廃棄物が不法に大量投棄された事件であり，当時我が国最大の廃棄物の不法投棄事件といわれた。豊島(てしま)住民・弁護団は，産廃不法投棄現場の原状回復のために，公害調停制度を利用し，一部訴訟をも併用しながら，県の監督責任を追及し，さらに，業者の不法投棄責任のみならず，廃棄物処理を委託した排出業者の処理責任をも追及し，ついに公害調停での調停成立という形で，産業廃棄物を島から撤去することを勝ち取った。本事件は，国の廃棄物法制にも大きな影響を与えた。本章は，住民・弁護団の公害調停・訴訟を通じた活動の紹介である。

1　豊島事件のあらまし

1　はじめに

　豊島事件は，産業廃棄物（以下「産廃」という。）の不法投棄事件である。産廃が不法投棄された場所である豊島は，瀬戸内海に浮かぶ小豆島という大きな島の西側に位置する小島であり，香川県小豆郡土庄町の行政区域内にある自然豊かな島である。基本的に農業と漁業，福祉関係の事業が島の産業という島である。この島に関西圏など大都市の産廃が産廃処理業者によって不法に多量に持ち込まれ，当時日本最大の産廃の不法投棄事件といわれた。

　この産廃不法投棄事件の歴史は，1975年から始まっているが，最終的には公害紛争処理法で設置された公害等調整委員会（以下「公調委」という。）に豊島

住民が公害調停の申立をし，この公害調停の調停成立という手続で紛争が解決した事件である。そういった意味で各種公害事件で裁判所を舞台におこなわれたケースとはことなる経緯をとっている。

以下，廃棄物処理法制の概要・公害調停を選択した理由，豊島事件の公害調停申立までの歴史的経過，公害調停での経過，現在おこなわれている産廃の島外への撤去事業の課題を述べる。

2 廃棄物処理法制の仕組みと公害調停の選択について

廃棄物を処理する基本法は，『廃棄物の処理及び清掃に関する法律』（以下「廃掃法」という。）である。廃掃法は，廃棄物を事業活動にともなって生じた産業廃棄物（法律ないし政令で定めたもの）とそれ以外の一般廃棄物に分類している。廃棄物とは，汚物又は不要物であって，固形状または液状のものをいうと定められている。この廃棄物にあたるかどうかの解釈基準として，国は「廃棄物とは，占有者自ら利用し，または他人に有償で売却することができないために不要になったもの」とし，その判断は，「占有者の意思，その性状等を総合的に勘案すべきもので，排出された時点で客観的に廃棄物と観念出来るものではない」とする廃棄物解釈指針を示している。この「有価物」か「廃棄物」かの認定解釈を巡って，豊島事件では県の業者への監督責任が問われた。産業廃棄物として認定されると廃掃法3条は，「事業者は，その事業活動に伴って生じた廃棄物を自らの責任において処理しなければならない」と定め，廃棄物処理業者に廃棄物処理を委託する場合適正な委託をすることが定められている。豊島事件では，この排出業者が適正な委託をしたかどうかが問われた。勿論，産業廃棄物処理業者は，廃棄物処理にあたっては，処理する廃棄物を特定して行政の許可を得ることになっており，許可以外の産業廃棄物の処理はできず，この許可は，当時は国の機関委任事務として香川県がおこない，かつ廃棄物を不法に処理していれば，県には，その許可の取消などの監督権限があったのである。

また，公害事件において，紛争解決機関として司法（裁判所）が利用されることが多いが，裁判では，原告側に立証責任があり，このため被告の詳細な反論もあって，解決まで長時間を要し，多額の費用のかかるのが通常だった。私

の関与した倉敷市水島のコンビナートによる大気汚染公害訴訟においても，1審判決・高裁和解全面解決まで13年を要した。弁護団が，豊島事件で選択した公害調停制度は，1970年に制定された公害紛争処理法によって設置された公害等調整委員会がおこなうというものであった。この制度は，当時の日本の公害問題が深刻化するなかで「公害に係る紛争について，あっせん，調停，仲裁及び裁定の制度を設ける等により，その迅速かつ適正な解決を図ることを目的とする」としていたが，調停という当事者の話し合いを基本とする制度であり，その実効性の不安から，当時あまり活用がされていなかった。この制度を住民・弁護団が選択したのは，次の事情があった。裁判手続では，①住民が，原因と被害発生との間の因果関係の立証をせざるを得ないが，これが大変困難であること，②訴訟の提起，訴訟遂行に多額の費用がかかること，③判決確定にいたるまで多くの日時を要することなどからであった。とりわけ，撤去を求める不法投棄された産廃の量やその有害性を科学的に明らかにするには，専門家の援助や多額の費用が予想された。この科学調査につき，公害等調整委員会設置法17，18条は，公調委自ら専門委員を選任するなどの方法で調査できる権限があり，公調委の費用で産廃の実態を明らかに出来ることが制度上可能となっていた。また公調委は，他の行政機関（厚生労働省や環境省など）と連携して紛争解決をはかることもできるものとされていた。このため，弁護団は，この制度を利用して紛争の解決をはかることにしたのであった。

2 住民の苦闘——事件の発端と公害調停

1 事件の発端

豊島の西の端の国立公園指定地域内に土地を所有していた豊島総合観光開発（株）（以下「業者」という。）は，土地所有（法的には，実質的経営者の所有）を奇貨として，日本の高度成長の中で山を掘り崩して土砂を採取して売却したりして島の景観を破壊していた。またこの会社の実質的経営者は，暴力事件を繰りかえすなど豊島住民に警戒され，恐れられていた。

1975年12月この業者がこの土砂採取跡地に，有害産廃処理業をするために香

第Ⅱ部　弁護士の挑戦

1977年、香川県に対し、業者に産廃許可を出さないように求める、高松市内でのデモ行進の様子

川県（以下「県」という。）に有害産廃処理の許可申請を提出したことから豊島事件は、始まった。住民の反応は早かった。この申請を知るやいなや豊島住民は、この業者によって産廃事業が開始されると豊島の自然環境、生活環境が破壊され、農・漁業にも深刻な影響が生じると考え反対運動に立ち上がった。豊島住民は「産業廃棄物持ち込み絶対反対豊島住民会議」を結成し、島の有権者住民のほとんどにあたる1425名の反対署名をそえ、県や県議会に許可しないように申し入れた。また、県庁のある高松市にでむき、反対のデモ行進や集会をおこなった。しかし、県知事は許可の方針を示したことから、1977年6月、豊島住民はほぼ全世帯数である583名が原告となり、業者を相手に産廃処理場の建設差し止めの訴訟を高松地方裁判所におこした。しかしながら、県は訴訟中にもかかわらず、1978年2月になり業者が反対運動に考慮して「有害廃棄物の運搬・処理」申請から「無害物のミミズの養殖」（ミミズによる土壌改良剤化処分業）事業に申請を変更したことから、業者に対して「無害である汚泥（製紙汚泥、食品汚泥、木屑、家畜の糞）」のみの島への持ち込みを認める産廃処理業の許可を与えてしまった。このため、豊島住民は、業者との間の裁判上の和解を余儀なくされ、同年10月和解成立となった。

　裁判所での和解条項は、業者は、①県の許可条件を遵守する、②産廃の運送、処理にあたって著しい騒音、振動を発生させないよう配慮する、③ミミズによる土壌改良材化処分に限定し、それ以外の事業は営まない、④住民に損害を与えた時は、賠償する。公害の発生またはそのおそれのある時は速やかに操業の一時停止または危険防止、除去の措置を講ずる、⑤その他、などというものだった。これにより、豊島事件は終息するかに思えた。しかし、業者は、豊島住民が心配したようにこれらの和解条項を次々に踏みにじっていった。

2　業者の産廃不法投棄と香川県の容認, 加担

業者は, 1978年の県の許可内容, 住民との和解内容を徐々に無視してありとあらゆる産廃を豊島に持ち込むようになった。不法投棄の始まりであった。1983年にはミミズの養殖など全く行われなくなり, シュレッダーダスト, ラガーロープ, 廃油, 廃プラスチック, 燃えがら, 鉱滓, ドラム缶, 内容不明液体物などが大量に持ち込まれ, これらの廃棄物の野焼きも始まった。これらの産廃は, 豊島の港からダンプカーで現場まで運ばれ, 異臭を島にまき散らした。野焼きの煙は, 島民に喘息症状を引き起こすまでになった。住民は県に対して, 調査を申し入れたり, 操業停止をするように指導を再三求めた。これに対して, 県は業者の持ち込んだ物は「有価物」であり, 多量の自動車解体くずであるシュレッダーダストなどは, 金属回収業の材料として購入し, 廃品回収業をおこなっており, 産業「廃棄物」を持ち込んでいるのではないという回答で, 島の住民の切実な要請をことごとく無視した。

1990年兵庫県警による業者摘発の後の産廃現場の状況

このような業者の違法行為を摘発したのは, 香川県ではなく, 瀬戸内海をまたいだ対岸の県の兵庫県であった。兵庫県警は, 1990年11月業者の持ち込んだ物を「廃棄物」として認定し, 廃棄物処理法違反で強制捜査をし, 1991年1月業者は逮捕された。これにより, 業者の違法操業は止まり, 業者は事実上倒産した。神戸地方裁判所姫路支部は, 会社に罰金50万円, 実質的経営者に懲役10月, 執行猶予5年の判決をくだした。住民は, この刑事判決記録を取り寄せた結果, おどろくべき事実を知った。県は, 業者の施設に118回の立ち入り調査をして, 不法に産廃が搬入され, 当初の許可条件のミミズの養殖などがされていないことを知っていた。しかも, 大量に持ち込まれたシュレッダーダストを業者が焼却して金属回収をしているとの業者の主張にお墨付きをあたえるために「金属くず商」の許可をとるように, 業者を指導していた。不法な産廃持ち

込みを県が容認するばかりか加担していたという事実があきらかになったのである。このような県職員の対応の原因は，県職員の業者の暴力への恐れと事なかれ主義にあった。

　この業者の摘発逮捕により，豊島はゴミの島と呼ばれるようになった。テレビに写された現場の大量放置された産廃の山々の映像は，見るものをしてゴミの島の印象をあたえ，豊島産の農業，漁業物は，「豊島産」名では販売できなくなるなど風評被害による致命的な打撃を受けた。

　豊島住民は，1990年11月再び「廃棄物対策豊島住民会議」を結成し，産廃撤去に立ち上がった。業者摘発後，1990年12月になり県は業者に対し，やっとミミズによる土壌改良剤化処分業の許可を取消，産廃の撤去措置命令を出した。そして，1993年11月産廃が海に流出しないように「遮水壁」をつくるように命令をだした。しかしながら撤去されたのは，表面的にみえるものだけであり，大量に廃棄されたシュレッダーダストなどは，土をかぶせた状態で放置された。県は，周辺海域に特に影響はないとして，事件の幕引きに動き出した。県は，産廃の撤去には膨大な費用がかかるし，業者に代わって代執行しても，業者からは費用は回収できないとしていた。住民は，県の現場にある産廃は15〜17万トンで有害物は搬出したという説明に納得せず，産廃は約60万トンあると推計し，水銀やダイオキシンなど有害物質が海に流れ出していると判断していた。事実，産廃処分場の北側の北海岸では黒い水が，たまり水となり，海岸線では，魚介類はほとんどの観察されなくなっていた。このままで幕引きされたら，豊島は将来どうなるか，議員等政治家に要請しても何も解決しないなか住民はあせっていた。

3　公害調停と裁判手続の併用

　兵庫県警の捜査の翌日から3年経過すると民事上の不法行為の時効が完成する。住民は民事上の裁判の時効が完成する数ヶ月前，最後の手段として裁判提起をきめて，住民関係者の親族のつてで大阪弁護士会の中坊公平弁護士にたどりついた。4人の弁護士による弁護団が結成された。また，産廃問題に詳しい

科学者を1人科学顧問として迎えた。弁護団は，刑事事件の記録分析から豊島事件の構図を考え，公害調停を紛争解決の舞台に設定し，あわせて訴訟をも活用することにした。公害調停で，産廃撤去をもとめる相手方は，不法投棄した業者，これに指導監督を怠りかつ助長した県（県の担当職員2名を含む），業者が適正な産廃の処理の許可を受けていないにもかかわらず大量に産廃処理を委託した産廃排出業者21社である。この3つの主体があいまって，大量の産廃が島に持ち込まれたのであり，その当事者が撤去の責任を負うべきと判断したのである。そして，産廃撤去を現実におこなうのは，県しかできないと判断していた。業者は事実上の倒産状態であった。県の責任を明確にして撤去させるという当時の状況からすれば，巨大な壁にむかうとしかいいようのないものであった。

弁護団が選択した公害調停制度については前述したが，住民・弁護団は，3年の時効完成5日前の1993年11月公害調停を申立てた。申立人は，豊島の世帯のほとんどになる549人に及んだ。調停は，東京の総理府の建物内の公調委で行われた。

一方，産廃が放置されている土地は，業者の実質的経営者が所有しており，莫大な費用をかけて廃棄物を撤去した土地が業者にそのまま残ることは不合理であることから，この土地を業者から住民が取りあげ取得することも必要であった。このため，住民は業者に対しては，前記の1978年の高松地裁の和解の和解条項違反として産廃の撤去と損害賠償を求めて高松地裁に訴訟をおこす方針をきめ，前提として，業者が土地を勝手に処分できないように占有移転仮処分や仮差押決定をとった。また，業者が前記土地への住民の立ち入りを妨害しないように仮処分決定もとった。そして，住民らは，調停進行と並行して1996年2月高松地方裁判所に上記訴訟を提訴した。住民らは，この勝訴判決をすみやかに勝ち取り，判決に基づいて土地を差し押さえ裁判所の競売手続で土地を買い取る方針を決定した。

4 公害調停の活用と成果

1 公調委による調査

　調停は、当事者の話しあいを基本とする。調停当初での県の対応は責任を認めず、産廃の現状を安全なものとし、産廃の撤去を否定するものであった。この状況下、住民・弁護団は、豊島産廃の大量持ち込みの原因、実態を世論に訴え、公調委に対する要請を重ねた。公調委は、産廃の実態を解明すべく、公調委の費用で専門家に依頼して、産廃の調査と撤去の方法を検討することを決断した。調査は、1994年12月から1995年3月まで行われた。調査費用の予算として、2億3600万円の予算が閣議決定され、国の予備費として支出された。この予算費用は、公調委はじまって以来であった。大蔵省がこの異例ともいえる費用を認めたのは、後述するように日本において産廃の不法投棄問題が、当時次第に重要な社会問題となってきており、豊島における調査結果を今後の廃棄物行政の資料とする目的があった。
　この専門家調査により豊島の産廃の全貌があきらかになった。不法投棄された産廃は、50万トン、産廃で汚染された土壌をくわえると56万トンと推定された。産廃には鉛が有害廃棄物の判定基準を超え、有機塩素系の有害廃棄物も多数検出され、ダイオキシンも高濃度で存在した。産廃の侵入水から、鉛は国の環境基準の260倍、ヒ素が1.9倍であり、他の有害廃棄物ものきなみ環境基準を大幅にこえていることが判明し、この有害廃棄物が産廃不法投棄現場の北海岸から海域に漏出している可能性は否定できないとされ、早急に適切な対応が必要であるとする調査結果であった。そして、産廃対策として、豊島現地での封じ込め策から、産廃の島外撤去策までの7案の方策を提示した。まさに、県が主張していた産廃の量や安全性が全く根拠のないものであることが明らかとなった。
　この公害調停を受け、弁護団は同年3月公調委対策を強化するために弁護団を瀬戸内海の各県から選出した。豊島問題を瀬戸内海全体の住民・環境問題と位置づけ強化したのである。あらたに、8人の弁護士がくわわり、瀬戸内海弁

第12章　豊島・産業廃棄物不法投棄事件

> 〈コラム〉　公害等調整委員会とは
>
> 　公害等調整委員会とは，公害紛争処理法により，公害紛争を迅速かつ適正な解決を図ることを目的にして中央（東京都）に設けられた行政委員会である。各都道府県には，公害審査会が設置されている。
>
> 　公害等調整委員会では，被害者が多数であったり，複数の都道府県にわたる広域的な見地からの解決が必要な事件などを取り扱っている。
>
> 　公害等調整委員会および公害審査会は，あっせん，調停，仲裁，裁定（公害等調整委員会のみ）を行うことができる。
>
> 　裁定には，原因裁定と責任裁定とがある。原因裁定とは公害をめぐる因果関係の存否ついて判断する手続をいい，責任裁定とは損害賠償責任の存否及び損害額を判断することにより紛争を解決する手続をいう。
>
> 　これらの公害紛争処理制度は，①専門的な知見を活用できる，②機動的な資料収集や調査を行うことができる，③迅速な解決を図ることができる，④費用が安いなどの特徴がある。

護団を結成した。この後おこなわれた調停で県は，前記の見解を撤回した。厚生省は，「これまでの香川県の対応は，不適切であった」というコメントをだした。その後様々な折衝が続いたが，1997年7月，県と住民との間で廃棄物が搬入される前の状態に戻すとの中間合意が公調委で成立した。この内容は，①県が，廃棄物の認定を誤り適切な指導をおこたり，処分地に深刻な事態を招いたことを認め，②県は産業廃棄物を溶融処理して中間処理をおこない廃棄物を再生利用して撤去する③県は，この中間処理施設の整備や環境保全のために専門家からなる技術検討委員会を設置して調査検討する等であった。これによって，産廃撤去が一歩現実のものとなった。

2　専門家の関与

　豊島産廃の処理方法は，公調委での調整の中で前記のように中間合意で「廃棄物を溶融処理して中間処理をおこない廃棄物を再生利用して撤去する」というものであり，単に撤去して別の最終処分場に埋め立てるという通常の廃棄物

第Ⅱ部　弁護士の挑戦

年　表

1975年12月	産廃業者　香川県に有害産業廃棄物処理場建設許可申請
1976年2月	豊島住民建設反対運動開始
1977年6月	住民高松地裁に建設差し止め訴訟を提訴
1978年2月	県　業者にミミズ養殖による土壌改良材処分業として許可
同0年10月	住民と業者，高松地裁で和解
1983年ころ	業者　ミミズ養殖廃止，大量の産廃不法投棄と野焼きを始める
1990年11月	兵庫県警　業者摘発
同月	住民　「廃棄物対策豊島住民会議」を設立
1993年11月	住民　公調委に公害調停申立
同年12月	住民　県庁前「立ちんぼ行動」開始，翌年5月まで毎日実施
1994年12月	公調委　専門委員による廃棄物実態調査開始
1995年5月	専門委員会廃棄物処理7案提示
同年12月	住民　豊島で廃棄物専門家招いてシンポジューム開催
1996年2月	住民　高松地裁に業者に対して廃棄物撤去，損害賠償提訴
同年3月	瀬戸内弁護団結成
同年9月	住民　東京銀座に廃棄物持ち込み抗議行動
同年12月	高松地裁で業者に対する訴訟について住民勝訴判決
1997年2月	住民　岡山地裁に業者を破産申立　3月破産宣告決定
同年7月	住民　土庄町へ運動事務所設置，土庄町で集会
同月	県との中間合意成立　産廃撤去に向けて技術検討委員会発足
同年12月	排出業者と初の調停成立　以降，排出業者と調停成立相次ぐ
1998年7月	住民　香川県民に向けて香川県100カ所座談会開始
1999年1月	住民　破産管財人から業者の土地を取得
同年3月	100カ所座談会達成高松集会
同年4月	小豆島選挙区で豊島住民から県議当選
同年8月	県　直島での産廃処理案発表
同年8月	直島での処理計画の技術的検討並びに直島住民への説明開始
2000年3月	直島町　産廃処理施設受け入れ表明
同年6月	豊島小学校で最終調停成立

処理方法をとらなかった。これは，豊島産廃を受け入れてくれる最終処分場が想定できないということもあったが，産廃撤去で他の場所での2次被害をださずに処理し，しかも廃棄物を再生利用するという循環型社会に対応した処理をすることを目指したからであった。この産廃処理を検討する技術検討委員会は，形式的には香川県が選任したが，住民の意見を聞いた上で日本の第1線で活躍する廃棄物対策の各種専門家8人で構成された（委員長永田勝也早稲田大学教授）。

技術検討委員会は，1997年8月から1999年5月まで1次，2次の委員会を経て報告書を作成し，豊島内での廃棄物溶融処理にむけての処理施設の建設計画及び周辺環境の環境保全対策の方向を出したが，その後県は同年8月，廃棄物処理施設を豊島現地ではなく，豊島の隣の直島にある銅精錬工場の敷地内に建設する方針を発表した。結果，直島町において産廃処理が可能かどうかの第3次技術検討委員会が同年9月から同年11月まで行われるとともに直島町民に対する住民説明会がおこなわれ，2000年3月直島町が産廃処理施設の受け入れを表明した。これにより，豊島住民も直島案に同意した。これらの委員会の会議に住民・弁護団は，かかさず出席し，住民の科学者顧問と協議しながら監視及び意見を述べていった。

3　産廃処分地の住民取得

前述のように産廃が不法投棄された土地は，産廃を不法投棄した業者の実質的経営者の所有土地であった。住民は，この土地を住民のものとするため，訴訟を1996年2月提起したことは前述のとおりであるが，この訴訟は，1996年12月住民勝訴の判決があり，裁判所は，業者に産廃撤去と住民に対して損害賠償の支払を命じた。これにより，住民はこの判決をもとにこの土地を競売にかけて取得しようとした。ところが，その手続に入る直前，業者は別の会社に土地の一部に賃借権設定仮登記，5億円の根抵当権設定仮登記を設定，住民の土地取得を妨害した。このため，弁護団は，破産手続の中で土地を取得する方針をとり，岡山地方裁判所に業者の破産を申し立て，業者には1997年3月破産宣告決定がなされた。破産管財人の弁護士は，前記の登記の抹消をもとめ，登記した会社を相手取り，訴訟を提起した。1998年11月登記の抹消を求める判決は確定した。これにより住民は破産管財人弁護士より1999年1月業者の土地を豊島3自治会名義で買い取った。これにより，産廃が撤去されれば，文字通り豊島の再生が図れる基礎をつくった。

4　排出業者への責任追及

豊島事件の原因の1つとして，大量の産廃を業者に委託して都会のゴミを過

疎地の島に持ち込ませた産廃排出業者の存在があった。住民は，公調委において21社のこれらの業者にも，撤去責任を追及していた。公調委は，当初排出業者に対する手続を分離して，期日を指定せず県との調停をすすめてきていたが，住民と県との中間合意がなされる直前の1997年12月の調停において，排出事業者に次の見解を提示した。①廃棄物処理法上排出業者は，産廃を自ら処理することが原則であるが，業者に委託することも認められている。その際適正に処理する能力を有する業者に政令で定められた基準で委託することが定められている。排出業者が，この基準に違反して処理を委託した場合，廃棄物処理法上，排出業者は適正な処理をしたといえず，適正な処理をする責任が残っている。②今回の産廃処理を委託した行為は，廃棄物処理法にさだめる基準に反しておこなわれており，排出業者は，産廃処理責任をはたしていない。この見解をもとに公調委は，個別に排出業者にその処理委託量に応じて「産廃処理費用」と「住民への慰謝料」を合算した金額の負担を求めた。結果，1997年12月から2000年1月までの間に排出業者との調停が成立していった。排出事業者らは，総額3億7000万円を支出することになった。わが国で初めて，排出事業者が，紛争解決のために負担を認めたものとなった。

5　県との調停成立

　このような経過のなかで，最後の課題として県とどのような内容の最終調停を成立させるかが問題となった。1997年7月住民と県は中間合意をしていたが，この中間合意には，県の責任が明確になっておらず，住民への謝罪条項が盛りこまれなかった。また，産廃処理の具体的な方法，撤去期限，撤去した跡地の整地又は回復などを条項にどのように盛りこんでいくかが課題となっていた。住民は公調委といくどとなく折衝し，調停条項を練り上げていった結果，県の住民への謝罪と産廃撤去の筋道を明記した最終調停が2000年6月成立した。調停回数は，36回に及び個別折衝は数十回をへていた。最終調停期日は，調停の場所としては異例の場所である豊島現地の小学校体育館で豊島住民が見守る中なされた。県知事は，深々と住民に謝罪した。

　調停内容は，①県が廃棄物認定を誤り，業者を適切に指導しなかったことか

ら豊島住民に被害を与えたことを認めて謝罪する，②廃棄物の撤去を平成28年度末までに行う，③廃棄物の処理は，技術検討委員会の検討結果にしたがい焼却・溶融方式でおこない，その副成物の再生利用を図る，④廃棄物撤去事業の実施について協議するため県と住民との協議会を設置する，⑤廃棄物撤去事業は，専門家の指導，助言のもとに実施する，⑥その他，を内容とするものであった。これにより，豊島住民は，当初巨大な壁とおもわれていた廃棄物撤去を現実のものにすることができたのである。

6 調停を支えた住民運動

以上のような調停の成果は，血のにじみ出るような住民運動による成果であった。前記のように豊島事件は，1975年から始まっているが，再度燃え上がったのは，1990年の兵庫県警の業者摘発により，「廃棄物対策住民会議」を立ち上げてからであった。この廃棄物対策住民会議は，豊島の住民自治組織である3地区の自治会によって構成され，3地区の自治会長が住民会議議長に就任するという文字通り島民あげての住民組織であった。住民は，公害調停を申立てたものの県の姿勢はかたく，住民にとって豊島の事態をどう県民や国民に知らせて行くかが課題となった。このため，住民は金のかからない運動で島のことを知ってもらう方法として，県庁前の「立ちんぼ行動」に出た。文字通り県庁前に5〜6人が毎日交代で立って無言の抗議をおこなうことにした。この「立ちんぼ行動」は，調停申立直後の1993年12月から1994年5月まで続けられた。さらに，この間豊島の若者が，香川県の市町村をメッセージウォークと名付けてまわり，パンフレット「ふる里を守る」を発行して配布した。この「立ちんぼ行動」等は，公調委を動かし，県も産廃撤去を視野にいれて協議するとの回答をするようになり，前記の公調委の専門家による産廃実態調査になるのである。住民は，世論への訴えと同時に廃棄物問題の学習を深めていった。公調委の専門家の調査により，豊島産廃の実態が明らかになり，いっぽうその処理をめぐって7つの案が示されたが，いずれも巨額の費用がともなうものであった。その処理はどうあるべきか1995年12月住民は，廃棄物の専門家などを招いて島でシンポジュームを開催した。そこで，次の視点が確認された。①日本社会の

大量生産，大量消費，大量廃棄の社会の矛盾が象徴的に豊島にあらわれていること，②廃棄物は過密の都市から過疎への一方的な流れであること，③わが国では原状回復を図る法が不備で，行政が無策であること，④これからは，でてきたものを再生する循環型社会，リサイクル社会をめざすべきことである。そして豊島での責任は，産廃処理業者はもとより，それに委託した排出業者，業者を適切に指導しなかった県にあるが，県の産廃事務は国の機関委任事務であり，国も責任をおうべきだということであった。

　このような視点をもった住民運動は，1996年9月東京の銀座に豊島の産廃を持ち込み，街行く人に大都会の廃棄物が過疎の島に持ち込まれている現実を訴えた。新聞は一面トップでこの行動を報道した。当時の厚生大臣は，国会での質問を受けて現場視察し，その後厚生省廃棄物対策課室長が島を視察した。このころから豊島現地の視察，見学者が増加しこれに住民会議が対応しているが，1999年には3000人を超えた。弁護団は，1996年10月公害調停の相手方に国を追加した。国も県に産廃事務を委任している以上県と同じ責任をおうべきという立場からだった。豊島問題は，急速に全国にひろまっていった。しかし，地元香川県議会は冷たい対応であった。1997年7月前述のように住民にとって不十分な内容の中間合意が成立したが，この背景には香川県議会が豊島産廃問題に冷淡であり，あまつさえ豊島の住民運動がマスコミ依存で，運動が地元香川県民に基盤のない弁護団主導の「根無し草」という発言が議会で飛び出していたことも要因であった。住民・弁護団は，中間合意の成立に際して，最終合意にむけて運動を強化し，足下の土庄町や香川県住民への働き掛けを強化することを決めた。住民は豊島を出て小豆島の土庄町に現地事務所を設置，土庄町住民一軒，一軒に豊島の現状を訴え，土庄町での集会に参加を呼びかけた。土庄町公民館には，定員850人の会場に1000人の土庄町住民があつまった。さらに住民・弁護団はこの運動を香川県下全域に拡げて，1997年7月から「豊島の心を100万県民に」をスローガンにして県内市町村100カ所座談会を開催することを決め，1993年3月でついに100カ所めの座談会を完了した。さらに，豊島住民は，県議会をかえるべく豊島から小豆郡選挙区の県会議員立候補者を出すことを決定し，同年4月の選挙で当選させた。住民の産廃を撤去させ，豊かな島を取り

戻したいという思いと、香川県は責任を認めて謝罪すべきであるとの思いは、急速に香川県民の中に支持を拡げていった。国は、県の産廃処理に財政援助をおこなうことを決めた。このようにして、住民と弁護団は、公害調停という制度を利用し、豊島に産廃が持ち込まれた原因を徹底的に明らかにし、世論に訴え、県を追いつめ、最終合意を成立させたのである。調停を成立させた原動力は、調停内の攻防もさることながら、このような調停外の住民運動にあったといえる。

7　豊島事件が日本の廃棄物法制にあたえた影響

豊島事件がマスコミで取りあげられるようになった1990年代になり、日本各地で廃棄物の不法投棄事件や産廃不正処理事件が多数発生していた。また廃棄物処分場計画に反対する住民運動が各地でおこってきた。1970年に成立していた廃棄物処理法は、このような事態に有効に機能していなかった。豊島事件が中間合意をむかえる1997年になり国は、廃棄物処理法を大幅に改正した。廃棄物処理施設についての規制の強化、不法投棄の罰則の強化が図られ、罰金が300万円から1億円に引き上げられた。さらに、最終合意が成立した2000年にはさらに改正がおこなわれ、廃棄物処理業の許可の取消要件の追加や排出業者への規制の強化が行われ、罰則も懲役刑が3年から5年に引きあげられた。同年、循環型社会形成推進基本法も制定された。さらに、2002年には自動車廃棄物のシュレッダーダストなどに対する対策として、使用済自動車の再資源化に関する法律が制定された。豊島事件は、国の廃棄物法制に大きな影響を与えたといえる。

豊島事件は、豊島住民の運動やマスコミ報道の広がりの中で日本の産業廃棄物問題の象徴的な事件となっていった。これが、調停での産廃処理の合意というものを生み出した社会的背景であり、いわば豊島事件を解決しなければ、今後の廃棄物行政がなりたたないという認識のもと国の廃棄物行政における変化を背景として公調委が動いた事件だったといえるのではなかろうか。逆に言えば、そこまで豊島の住民や弁護団は、追い込んでいったともいえよう。

8　公害調停成立後の産業廃棄物撤去の現状と課題

　調停成立後，調停条項に基づき専門家により豊島産業廃棄物等処理技術委員会が設置され，産廃撤去にむけての最終的な技術的検討が始まり，2001年7月に北海岸からの汚水流失を防ぐ遮水壁が設置された。これにより，北海岸のアマモが還り，カニなどの生物がもどってきていることが報告されるようになった。2003年産廃の搬出がはじまり，同年9月直島の焼却・溶融施設が本格稼働を開始した。前記技術委員会は処理を管理するための管理委員会に改編され機能している。住民と弁護団は，この委員会にも毎回出席し，意見を述べている。年2回の住民（弁護団を含む）と県との産廃処理協議会も「共創」の理念のもと開かれている。尚，調停成立後，弁護団は「応援団」に名称変更した。

　しかし，現状は全く問題がないということではない。産廃の撤去計画は，当初の計画からすると遅れが目立つようになってきた。また，これにともない調停条項の変更も必要になってきている。現在豊島は，人口1000人となっている。人口減と高齢化の中で，島の再生としての持続的発展をどうつくっていくかが問われている。豊島住民は，調停成立にあたり住民大会で豊島宣言を発表した。そこには，「私たちは，生まれてくる子供たちに誇りをもって住み続けられるふるさとを引き継いでいく」としている。これが，産廃完全撤去を見届けることとともに島の今後の目標であり，課題である。

【裁判例】
高松地判平8・12・26判時1593号34頁（豊島産業廃棄物不法投棄訴訟）

【参考文献】
大川真郎『豊島産業廃棄物不法投棄事件』（日本評論社，2001年）
六車明『法学研究』75巻6，7号「豊島事件における環境紛争解決過程（1），（2）」

第13章

有害化学物質による現代型健康被害

池田　直樹
弁護士・大阪弁護士会，
関西学院大学教授

　1990年代以降，化学物質を多用した新建材の使用などに起因するアレルギー様の疾患（シックハウス症候群）など，化学物質による長期微量汚染問題が注目されている。
　また，1997年，大阪府能勢町と豊能町が共同設立した一般廃棄物焼却場周辺土壌から高濃度のダイオキシン類が検出されたため，周辺住民865人が公害調停を提起した。2年後，ダイオキシン汚染物の撤去，健康影響の調査モニタリングなどを柱とする調停が成立した。
　その後，焼却場の労働者の体内に高濃度のダイオキシン類の蓄積が判明したので，町，国，焼却炉メーカーに損害賠償を提起した結果，焼却炉メーカーが3000万円を支払うという和解が成立した。

1　有害化学物質被害の特徴

　化学汚染による一般住民に対する深刻な健康被害は，典型的には，鉱山からの汚染問題（神岡鉱業所からのカドミウム等の重金属によるイタイイタイ病，土呂久鉱山からのヒ素によるヒ素中毒問題）として顕在化した。他方，経済の急成長に対応して，住民の健康被害は，工場からの排水や排煙による公害問題（チッソ水俣工場や昭和電工鹿瀬工場からの有機水銀による水俣病問題や四日市コンビナートからの硫黄酸化物や窒素酸化物等による四日市喘息問題など）として深刻化した。
　1970年代前半，これら伝統的な公害問題に対して立法的な対策が打ち出され

た。その解決は決して十分なものではなく，被害者の闘争はその後も続いたが，世論は沈静化した。

　ところが，1990年代以降，化学物質による長期潜在型の被害という新しいリスク型の被害に注目が集まるようになってきた。1つは，水俣病やカネミ油症事件など発生から30〜40年以上経過した化学汚染事件について，高濃度暴露者だけでなく低濃度暴露者も含めて，また本人だけでなく被害者の子供を含めて，被害がどこまで広がっているのか，もう一度被害の全体像を見直すという運動である。もう1つは，日常生活の中で生じるダイオキシン類を典型とした化学物質による新しい長期微量汚染問題である。本章は後者に関して，身の回りの化学物質による被害を取り上げた後に，代表的な事件である能勢（のせ）ダイオキシン事件を取り上げる。

2　化学物質によるシックハウス問題や化学物質過敏症など

1　多様な汚染形態と多様な症状
　今日，私たちの身の回りには化学物質があふれている。にもかかわらず，多様な化学物質の毒性については科学的にまだ未解明の部分が大きい。私たちは安全性を確かめないまま，多種多様な化学物質を作り出し，食品，空気，水などを通じて摂取しているのである。近年，微量の化学物質に長期間にわたって暴露することによって健康被害を生じるという新しい化学物質汚染の事例が出てきている。これらの事件においては，疑わしき物質はあるものの，有害物質自体の特定が困難であるとともに，発症についても皮膚症状，粘膜症状，免疫障害，神経症状など多様であって，特定の物質と特定の疾患との関係とは全く異なり，因果関係の立証は極めて困難となる。

2　室内空気汚染問題——シックハウス症候群と化学物質過敏症
　近年，日本では住宅の高気密化・高断熱化が進むとともに，化学物質を多用した新建材の使用が一般化した。そのため，1日のうち相当時間を過ごす自宅や職場の室内空気が化学物質によって汚染され，それが居住者や利用者の体調

第13章　有害化学物質による現代型健康被害

不良をもたらす事例が次第に知られるようになってきた。室内空気汚染に起因するアレルギー様の疾患等で，原因の住居を離れれば症状が改善する場合をシックハウス症候群と呼んでいる。

シックハウス症候群においては，新築住宅や改装後の学校などで家族や学生などに集団的に症状が発生する場合が多い。そのような場合には，室内大気を測定することで，住宅用の建材や接着剤や塗料などに使われたトルエンやホルムアルデヒドといった原因物質を特定することができる。また，因果関係についても，集団的な発生の場合には暴露集団の疫学的分析を通じて，また個別の因果関係についても，個人の症状が建物からの退避によって改善されることで推定されうる。

しかし，ある特定の化学物質への暴露によって発症した後に，従来の原因物質以外の化学物質に対しても過敏に反応するようになる化学物質過敏症の場合は，問題はより複雑化する。まず，医学的には，化学物質過敏症を１つの疾病として診断基準を確立できるのかどうか論争が現在も続いているため，そもそも疾病の診断の信頼性に争いが生じる。また，化学物質過敏症となった後に，原因物質を特定しようにも，暴露の条件を当時に遡って再現できず，暴露物質やその量が判明しない場合が多い。さらに化学物質過敏症の存在自体，最近になって知られるようになった現象であるため，法的責任の追及も困難である。

裁判例においても，まず化学物質過敏症という診断名自体に裁判所が疑問を抱く場合が多い。仮にそれを認めたとしても，暴露当時に化学物質過敏症に将来罹患することを予測することはできなかったとして予見可能性を否定したり（札幌地判平14・12・27），仮に化学物質を含有する建材が化学物質過敏症を発症させることが予見できたとしても，建材が一般に禁止されたものではなく，工事後のホルムアルデヒドの測定濃度が厚生労働省の指針値を下回っていたことなどから，内装業者に結果回避義務違反はないとするなど（東京地判平16・3・17），裁判所は容易に過失を認めない。また，過敏症患者は通常の室内大気環境においても発症してしまうため，就労機会が著しく制限されるにもかかわらず，それを労働能力の喪失と評価することについてはいまだ消極論が強く，そのため損害（後遺障害による逸失利益）も認められにくい。ただし，労災事例で

はあるが，病院での消毒液であるグルタールアルデヒドに暴露して化学物質過敏症にり患した看護師について，後遺障害12級相当（喪失期間は67歳まで）として総額1000万円超の損害を認めた大阪地裁平成18年12月25日判決がある。

　このように，化学物質過敏症で現に苦しんでいる患者に対する救済制度はきわめて不十分であり，公害や労災に取り組む弁護士も悪戦苦闘している。ただし，室内大気汚染の防止のために，ホルムアルデヒド，トルエンなどには室内空気指針値が設けられているほか，建築基準法によって，建材へのホルムアルデヒドの使用が制限されるなど，規制が一定程度進んだ。

3　有害化学物質による地域の大気環境の悪化事例

　1996年，東京都清掃局が廃プラスティック中心の不燃ゴミを圧縮する「杉並中継所」という施設を設置したところ，施設周辺住民において，咳やむくみ，皮膚の水疱やただれなどの多様な疾病が多発し，杉並病と呼ばれるようになった。住民のアンケート調査と並んで，行政による聞き取り調査やアンケート調査が行われる中，周辺に居住する住民らが東京都を相手取って，公害等調整委員会に対して，健康被害の発生の原因が杉並中継所から排出される有害化学物質にあるとの事実認定を求める原因裁定の申立を行った。

　5年にわたる審理と疫学調査等の結果，公害等調整委員会は，ある一定時期に発生した健康被害については，杉並中継所の操業に伴って排出された特定できない化学物質によるものであるとの原因裁定を下した。この裁定は化学物質の特定ができない中で，因果関係を肯定した画期的なものであり，化学物質汚染における因果関係の判断についての先駆的価値を有する。とはいえ，その後，提訴された被害住民による損害賠償訴訟では，裁判所は因果関係を否定しており，微量の有害化学物質による健康被害の立証の難しさを物語っている。同様に，廃プラ処理施設からの揮発性有機化合物（VOC）による地域住民への健康被害の発生を根拠とした操業差止訴訟が棄却された事例として大阪地判平成20年9月18日がある。

4 まとめ

　化学物質による健康被害については，有害性や因果関係をめぐって，科学的，医学的，工学的な論争になりやすく，立証責任が被害者側にある限り，その救済は困難である。また，化学物質汚染は，食品，大気，水など私たちを取り巻く環境からの複合的汚染である可能性も高く，各発生源の責任は曖昧になる。この点からも予防原則に基づく化学物質規制や，有害リスクのある化学物質に暴露したハイリスク者について，暴露手帳を交付するなど暴露歴の記録体制の整備，職場や地域や特定商品購入者など特定の暴露集団における発症事例の情報収集と早期の疫学調査およびその後のモニタリングの実施体制の確立など，被害者の見地に立った総合的な化学物質管理体制の確立が望まれる。

3 大阪・能勢ダイオキシン公害調停事件

1 ダイオキシン類とは

　ダイオキシン類とは，ポリ塩化ジベンゾパラダイオキシン，ポリ塩化ジベンゾフラン，コプラナーポリ塩化ビフェニールの総称であり，農薬の製造や焼却などに伴って非意図的，偶発的に生成される化学物質である。ダイオキシン類は大量に摂取すると致死性を有する毒物であるが，微量であっても，発がん性，催奇形性，免疫機能の低下などの障害をもたらす慢性毒性を有している。とはいえ，どのくらいの摂取によってどのような疾病が発症するかはいまだ十分に解明されておらず，その危険性をめぐる論争が続いている。

2 土壌汚染の発見

　1997年，大阪府能勢町と豊能町（両町で人口4万人以下）とが共同で設立した施設組合が設置運営していた豊能郡美化センター（家庭などから出る一般廃棄物の焼却施設）の周辺土壌から2700pg-TEQ/g（TEQとは，実際のダイオキシン類の環境影響を判定するため，2，3，7，8―四塩化ダイオキシンの量に換算した値，pgは1兆分の1g）のダイオキシン類が検出された。当時，ダイオキシンについての土壌環境基準は無かった。しかし，ドイツでは100pg-TEQ/gを超えると小

第Ⅱ部　弁護士の挑戦

土壌汚染対策前　手前の能勢高校実習農場からも高濃度のダイオキシンが検出された（左手奥は住宅地）。

土壌汚染対策後　法面の土壌をはぎとり，覆土。汚染土壌や高濃度汚染物の処理は極めて困難。

児の土壌接触を防止することとされ，1000pg-TEQ/gを超えると住宅地区では土壌入れ替えや覆土などの対策が必要となるとされていた。そのため，対策が必要となりうる高濃度汚染だとしてマスコミに大きく報道された。

　背景には，1997年1月，厚生省（当時）が焼却炉からのダイオキシン発生抑制対策のために「新ガイドライン」を発表したことがあげられる。日本のゴミ処理の大部分は焼却に頼っており，世界最大のダイオキシン排出国という汚名を背負っていた。遅ればせながらその転換を図ろうとする新政策がこのガイドラインであり，その結果，各自治体は焼却炉から排出されるダイオキシンの測定やダイオキシン抑制対策のための炉の改修や建て替えを迫られることとなった。

　施設組合は当初，ダイオキシン対策であることを伏せたまま炉が古くなったことを主たる理由として焼却炉改修予算を議会で通すとともに，改修対象の焼却炉の排ガスのダイオキシン濃度が緊急対策値の80ng/m^{3}の2.25倍である180ng（ngは10億分の1グラム）であったことを当初大阪府にも報告しなかった。可能な限り情報を隠匿したまま，新しいダイオキシン対策への対応を行おうとしたのである。

　しかし，マスコミが排ガス自体に指針を上回る高濃度ダイオキシンが含まれていたことを大きく報道したことと，地元議員や住民が組合の情報隠匿の姿勢を批判したため，施設組合は「念のために」周辺環境の土壌調査を行って問題の鎮静化を図った。ところが，組合の意図に反して土壌汚染が発見され，その

後の追加調査が必要となった。その結果，5万2000ngという空前の高濃度の汚染が発見されるに至った。それまでは，焼却炉からの土壌汚染は考えにくいとし，安全宣言を行っていた施設組合は抜本的な対策を取らざるを得ない所に追いつめられた。

3 住民運動から公害調停へ

ところで，焼却炉の排ガスに指針値以上のダイオキシン類が含まれ，かつ周辺土壌が高濃度に汚染されているということは，炉が動き始めた1988年から10年近くにわたってこの焼却炉が周辺にダイオキシン類をまき散らしてきたことを推定させる。焼却炉直近には居住者はいなかったが，焼却炉は小高い山の上に立ち，そこからの排出ガスは風に乗ってもっとも近くて500mほど離れた新興住宅街や周辺の農村地帯にまで広がることになる。他方で，能勢町，豊能町，そして施設組合の情報隠匿や危険性を認めようとしない姿勢は，住民からの深刻な行政不信と怒りを呼び起こした。

まず能勢，豊能の町会議員と環境問題に取り組んできた住民らが地元で科学者らを呼んで「ダイオキシン勉強会」を開催するとともに，子供を持つ母親が中心となって直近の新興住宅地の住民がダイオキシン対策を求める署名運動を始めた。

このころから弁護士も住民運動に加わるようになり，これらの住民パワーをしっかりしたダイオキシン対策に結びつけるために，住民による行政交渉を組織的に行う手段として「公害調停」を選択してはどうかとの提案を行った。その理由としては，①ダイオキシン対策は地元の政治問題であり，行政や議会と地元住民とが交渉して解決することでより広範な対策がとられる可能性が高まること，②住民の要求は，土壌対策や健康調査，安全な水の供給やごみ減量政策の実施など多様であり，それらの要求を公害調停においては調停の趣旨として提案することができるうえ，住民や学者による意見陳述も比較的自由であること，③逆に訴訟は，法的な枠組みのもとで，ダイオキシンによる健康リスクの立証や責任を明確化する必要性があり，高度に科学的，法的な論争にならざるをえず，住民が主人公となった交渉とは異質な手続きであることなどである。

こうして，1998年，いくつかの住民グループが合流し，865人の住民（後の追加申請を含めると1000人を超える）らが施設組合，両町，焼却炉メーカーの三井造船などを相手方として，土壌の浄化などの対策を求める公害調停を大阪府公害審査会に申請した。

4 調停の内容

2000年7月14日，2年間に28回という調停を経て，次の調停条項がまとまった。

①両町および施設組合は，2006年3月末をめどに，現地のダイオキシン汚染物を安全に撤去，処理すること（汚染除去対策の実施）。
②両町および施設組合は，周辺環境の調査や周辺住民の健康調査を継続的に実施すること（環境・健康影響の長期モニタリング）。
③両町および施設組合および焼却炉メーカーは，施設周辺の農地や近郊住宅地に対して，土壌や水質汚染対策を実施すること（地元対策の実施）。
④両町，施設組合は地元住民の代表者が入った対策協議会を設置して上記対策について協議に基づいて進めること（地元協議機関の設置）。
⑤両町および施設組合は，ごみ減量化計画に基づいて2005年3月末までに一般廃棄物の発生量を98年度の50％に減量すること（ごみ減量化対策）。
⑥対策費用の一部を焼却炉メーカーと関連会社が負担すること。

しかし，合意に至る道は険しかった。何よりもダイオキシン類という目に見えない物質の危険性について，住民と行政との間に大きなギャップがあり，その結果，計画する対策の範囲や程度にも違いがあった。

そもそもダイオキシン類は強い毒性を持つが，土壌の高濃度汚染といえども，人がそれをそのまま摂取するわけではないから，汚染はただちに生命の危険につながるものではない。しかも，ダイオキシン類による被害は，数十年後の発がんの可能性や生殖機能の低下という長期慢性毒性の問題である。一体，どれくらいのダイオキシン類がどれほど危険で，どれだけの費用をかけてどのような対策を取ればいいのか，という具体的問題となると議論は錯綜した。

たとえば，対策の予算措置が必要となる行政は，土壌汚染対策が必要となる

目安として1000pg-TEQ/gを主張した（実際，後日，市街地の土壌汚染の環境基準値となった）。そうすると，住民からはなぜ900pg-TEQ/gの汚染なら安全だと言えるのか，という反論がなされた。住民は，「安全だけでなく安心」を求めているのに対して，行政やメーカーは，リスクを現時点での科学によって評価し，「安全」な範囲内へのリスク低減対策で十分であると考え，両者が対立するのである。

　汚染という事実に争いはなく，何らかの対策が必要であることについてはコンセンサスがある中，公害調停は，住民と行政とのギャップを埋めるのに適切な手続きであった。住民は主体的に専門家の意見を聞きながら学習して提案を積極的に行い，行政，メーカー側もそれぞれ弁護士や科学技術の専門家を入れて反論しつつも対策の在り方を模索した。弁護士と科学者からなる調停委員は，休日に現地を訪問するなど意欲的に事実を調査し，調停案をとりまとめていった。調停をまとめる原動力は，マスコミ報道を武器とした世論の後押しと1000人を超える地元住民による調停という，地方自治体や焼却炉メーカーとして無視し得ない数の力だった。このような手続における住民側の弁護士の仕事は，住民の要求を難しい法的書面にまとめて弁論を行うという伝統的スタイルとは大きく異なってくる。弁護士は，住民パワーを具体的実現可能な要求にまとめて，政治的な協議手続の土俵に乗せるとともに，科学者や医学者などと住民をつないで，その学習を助け，より成熟した判断を促すとともに，行政やメーカー側の代理人との協議を通じて，ぎりぎりの政治的妥協点を探っていくコーディネーターの役割を果たしたといえよう。

4　調停後の課題

1　無害化処理の困難さ

　調停は成立したものの，肝心の汚染土壌や高濃度汚染物をどこで無害化処理するかをめぐっては，混迷が続いた。能勢の汚染物の一部が豊能で処理されることが計画されれば，豊能の当該地区住民が反対運動を提起し，東京都の品川の民間施設で処理されることが報道されると品川で反対運動が起こるといっ

た，住民間での処理リスクの「押し付け合い」が生じてしまった。自分たちの町から出たゴミから出たダイオキシン類は基本的には地域内で処理せざるを得ないという環境倫理は，自分の地元での処理は絶対反対という地域住民の「エゴ」の前では無力だった。また，各地でダイオキシン類対策のための焼却炉の改修や新設が進み，ダイオキシン類の発生抑制が進展する中で，ダイオキシン類に対して過剰なまでの反応を示していたマスコミや世論は急速に冷却した。結局，高濃度汚染物の一部は町外で処理されたが，残念ながら調停での処理期限までにダイオキシンの無害化処理は完了しなかったため，調停条項の履行勧告を求める申立が提起され，本章執筆現在まで続いている。なお，これまでの対策費用の総額は約60億円と言われている。

2　人体被害の判明

焼却施設の排ガスに高濃度のダイオキシン類が含まれ，それが周辺土壌に長期間にわたって飛散したということは，その施設で働いていた労働者は，高濃度のダイオキシン類に暴露した可能性が高いことを示す。そこで，公害調停弁護団では，豊能美化センターで働いていた労働者のうちA氏とB氏およびその妻について，摂南大学薬学部の宮田秀明教授の協力を得てダイオキシン類の血中濃度測定を行った。その結果，2人とも同じ食事を摂取している妻よりも顕著に高いダイオキシン類を体内に蓄積していることがわかった。その後，労働省もより大規模な調査結果を発表したが，それによれば血中濃度の最高値は焼却炉内での清掃作業に頻繁に従事していた労働者の633pg-TEQ/gであった。これは通常人の20倍から30倍という高濃度汚染がもたらされていたことを意味する。またこの労働者を含む8名から200pg-TEQ/gを超える血中濃度が検出された。

　焼却施設で働いていた労働者のダイオキシン類による体内汚染は，マスコミにも大きく取り上げられ，公害調停を行っていた地元住民らに大きな衝撃を与え，対策を求めるエネルギーの源泉ともなった。行政や焼却炉メーカーが上述した公害調停に合意し，総額60億円にのぼる対策がとられることになった背景には，人体被害が，人体汚染の抽象的な危険だけでなく，高濃度ダイオキシン

類による体内汚染として現実化していたことがある。

3 何が被害にあたるのか

では人体汚染を受けた被害者の被害とは何なのであろうか？ それが次に被害者および弁護団に突きつけられた問題だった。

労働者のうちA氏は本件施設で働き、退職した後、大腸癌と直腸癌にり患していた。またB氏は顔面に相当数の黒いニキビ状の皮膚症状があった。しかし、焼却施設でのダイオキシン類暴露は証明できたが、そのことと発癌や皮膚症状との因果関係の立証は、困難が予想された。2人は施設で雇用された労働者であるから、業務遂行中に業務上の有害物質への暴露によって病気にり患したとすれば、労災補償を受けることができる。そこで、2人は、1999年3月に労災申請を行ったが、いずれも因果関係不明として却下された。

そこで1999年12月、A氏とB氏を含む血中から高い濃度のダイオキシン類が測定された6人の労働者が原告となって、施設組合、能勢町、豊能町、三井造船（焼却炉メーカー）、国らを相手取って損害賠償請求訴訟が提起された。

このうち、A,Bの両氏については、損害について大腸がんとクロルアクネ（ダイオキシン類暴露による典型的な皮膚症状の1つ）についても主張し、世界的なダイオキシン類研究の権威であるテキサス大学医学部のシェクター教授に依頼して、その意見書も提出した。しかし、主たる損害としては、高濃度ダイオキシンを体内に蓄積させられ、通常人よりも高い健康リスクを今後の人生において負い続けること自体、つまり健康リスクそのものを「被害」であると構成した。これは、アメリカでは「暴露後発症前被害」と呼ばれる訴訟類型であり、多くの裁判例がある。しかし、日本ではまだほとんど例を見ない訴訟であった。

ところで、健康リスクを被害と見るアメリカでの考え方にもいくつかの類型がある。1つは、健康リスクが増大したことについての恐怖を中心とする精神的損害である。たとえば、過剰な放射線暴露によって将来がんになるという立証とは別に、仮に発がんの蓋然性自体は不明だとしても、放射線暴露によって健康リスクが増大したこと自体で精神的苦痛を被ったという主張である。恐怖の慰謝料を認めるわが国の法体系上も認められやすい議論である。

第Ⅱ部　弁護士の挑戦

焼却施設労働者のためのダイオキシン110番

　別の考え方は，損害の発症の確立と発症した場合の損害との積，つまり発症していない現時点での発症の期待値をもって健康リスクの損害とらえる考え方である。確率論に基づくものであって，数学的には筋が通っている。しかし，違法な侵害行為から負の結果が発生したかどうかは，シロかクロかの二者択一であり，それを高度の蓋然性という基準をもって証明するのが訴訟活動であるという伝統的な日本の司法の枠組みからすれば，シロからクロまでの間のグレーの部分にも段階的に損害を認めるという確率的損害論は受け入れられない。また，実務的にも，発症の数値的確率を明らかにすることはきわめて困難である。

　さらに，健康リスクが高くなった場合の被害を，それ以前と暴露後との健康管理コストの差としてとらえる「医療モニタリング費用」を損害としてとらえる訴訟がある。アメリカにはクラスアクションという集団訴訟があるため，個々には少額の訴訟であっても，多数の者が提訴に加われば，救済の実効性があがる。そこで，同時に多数の者が危険な物質等に暴露を受けた事案において，医療モニタリング費用を損害として請求することが行われるようになった。

　このように，ダイオキシン問題は新しい問題だけに，弁護団は日本およびアメリカのダイオキシン研究者や法理論を研究しながら訴訟を運営していった。特に損害論については手探り状態であった。損害を項目別に積み上げていく議論としては，ダイオキシン類の体外排出方法についてはいまだ確たる研究がなく，原告らが日常的に排出促進をするための特別な健康食品の費用がかかることや，通常人よりも高い頻度での健康診断の必要性があることなどを具体的に主張する必要があったが，額としては小さなものであった。他方で包括的な請求としては，ベトナム戦争の枯葉剤に含まれたダイオキシン類を原因とする発

がんや催奇形性などが知られているわが国において，ダイオキシン類の高濃度の体内蓄積についての恐怖は十分な根拠があるものであり，特に今後，結婚し，子どもをもうけていく青年にとっては（被害者のうち最高濃度の蓄積者は20代の独身男性であった）深刻な問題であることを強調した。

5 和解と基金の設立

結局，2003年に訴訟は焼却炉メーカーが原告らに対して3000万円を支払うという和解で終了し，健康リスクについての「損害論」の司法判断を得ることはなかった。しかし，和解金によって，原告らの健康リスクを将来にわたってモニターし，低下させたり，ダイオキシン類と健康被害との調査研究を援助するための総額1000万円の小さな基金が作られ，その後，カネミ油症におけるダイオキシン類の胎児への影響などの調査等に役立った。

暴露自体はあっても損害が確定できないという難しい訴訟でありながら，相当額の和解金を引き出すことができた原動力は，地元で公害調停団が結成されていたという運動の力と，日本初の高濃度ダイオキシンによる人体被害に対する世論の注目だった。と同時に，戦術的には，暴露だけでは損害賠償は行いにくいという企業の考え方に対して，被害補償に基金の設立を組み合わせることで，和解金を拠出しやすくする条件を作った面もある。

個々の被害救済資金の一部を再発防止や将来の公害問題への取組の費用の一部に充てるという公害訴訟の伝統は，能勢の労災訴訟にも引き継がれたのである。

【裁判例】
札幌地判平14・12・27判例集未登載
東京地判平16・3・17判例集未登載
大阪地判平18・12・25判時1965号102頁（看護師化学物質過敏症訴訟）
大阪地判平20・9・18判時2030号41頁（寝屋川廃プラ処理施設操業差止訴訟）

【参考文献】
日本弁護士連合会『化学汚染と次世代へのリスク』（七つの森書館，2004年）

第14章

大阪・泉南アスベスト国家賠償訴訟

伊藤　明子
弁護士・兵庫県弁護士会，
大阪じん肺アスベスト弁護団

　大阪・泉南地域では，約100年に亘って石綿紡績業が発展し，その中で労働者のみならず家族や近隣住民など地域ぐるみのアスベスト被害が早くから広範かつ深刻に進行した。国は，戦前に大規模な労働衛生調査を行い，泉南地域の劣悪な労働環境と甚大な被害発生を把握していたが，アスベストの経済的有用性を最優先して，その規制や対策を長期間に亘って放置してきた。
　2010年5月19日，大阪地方裁判所は，全国で初めてアスベスト被害に対する国の不作為責任を追及した「大阪・泉南アスベスト国家賠償訴訟」において，国の責任を正面から認める画期的な判決を下した。

1　大阪・泉南地域のアスベスト被害の歴史と特徴

1　「労災」から「公害」へ

　2005年6月，兵庫県尼崎市の大手機械メーカー株式会社クボタは，過去に工場で79人の労働者等がアスベストが原因と見られる悪性中皮腫で亡くなっていたこと，付近住民にも5人の中皮腫患者が発生していること（うち2人は死亡）を明らかにした。アスベストが建材などにも大量に使われてきたことから，身近にあるアスベストによる被害発生に日本全国が衝撃を受けた。「クボタショック」と言われている。
　この報道をきっかけに，日本各地でアスベストによる健康被害が取り上げられている。今後，中皮腫による死亡者数は全国で10万人に達するとも予想され

第14章　大阪・泉南アスベスト国家賠償訴訟

年　表

1907年	泉南で栄屋石綿が操業開始
1931年	英国：アスベスト産業規則制定
1937～40年	助川医師らによる保険院調査
1947年	旧労働基準法制定
1949年	アスベスト輸入再開
1960年	旧じん肺法制定
1965～70年	（経済成長に比例してアスベスト輸入量増加）
1971年	旧特定化学物質障害予防規則制定
1972年	WHO・ILO：アスベストの発がん性警告
1974年	アスベスト輸入量第1ピーク
1980年頃	泉南地域の石綿紡織品全国シェア約80%
1983年	アイスランド：アスベスト全面使用禁止
1986年	ILO：青石綿使用禁止提唱（日本は批准せず）
1988年	アスベスト輸入量第2ピーク
1995年	青石綿・茶石綿使用禁止
2004年	白石綿原則使用禁止
2005年	クボタショック（6月）
	泉南最後の石綿工場が閉鎖（11月）
2006年	大阪・泉南アスベスト国家賠償訴訟提訴
	アスベスト全面使用禁止
2010年	勝訴判決（第1陣・第1審）

るなど，その深刻さ，広範性はとどまるところを知らない。ことに，被害者はアスベスト関連事業所の労働者だけではなく，その家族や周辺住民にも及んでおり，まさに「労災」から「公害」へと様相を変えている。

本章では，日本のアスベスト被害の原点とも言える大阪・泉南地域（大阪府泉南市・阪南市を含む地域）における大阪じん肺アスベスト弁護団の取り組みについて，国の責任追及（国家賠償請求訴訟）を中心に紹介する。

2　地域ぐるみの被害

大阪・泉南アスベスト国家賠償訴訟の原告である南和子さんの父親・故南寛三さんには，アスベスト関連の職歴がない。アスベスト工場の隣の農地で長年農業に従事する中でアスベストに曝露し，アスベスト肺（石綿肺）を発症した。故寛三さんは，アスベスト肺でもがき苦しみながら13年間の寝たきり状態を強

第Ⅱ部　弁護士の挑戦

マスクもせず，素手で混綿作業をする男性（1970年代後半）

幼稚園のすぐ裏にも石綿工場があった

いられ，『この苦しみを訴えたい』と言い残して亡くなったと言う。

　原告の岡田陽子さんは，家族ぐるみでアスベスト被害を受けた。両親がアスベスト工場で働いている間，赤ちゃんだった岡田さんは，アスベスト工場の中で，材料を入れる大きなかごに入れられて，じっと座っていた。岡田さんの頭にアスベストの真っ白なほこりがつもっているのを見た母親は，岡田さんにそっと帽子をかぶせたと言う。岡田さん一家は，父親が肺がんで死亡し，母親もアスベスト肺に，そして岡田さん自身もいま酸素吸入が必要な生活を強いられている。

　大阪・泉南地域では，このような家族ぐるみ，地域ぐるみのアスベスト被害が長期間に亘って放置され続けてきた。その被害の一端は，2005年のクボタショックを契機に，ようやく顕在化し始めたが，全貌は明らかになっていない。アスベスト工場で働いていた原告には，配偶者や両親，兄弟姉妹，また工場の同僚や工場経営者など多くの親族・知人が肺疾患で亡くなったという人が何人もいるのである。

3　アスベスト紡織業の集中と被害発生の構造

　大阪府の最南，和歌山県と境を接する大阪・泉南地域は，古くから紡績業や織布業が盛んな地域であった。

　泉南地域のアスベスト紡織業（アスベストと綿を混ぜて糸や布にするというもの）は，こうした紡織技術を背景にして，1907年，「栄屋石綿」がこの地に創業し

たことに始まったと言われている。以後，2005年11月にすべての工場が生産を中止するまで実に約100年間に亘ってアスベスト製品の生産が続けられてきた。

アスベスト紡織業は，戦前は，軍艦製造など軍備拡張の中で軍需産業として発展し，なかには戦闘機を寄付するなどの隆盛を誇った工場もあった。戦後も，アスベスト紡織品は，自動車ブレーキ用，ビル冷暖房工事用，その他機械器具の耐熱，断熱，摩擦部品などとして利用され，高度経済成長とともに年々生産量を増加させた。とりわけ，泉南地域では，1970年代には，原料から糸，布を製造するアスベスト紡織の一貫工場だけでも60数社，下請け，家内工業などを入れると実に200社以上を数え，全国一のアスベスト工場の集積地となった。最盛期には，泉南地域のアスベスト紡織品（アスベスト糸，アスベスト布）の生産額が全国シェアで約80％を占めた。

しかし，泉南地域のアスベスト工場はクボタなどとは違って極めて小規模で，最大でも従業員数は40人程度，ほとんどが10人以下の中小零細工場であった。アスベスト製品は，自動車や造船など基幹産業にとってなくてはならない製品であったが，その生産は，こうした中小零細工場によって担われていたのである。そして，基幹産業の華々しい発展の陰で，中小零細のアスベスト工場の現場では凄まじいまでの健康被害が発生し，それが長期間に亘って放置され続けてきた。まさにこれが泉南地域のアスベスト工場の実態であった。ここにもまた，日本特有の労災と公害発生のメカニズムが存在していたと言える。

加えて，泉南地域では，アスベスト工場が，住宅や農地と混在して存在し，工場のすぐ近くには社宅も存在していた。中には，狭い地域に多くのアスベスト工場が立地し，通称「石綿村」と言われたアスベスト工場の密集地域もあったと言う。アスベスト工場周辺のアスベスト飛散の状況については，「……アスベスト工場の近くに田んぼがあり，畦（あぜ）道がすごいアスベストで真っ白になっていた。」と指摘されるほどであった。こうした泉南地域の工場立地の有り様もまた，工場内はもとより，労働者の家族や工場近隣にもアスベスト被害が拡大し，いわば家族ぐるみ，地域ぐるみの被害といわれる泉南地域のアスベスト被害の要因となったのである。

4 長期,広範,深刻なアスベスト被害

　泉南地域の深刻なアスベスト被害は,早くも今から70年前に科学的に詳細に調査され,その実態,原因等が明らかにされていた。すなわち,1937年から1940年にかけて行われた旧内務省保険院社会保険局（現在の厚生労働省の外局）の医師らによるアスベスト被害の労働衛生調査（以下「保険院調査」という。）がそれである。

　この保険院調査は,イギリスやアメリカなど海外でのアスベスト肺の調査報告や研究の進展を受けて,日本におけるアスベスト肺の存在,発生要因,症状,被害状況等を疫学的・臨床的に調査し,予防対策の参考にするという目的で,泉南地域を中心とするアスベスト紡織工場など19工場,1024人を対象として実施された。調査団は,肺レントゲンの読影など各分野の当時の最高レベルの医師らによって組織され,調査の規模や内容も諸外国のアスベスト関連疾患の調査研究にひけを取らない本格的なものであった。70年も前にこうした本格的な調査研究が国の機関によって行われたということ自体,泉南地域では,すでにかなり前からアスベストによる健康被害が深刻に進行していたことを推測させる。調査結果もまた,凄まじい被害発生を裏付けるもので,1940年報告では14工場,650人のX線検査等の結果として,アスベスト肺罹患率が12.3％であったとされている。勤続年数別罹患率は,勤続年数が長くなるとともに増加し,3～5年で20.8％,5～10年で25.5％,10～15年で60.0％,15～20年で83.3％,20～25年では実に100％であると報告されている。まさに,凄まじい被害発生と言わざるを得ない。

　戦後においてもこうした被害発生は続き,それは1952年以降継続的に行われた被害実態調査によっても明らかにされている。1957年の泉南地域など32工場814人に対しての検診においても,アスベスト肺罹患率は10.8％とされ,勤務年数とアスベスト肺患者数との関係でも,10～15年は50％,20年以上は100％とされている。その後の調査でもほぼ同様の結果が報告されており,1972年度環境庁公害調査研究は,泉南地域でアスベスト労働者のアスベスト肺が長期に高率に発生していること,泉南地域のアスベスト肺,肺がん合併症が増加していること,それ故退職者及び家族や付近住民の広範な疫学的調査が必要である

ことなどを指摘している。このように泉南地域のアスベスト被害は戦後も途絶えることなく，長期に深刻に進行していたのである。

泉南地域のアスベスト被害は，生産が中止された現在も広範に進行していることが明らかになっている。2005年11月から，大阪じん肺アスベスト弁護団と現地の「泉南地域の石綿被害と市民の会」，大阪民主医療機関連合会の医師などが協力し，現地で数回に亘って医療・法律相談会を実施したところ，約200人が検診と相談に訪れ，そのうちレントゲン検査によってアスベスト関連疾患（疑いも含む）が認められた者は半数近くに及んだ。現在も，日常的に弁護団や「市民の会」への相談が続いており，泉南地域のアスベスト被害が，今なお広範かつ深刻に進行していることは確実である。

2　国家賠償訴訟の内容と争点

1　訴訟の概要

前述のような被害の掘り起こしを経て，2006年5月26日，泉南地域のアスベスト被害者とその遺族8人は，全国に先駆けて，国の責任の明確化と全面的な被害救済を求める国家賠償訴訟を大阪地方裁判所に提起した。その後も追加提訴を重ね，また提訴後に亡くなった原告の訴訟を遺族が引き継ぐなどして，2010年6月現在，第1陣訴訟原告31人，第2陣訴訟原告17人が闘っている。本件訴訟の被害者らは，元従業員，近隣住民，近隣作業者，元従業員の家族などであり，泉南地域のアスベスト被害を象徴する者たちである。冒頭で紹介した岡田さん一家のように家族ぐるみの被害者も存在し，元従業員のなかには，長期間同じ工場に勤務していた者もいれば，複数の工場に勤務した者もいる。さらに，被害者の病名も，アスベスト肺，びまん性胸膜肥厚，肺がん，中皮腫など多様なアスベスト関連疾病を含んでいる。

本件訴訟は国家賠償法1条1項に基づき，国の責任を問う裁判である。すなわち，国には，アスベスト被害を予見し，回避することが可能であったにもかかわらず，規制権限を行使しなかったという「不作為」の違法性があり，その結果，原告らに発生した生命・身体的損害，財産的損害，精神的損害等を賠償

する責任がある。原告らは、これまでのじん肺訴訟の判決にならい、賠償金として1人一律3300万円（死亡者は4400万円）を請求している。

2　争点①――予見可能性

本件訴訟の主要な争点の1つは予見可能性の時期と対象である。

すなわち、前述のとおり、泉南地域のアスベスト被害は、すでに70年も前に、国自身の手によって詳細な調査が実施され、その後も繰り返し各種調査によって深刻な被害の進行が確認されてきた。そればかりか、すでに戦前の「保険院調査」においても、被害発生の要因が勤続年数と濃度にあることが明らかにされ、具体的な対策として、集じん機の設置など作業室の合理的改善、大量の粉じんに曝露する作業工程での連続作業の禁止、併せて労働者各自が保護具の着用など予防措置を実行するように保健思想を普及すること等が提案されていた。さらには、アスベスト工場は作業の本質上粉じんが多量に発生し、衛生上有害工業に属するものであり、法規的取締りを要するなどとして、この時点ですでに法律による規制の必要性が指摘されていた。つまり、国は、戦前から泉南地域の深刻なアスベスト被害を把握し、その対策の必要性も法律による規制の必要性すらも認識していたのである。したがって、国には、「保険院調査」の報告がなされた1940年の時点で、アスベストによる健康被害について十分な予見可能性があったというべきである。

ところが、国は、病理解剖や診断基準の確立がない限り予見可能性があったとは言えないなどとして、その対象を極めて限定的に捉え、またアスベスト肺と肺がんでは予見可能性が異なると反論している。

しかし、被害を予防するためには、アスベストによって健康被害が発生することを認識できれば必要十分であり、国の反論は、疾病の種類や発症のメカニズムが解明されない限り、対策を実施できないと言うに等しい。

3　争点②――規制権限とその不行使

国の規制権限については、憲法13条等から直接的に引き出すことができることはもちろん、国民の健康で文化的な生活を営む権利を保障した憲法25条や賃

金，就業時間その他の労働条件に関する法定保障を規定した憲法27条2項などを受けて制定された旧労基法（1947年制定），旧じん肺法（1960年制定），労働安全衛生法（1972年制定），改正じん肺法（1977年制定）などの労働関連法規から根拠付けることもでき，大気汚染防止法（1968年制定，1970年改正）も根拠法令になり得る。国は，これらの根拠法令に基づき，アスベスト工場の労働者やその家族，周辺住民等に対してのアスベストの危険性を告知し，事業者に除じん装置付き集じん機の設置などによるアスベスト粉じんの飛散防止や厳重な取り扱いを義務づけ，あるいは粉じん飛散の激しい作業現場での作業時間を短縮させ，さらにはアスベストの使用や輸入を禁止するなど，あらゆる被害防止対策を実施することが強く求められていた。さらに，アスベストという物質の毒性に着目すれば，「毒物及び劇物取締法」（1950年制定）を，国の規制権限を根拠づける法令と位置づけ，同法においてアスベストを「劇物」として指定し，輸入・使用の制限や厳格な管理使用，危険性の告知をすることもできた。

　これに対して国は，その時々に必要な対策を行ってきたとか，原告側の主張するような工学的対策は，技術面あるいはコスト面から不可能であったなどと反論している。しかし，国は，戦前から法規制や防止対策の実施が強く要請されていたのであるから，あらゆる法規を駆使して，実効性のあるアスベスト被害対策をとる必要があった。凄まじいアスベスト被害の実態が明らかになっている以上，工学的技術が未熟であればそれを開発することこそが求められていたのであり，コストを理由に不可能を主張する国の姿勢は，やる気がなかったことを自認するものである。

　わが国が如何にアスベスト対策を怠ってきたのかは，欧米諸国と比較すればより一層明らかである。欧米諸国では，アスベストの健康被害に関しては，遅くとも1900年ころにはその発生が問題となり，当初はアスベスト肺に関し，続いて発がん性に関し，医師や労働監督官らによって続々と報告がなされた。そして，1930年代から，作業工程の密閉，湿潤化，作業場の隔離，除じん装置付き局所排気装置，防じんマスク等による多角的，総合的な粉じん防止対策が講じられるようになった。たとえば，イギリスでは，1930年の詳細なアスベスト紡織業での被害実態調査を受けて，早くも1931年には，アスベスト産業規則が

制定されている。また、ドイツでも、1937年には換気装置の設置を推奨し、その後「肺内アスベストがガンの誘因になることはいささかたりとも疑う余地がない」という指摘を受けて、1940年には、粉じん許容濃度と安全対策を規定した公式ガイドラインを発表し、18歳未満の未成年がアスベスト関係作業に就くことを禁止するという措置がとられたのである。

4　本件訴訟の意義——国の加害責任を明確化することの重要性

　アスベストがいくら「魔法の鉱物」と言われるほど有用で安価であっても、人の生命や健康への甚大な被害が放置されてよいはずがない。アスベスト被害もまた、経済優先のなかで人の生命や健康が犠牲にされ大量の被害者が発生した水俣病や各種じん肺などと同様に、国による長期に亘る経済優先、人命無視の施策の下、規制を怠り、被害発生を放置した結果、引き起こされ拡大された構造的な人権侵害である。とりわけ、前述のように、泉南地域のアスベスト被害については、戦前から国自身による調査を皮切りに、繰り返し繰り返し被害実態を明らかにする調査が行われ、その都度甚大な被害発生が確認され、防止対策の必要性も具体的に指摘され続けてきたのである。アスベスト粉じんの対策は、決して高度の工学的知見を要するものではなく、国にやる気さえあれば容易に可能であったものである。国が、早期に対策を実施していれば、これほどまでのアスベスト被害の発生は抑制できたはずである。

　ところが、国は、何ら必要な対策も講じないまま、というよりも、泉南地域について言えば、国は、大量のアスベスト飛散によって甚大な被害が発生していることを70年も前に十分に知りながら、アスベストの経済的効用を優先させてアスベスト製品の保護育成を行い、あえて飛散防止の不十分なままでの操業を黙認し、そのことが一層の被害拡大をもたらした。敢えて言えば、ここにおける国の責任は、単なる「不作為」による責任というよりも、意図的なアスベスト被害の放置という「作為」によって被害拡大をもたらした加害責任であると言っても過言ではない。そこには、間違いなく重大な国の怠慢が存在していたのである。原告・弁護団は、国は「知ってた」「できた」「やらなかった」を合言葉に、本件訴訟をこのような国の加害責任を問う裁判と位置づけている。

こうした被害発生と被害拡大に対する国の責任を明確にすることは、アスベスト被害者の全面的な被害救済を勝ち取るためにも、また、二度とこうした被害を発生させないための万全な対策を行わせるにも不可欠なことである。国は、アスベスト被害の責任について、内部的な連絡に不十分性があったことなどの不手際は認めているものの、検証は1972年以降に限られ、それ以前に遡っての行政施策に関しては具体的な検討さえ行っていない。国が真にアスベスト被害の根絶に向けて万全な対策を行おうとするのであれば、従来の行政施策のどこに問題があったのか、その原因はどこにあったのかにつき、全面的な検討と責任の明確化が必要不可欠である。過去の被害発生の責任を曖昧にするなかで、将来に向けた真の被害根絶がないこともまた、これまでの公害訴訟やじん肺訴訟の経験が教えてくれている。ここに大阪・泉南アスベスト国家賠償訴訟の重要な意義があると言える。

　加えて、泉南地域のアスベスト工場はいずれも中小零細工場であり、すでに廃業していたり、倒産しているところも多い。クボタなどの大企業によるアスベスト被害と異なり、個別の被害者救済という側面からも国に対する賠償請求が必要である。

　国は、クボタショックを受けて、2006年2月にアスベスト新法を制定したが、救済対象を肺がんと悪性中皮腫に限定しており、近隣住民や事業主のアスベスト肺等の被害救済は置き去りにされてしまった。また給付額も低額に抑えるなど、極めて不十分な内容である。真に「隙間のない救済」を行わせるためには、アスベスト新法を抜本的に見直し、新たな被害救済システムを構築する必要がある。その実現の可否は本件訴訟の帰趨にかかっていると言っても過言ではない。

5　審理の経過と法廷内外の活動

　本件訴訟は提訴後約2年の間に原告側・被告国側の主張が出そろい、2008年7月から1年間かけて計画的に証人尋問を行った。原告側は、まず初めに経済政策学の専門家を申請し、国の産業優先政策の下で泉南地域のアスベスト被害が進行した社会構造を明らかにした。続いて、戦前の保険院調査などアスベス

トの危険性に関する医学的知見と，アスベスト粉じん対策に関する工学的知見について，双方からそれぞれ専門家証人が立ち，争点ごとに集中して尋問を行うことにより，迅速かつ裁判所の理解を深めるよう工夫した。これらの総論的立証を終えた後，個別の被害立証に移り，アスベスト関連疾患についての医師尋問とほぼ原告全員の本人尋問を集中的に行った。尋問ではパワーポイントを活用し，裁判官にも傍聴人にもわかりやすい立証を心がけてた。

裁判では，何よりも裁判官にアスベスト被害の実情を理解してもらうことが重要である。原告側は，毎回の法廷で原告の意見陳述を行ったり，原告の病苦や日常生活を記録した被害ビデオを証拠提出するなど，さまざまな工夫を重ねた。また，法廷は原告団や市民の会，公害患者会，労働組合の支援者など毎回60人程度が傍聴し，このことは裁判官に本件訴訟の重大性を認識させたはずである。

2009年11月11日，本件訴訟は審理を終結した。

その後は，勝訴判決さらには判決後の早期解決へ向けた法廷外の活動を充実させた。地元での集会や出版物の作成，東京の支援者との連携，国会議員への要請，マスコミへのレクチャー。裁判所に公正判決を求める署名は全国から36万筆に上り，毎週の裁判所前での宣伝行動に併せて署名提出を行った。さらには，与党民主党のアスベスト対策推進議員連盟からのヒアリング，超党派の国会議員による判決前の院内集会など，勝訴判決を確信し，判決を契機に早期全面解決を図るためのロビー活動を継続的に展開した。

3　早期全面解決へ向けて——画期的な勝訴判決と控訴に至る経緯

2010年5月19日，大阪地方裁判所は，アスベスト被害に対する国の不作為責任（規制権限不行使）を正面から認め，総額4億3500万円の支払いを命じる原告勝訴の判決を言い渡した。

本判決は，まず，国の不作為について，国がアスベストの危険性を1959年から知っていながら，1960年において「局所排気装置の設置を義務付けなかったこと」及び1972年に「石綿粉じん濃度の測定結果の報告及び改善措置を義務付

けなかったこと」は違法であると認定して，国の不作為責任を認めた。また，判決は，国の責任は，使用者らと共同不法行為の関係にあるとして，一次責任があると判示した。さらに，判決は，「石綿による健康被害が慢性疾患でかつ不可逆的で重篤化する」という被害の重大性を認め，損害額全額の賠償を命じるという極めて重い判断を示した。その一方で，判決は，近隣ばく露等による被害については，不当にも国の責任を認めず，冒頭で紹介した南さん，岡田さんを含む3人の請求が棄却された。

本判決は何よりも，アスベスト被害について，国の責任を初めてかつ重く認めた画期的判決である。判決後の2週間，原告団・弁護団・支援団体（勝たせる会）は，国に控訴断念と早期解決を求める闘いを大規模に繰り広げた。その結果，主務官庁である厚労省，環境省はいったん控訴断念の意向を示し，国が控訴しない場合は原告団も控訴しない方針を固めた。しかしながら，その後，関係閣僚間で激論が交わされ，鳩山首相から一任された仙谷国家戦略担当相（当時）が，短期間で結論は出せないなどとして，最終的に，国は，不当にも控訴するに至った。

この2週間の総力戦で，私たちは間違いなく控訴断念まであと一歩のところまで，国を追い詰めた。国も，控訴したとはいえ，今後も引き続き最終解決を模索するとしており，その意味で早期解決に大きな足がかりを得た。

原告団も全員が控訴し，今後は第2陣訴訟とともに控訴審が係属する。しかし，第1陣訴訟提訴後すでに3人の原告が亡くなり，被害者の多くは高齢化と重篤化に苦しみ，1日も早い救済を望んでいる。私たちは，近隣ばく露を認めなかった点など判決の不十分な点を是正させるとともに，引き続き，政治による早期全面解決を追求していく。

アスベスト被害は，アスベスト製品生産の現場ばかりでなく，流通や消費，廃棄の現場などあらゆる分野で多発しており，首都圏では建設労働者約400名が国とアスベスト建材メーカーに対して損害賠償請求訴訟を提起している。

1980年代，ようやく日本でアスベスト規制が強まる中で，日本から韓国へと輸出されたアスベスト公害は今，中国やインドネシアなどに再輸出されている。今まさに東アジアの国々で，70年前の泉南地域と同じ凄まじい被害が繰り広げ

られているのである。日本は，アスベスト公害の輸出国として，東アジアのアスベスト被害に警鐘を鳴らすことが求められているはずであり，本判決は国際的にも重要な意義を有している。

　日本における今後数十年にわたるアスベスト被害の全面的な救済と万全の被害防止対策，さらには世界的なアスベスト被害対策のため，今後もさらなる奮闘を続けていきたい。

【裁判例】
大阪地判平22・5・19判例集未登載

【参考文献】
大阪じん肺アスベスト弁護団＋泉南地域の石綿被害と市民の会編『アスベスト惨禍を国に問う』（かもがわ出版，2009年）
中皮腫・じん肺・アスベストセンター編『アスベスト禍はなぜ広がったのか』（日本評論社，2009年）

第15章

よみがえれ！有明海訴訟

吉野隆二郎
弁護士・福岡県弁護士会，
よみがえれ！有明海訴訟弁護団

　大規模干拓等を目的にした国営諫早湾土地改良事業により，諫早干潟が潮受堤防によって締め切られた結果，漁獲高の大幅減少，ノリ養殖の大不作の被害が生じた。ノリ不作等対策関係調査検討委員会が，数年の開門調査が望まれると発表したのに，短期間の開門調査後に，工事が続行されたため，漁民等が堤防工事の差止めを求める民事仮処分と民事訴訟を提起した。

　民事仮処分では敗訴が確定したが，民事訴訟では佐賀地裁が5年間の開門を命じる判決を出した。現在，福岡高裁で審理中である。

　この弁護団は，韓国環境府，韓国環境運動連合（KFEM），SBS放送の共催による水環境大賞の国際部門であるガイア賞を受賞した。

1　諫早湾干拓事業の概要

　国営諫早湾土地改良事業（別名，諫早湾干拓事業）とは，諫早湾の奥部3550haを7050mの潮受堤防で締め切り，816haの干拓地と2600haの調整池などを造成する優良農地の造成を目的とする農林水産省の土地改良事業である。

　そもそも1950年代に食糧増産（稲作）を目的として計画された大規模干拓事業であったが，有明海沿岸の漁業者の反対や，減反政策の影響などから，紆余曲折を経た末，1986年，目的に防災（洪水・高潮対策）を加えて，現在の事業がスタートした。

　工事は，1989年ころから始まり，1997年4月14日，「ギロチン」と呼ばれた

第Ⅱ部　弁護士の挑戦

潮受堤防の締め切り（瞬時締切方式：一枚扉体角落とし）が行われ，世間に衝撃を与えた。その後は，締め切られた内側の内部堤防の工事が行われ，2007年11月に工事自体は終了し，2008年4月から営農が開始されている。

潮受け堤防締切り直後——大量に横たわるハイガイの死骸

2　漁業被害の発生

　干拓工事の着工直後から諫早湾内に漁業被害が発生した。諫早湾口で工事のために大量に海底の砂を採ったことなどから，諫早湾内のタイラギは1991年から減少し，1993年から，まったくとれなくなった。有明海の主要魚種であるヒラメ・カレイ・クルマエビなどの底生種も，諫早干潟が稚魚の生息域であったため，工事が進行するに連れて徐々に減少していった。1997年の潮受け堤防による締め切り以降，魚類はさらに減少し，有明海全体の漁獲量はピーク時の半分以下に落ち込み，締め切り後は有明海全体でタイラギがほとんどとれなくなった。

　養殖業であるノリは，2000年12月には歴史的な大不作となった。その後，2002年にも再び有明海全体でノリが不作になった。ノリは養殖業であるため，漁業者が漁期を増やしたり労働時間を増やしたりするような経営努力を行い，売り上げ枚数を確保して，何とか漁業を続けている状況だが，年々廃業する人が増えている。

3 訴訟提起と公調委の活用

1 訴訟提起のきっかけ

2000年12月のノリ大不作のため,漁業者の反対運動が強まり,2001年3月から干拓工事が中断した。事業主体である国(農林水産省)は,ノリ漁業者の反対運動を静めるために,2001年3月にノリ不作の原因究明を目的とする「ノリ不作等対策関係調査検討委員会」(以下「ノリ不作等検討委員会という」)を研究者や漁連会長などを委員として立ち上げた。同委員会は,同年12月に「諫早湾干拓事業は重要な環境要因である流動および負荷を変化させ,諫早湾のみならず有明海全体の環境に影響を与えていると想定され,また,開門調査はその影響の検証に役立つと考えられる。現実的な第一段階として2ヶ月程度,次の段階として半年程度,さらにそれらの結果の検討をふまえての数年の,開門調査が望まれる」という内容の「諫早湾干拓地排水門の開門調査に関する見解」を発表した。この見解に基づき,2002年4月から短期開門調査が行われたが,中期(半年程度),長期(数年)開門調査を行うことなく,2002年8月に国は内部堤防の一部である「前面堤防」工事を再開した。この工事が完成すれば,干拓部分は完全に陸地化してしまい,干潟部分の再生は完全に不可能となる(第2のギロチン)。この工事を止めるために,福岡県有明海漁連は2002年9月に福岡地方裁判所に工事差止めの仮処分を申請した。

2 訴訟提起までの取り組み

前面堤防工事の強行と福岡県有明海漁連の提訴をふまえ,より広い世論を結集すべく,漁民と市民が共同して原告となる大規模な訴訟を目指し,2002年10月から原告団の募集を開始した。「宝の海」と言われた有明海の豊かさを取り戻したいという願いから,裁判の名称を「よみがえれ!有明海訴訟」と名付けた。工事が進行していることや,福岡県有明海漁連の仮処分に遅れることはできないことから,裁判を進行させながら原告を拡大するという方針で,同年11月26日に佐賀地方裁判所に内部堤防工事の差止めを求める民事訴訟(漁民原告

と市民原告）と民事仮処分（漁民原告のみ）の２つを同時に提訴した。同年12月27日に第２次提訴を行った（第２次提訴までで漁民105名，市民506名）。その後も随時追加提訴を行い，原告を拡大していった。以下，佐賀地方裁判所の裁判を「本件裁判」という。

3　公害等調整委員会の活用

弁護団が本件裁判の最大の争点になると考えたのは，干拓工事と漁業被害との因果関係であった。その因果関係の論点を専門的な観点から迅速に審理するために，公害関係のADR（裁判外紛争解決手続）で，公害紛争について迅速かつ適正な解決を図ることを目的とする公害等調整委員会（以下「公調委」という。）を利用することとした。さらに，公調委においては，因果関係のみを判断する「原因裁定」手続きを利用することにし2003年４月16日に有明海沿岸４県から17名（当初19名）の漁業者の原因裁定を申請した。

原因裁定の手続は東京で行われるため，東京における本件裁判の支援活動の核にすることができた。また，原因裁定を行うにあたり，諫早湾干拓工事の中止を目的とする裁判をすでに行っていた他の団体（ムツゴロウ裁判，森裁判）とも結集して弁護団を結成することができ，諫早湾干拓事業の中止を求める運動を統一の方針で行える基礎を築くことができた。

4　訴訟上の問題点とその克服

本件裁判は，すでに90％以上完成している国の大規模公共工事を短い審理期間でストップしようとするものであることから，勝利へはかなりの困難が予想された。

本件裁判において，国は当初から，潮受け堤防で締め切った後の内部堤防の工事を止めることは意味がない旨の主張をしていた。福岡地裁は，この国の主張を全面的に採用して，2004年１月７日に，福岡県有明海漁連の仮処分を却下した。その後，弁護団は，佐賀地裁の仮処分と民事訴訟において請求の趣旨を，干拓工事を全体の差し止めを求める内容に変更し，干拓工事を１つ１つの工事としてばらばらに考えるのではなく，工事を全体としてとらえるような主張に

組み立て直した。

　また、潮受け堤防による締め切りと漁業被害発生との間の因果関係については、科学的な議論を理解する必要があるため、主張を整理するだけでもかなりの困難さがともなった。この点については、原因裁定を行う中で、多くの研究者と知り合い、そのアドバイスを受けられる体制を確立したうえで、原因裁定における議論の内容を裁判所に提出することで克服していった。

4　工事中止を命じた仮処分決定と高裁の取消決定

1　画期的な仮処分決定

　2004年8月26日、佐賀地裁は、工事の中止を命じる仮処分決定を下した。提訴から1年9ヶ月余りの審理で、すでに94％以上が完成した2500億円の国家プロジェクトをストップした仮処分決定は画期的なものだった。国は裁判所の命令に従い直ちに工事は中断した。

　弁護団は、このような決定を勝ち取るためにさまざまな工夫をした。

　例えば、佐賀地裁は小規模な裁判所であり、民事裁判も仮処分も同じ裁判官が担当していたので、民事裁判の弁論期日において、毎回、漁民原告の意見陳述を行い、漁業被害の深刻さを法廷で訴え続けた。

　また、因果関係の議論については、同年4月～6月に行われた公調委での研究者の参考人（証人）尋問の結果を佐賀地裁の民事裁判に提出し、因果関係の議論で国を圧倒していることを伝えるなどの工夫をした。

　さらに、運動面では、ノリ不作等検討委員会の見解で述べられた中・長期開門調査の実施を求める決議を行うように福岡県・佐賀県・熊本県の3県議会に働きかけ、決議を勝ち取ることができた。2003年5月11日に農水大臣は中・長期開門調査を行わないことを表明したが、3県議会の決議を無視したこの対応に世論の批判が集まり、そのことが上記の工事中止を命じる仮処分決定を出す後押しになった。同決定においても、「債務者（国）は、自らノリの不作等の原因を調査する方法等について提言を受けるべく、ノリ不作等検討委員会を設置し、同委員会が『諫早湾干拓地排水門の開門調査に関する見解』において、

可及的中,長期の開門調査を提言し,同調査は本件事業による影響の検証に役立つとしたにもかかわらず,債務者(国)は未だかかる中,長期開門調査を実施していない状況であり,その経緯に鑑みれば,むしろかかる提言に沿った中,長期開門調査が行われないことによって事実上生じた『より高度の疎明が困難となる不利益』を債権者らのみに負担させるのはおよそ公平とはいいがたい」と述べられている。

このように世論の支持を得て仮処分決定を勝ち取ることができたが,その勢いで一気に政治解決をすることができなかったため,その後,国に巻き返しを許すことになった。

2　福岡高等裁判所の仮処分取消決定と原因裁定の敗訴

国は,この工事差し止めを認めた仮処分決定を不服として,福岡高等裁判所に抗告した。2005年5月16日に福岡高裁は,「工事と漁場環境の悪化との関連性は否定できないが,その割合・程度という定量的関連性を認めるまでにいたらない」などと,干拓事業と有明海の漁業被害との因果関係について定量的な証明まで必要だと因果関係の証明のハードルを高くして,仮処分を取り消した。そのため,約9ヶ月中断した工事は再開された。この決定に対して,弁護団は,原因裁定の結論をふまえて逆転することを考え,最高裁に許可抗告を行った。

しかし,同年8月30日,公調委は原因裁定において,公調委自らが選任して因果関係について十分な検討を行わせた専門委員の報告書の内容を後退させ,干拓事業と漁業被害との因果関係を証明不十分として棄却した。専門委員の報告書では,「諫早湾内及びその周辺での底質及び底層水に関しては,明確に論じることができる。……諫早湾が締め切られたことにより,近傍場では潮流速が減少し,そのため同海域の成層度が強化され,干潟浅海部の消失の効果とあいまって,そこに生息する生物の酸素消費速度が酸素供給速度を上回り,底層水の貧酸素化及び底層の嫌気化に加え,場合によってはヘドロ化が起こり,底生生物にとっての生息環境が悪化したと考えられる」と諫早湾近傍については,締切りと漁業被害の原因となる環境変化との因果関係を明確に認めていた。公調委の結論は不当なものだったが,この手続において作成された専門委員報告

第15章　よみがえれ！有明海訴訟

書は，後に佐賀地裁の民事訴訟の判断に影響を与える重要な証拠になった。

さらに，同年9月30日，最高裁は「本件仮処分命令の申立ては，潮受堤防が諫早湾を締め切っている現状において，大部分は陸上の工事として予定されている残工事の差止めを求めるものであるとこ

抗議行動

ろ，このような残工事の続行が，抗告人らに著しい損害又は急迫の危険を生じさせるものであること，すなわち保全の必要性の疎明もないといわざるを得ない」という理由で抗告を棄却して漁民側の敗訴が確定した。このような決定が出たため，工事の差し止めを求めることは極めて困難になった。

5　潮受け堤防の開門請求訴訟とその判決

1　福岡高裁での敗訴後の体制の立て直し

福岡高裁，公調委での敗訴は，有明海の漁民全体に衝撃を与えたが，その衝撃は，あきらめではなく，不合理な結論に対する怒りに変わった。それまで国は干拓事業の影響は諫早湾内にとどまると言い続けていた。福岡高裁も公調委も干拓事業と漁業被害との関係を否定することはできなかった。しかし，福岡高裁は立証のハードルを上げることによって漁民側を負けさせた。その理不尽さが，漁民全体の怒りに火をつけたのである。この漁民の怒りを結集するため，高裁決定後に，佐賀地裁の工事差し止めの民事訴訟の追加提訴を行う大規模な運動を行い，その結果，漁業者とその家族を中心とした1600人以上の追加提訴がなされ，最終的には原告は2503名にまで増えた。

国は，福岡高裁及び公調委の結論をふまえて佐賀地裁の審理終結を求めた。しかし，漁民を中心とした大量の追加提訴によって，国の圧力を跳ね返すこと

223

ができ，それまで公調委の結果待ちになっていた佐賀地裁の工事差し止めの民事訴訟は，実質的な審理に入ることになった。

2　佐賀地裁の審理の経過

2006年2月3日から8期日に及ぶ研究者証人（原告申請6名，国申請1名）の集中証拠調べが行われた。工事の完成が近づいたことから，民事訴訟の請求の趣旨を，主位的には潮受け堤防の撤去，予備的に南北排水門の常時開放（開門）に変更した。漁業被害の主たる原因は締め切りだったので堤防を撤去するのが筋だとは思ったが，撤去の実現の困難性や，短期開門調査の時にタイラギなどの漁業資源が一部回復していたことから，少なくとも開門ができれば漁業被害の回復には役立つとの判断で開門を予備的に請求することにした。

翌2007年2月2日には現地進行協議が行われ，合議体の裁判官3名が有明海を船上から見るなどした。そして，5月11日からは4期日にわたる各地域と各魚種を代表する原告本人尋問が行われた。原告側としては最大限の立証を行って，2008年1月25日に結審し，6月27日の判決を迎えることになった。

3　干拓事業をストップさせるための新たな取り組みの模索（住民訴訟の提起）

佐賀地裁の工事差し止めの裁判は，実質審理に入ったが，最高裁の決定の論理によれば勝訴が困難になったことと，仮に判決で勝訴しても確定しない限り工事をストップすることができないため，佐賀地裁の審理を進めながらも，工事をストップする別の手段を講じる必要性が生じた。

そもそも干拓事業は，事業によって造り出された農地がすべて売却されない限り終了できない。全国で耕作放棄地が増えている我が国において，すべての農地が売却できるのか極めて危ういことが予測された。そのため，国と長崎県が協議をして，長崎県が100％出資している財団法人長崎県農業振興公社という農業合理化法人に，農地を一括して購入させて農業者にリースすることを考え出した。公社は50億円という購入資金を借り入れるが，その返済の財源となるリース料収入は，農業者が入植しやすいように低く設定されるため，その不足する返済資金を長崎県が公社に貸し付けるというスキームになっていた。そ

の公金の支出を止めれば干拓事業が事実上ストップすることができると考え，2006年8月23日に長崎県がリース事業に対して公金を支出することの差し止めなどを求める住民訴訟（地方自治法242条の2：地方公共団体の住民が，地方公共団体の財務行政の適正な運営を確保するために，無駄な財務会計上の行為等を防止，是正するなどのために提起する訴訟）を長崎地裁に提訴した。ところが国と長崎県は，結審の直前の2007年8月になって，資金計画のスキームを変更し，借入額のうち，国の制度融資を使うことによって，すべての土地で営農がなされ順調にリース事業収入が入り続けることが前提で，何とか98年後（市場金利の引き下げにより79年後に短縮）長崎県に貸付金の返済を終えるような，荒唐無稽の計画に変更して格好をつけようとした。

この裁判の提訴の目的からすれば，事業が終了するまでに判決を得る必要があったため，証人尋問等を行うことなく書証による立証のみで，2007年9月10日に結審した。

そして，佐賀地裁の仮処分で勝訴した勢いを生かせなかった教訓から，住民訴訟の結審も近づいたころから，政治解決へ向けた国会議員対策を開始した。国会議員にとってみても，因果関係という難しい議論ではなく，返済スキームがあまりにも期間が長すぎることや，実際の営農予定者の数が当初でもわずか44経営体（そのうちすでに3経営体が撤退）に過ぎなかったことなど，リース事業の問題点については分かりやすかったことから，この問題に関心を寄せる国会議員が増えていった。

しかし，住民訴訟は，行政裁量論（裁判所は行政活動の適法・違法を判断するものであるため，行政機関の裁量内の判断であれば司法権は及ばないという理論）を突破することができず，2008年1月28日に請求が棄却された。

4　佐賀地裁判決の内容とその影響

2008年6月27日，佐賀地裁は「本判決確定の日から3年を経過する日までに，防災上やむを得ない場合を除き，国営諫早湾土地改良事業としての土地干拓事業において設置された，諫早湾干拓地潮受堤防の北部及び南部各排水門を開放し，以後5年間にわたって同各排水門の開放を継続せよ」と，条件付きながら

開門を直接命じる判決を言い渡した。

因果関係については，専門委員報告書を前提に，潮受け堤防による締切りと諫早湾内及びその近傍の漁場における環境変化との因果関係を認めた。そして，「被告（国）が中・長期開門調査を実施して上記因果関係の立証に有益な観測結果及びこれに基づく知見を得ることにつき協力しないことは，もはや立証妨害と同視できると言っても過言ではなく，訴訟上の信義則に反するものといわざるを得ない」と，これまで国が中・長期の開門調査を行わなかったことを厳しく批判した。そのうえで，潮受け堤防の防災機能を代替するための工事を行うためには，少なくとも3年は必要だという国の主張と，調整池が海域への生態系に移行するのに最低2年間が必要であり，その後の調査をするにしても最低3年間が必要であるとされていることをふまえ条件をつけた。

この裁判の最大の争点は，因果関係であった。福岡高裁も公調委も立証のハードルを引き上げ因果関係を否定した。しかし，本件事業前の観測データは非常に乏しいものであり，それを補う唯一の方法としては中・長期開門調査しかないと言われていたが，これまで国はこれを拒否し続けていた。そのような本件特有の事情をふまえ当事者間の公平を十分に考えた佐賀地裁の判断は正当なものであると言える。

6 早期解決をめざした取り組みと現状

1 佐賀地裁判決をふまえての解決へ向けての取り組み

この佐賀地裁判決は全国紙でも1面で報じられ，佐賀県議会を始めとする自治体や環境NGO等の間で国に対し控訴断念を要求する運動が大きく広がった。国は福岡高裁に控訴したものの，控訴断念を要求する世論が強かったため開門へ向けてのアセスメントを行うという大臣談話を発表せざるを得なかった。国は，このアセスメントに時間をかけることによって解決を遅らせ，世論が冷めるのを待とうとしている。

これに対して，弁護団は2008年4月30日に長崎地方裁判所に提訴された諫早湾内の漁民を主たる原告にした新しい裁判，及び福岡高裁の控訴審において，

第15章　よみがえれ！有明海訴訟

早期解決のために，裁判上の和解へ向けた取り組みを，国会議員にも働きかけを続けながら進めることとした。

2　国際世論の状況

2008年10月28日から11月4日にかけて，韓国の昌原（チャンウォン）でラムサール条約締約国会議が開催された。その本会議に先立ち，順天市（スンチョン市）で，NGO会議（2008 World NGO Conference on Wetland）が開かれたが，その会議では，湿地環境保全に逆行する愚行として，わが国の諫早湾干拓事業に非難が集中した。このNGO会議での成果をふまえて，本会議では，正式に決議22として東アジアフライウェイ（渡り鳥の渡りのルート）の緊急の保護が採択された。この決議は，特に日本の諫早湾（有明海）と泡瀬干潟（沖縄県），韓国のセマングム干拓において世界に類例のない環境破壊が行われている実情に鑑み採択されたものである。

さらに，有明弁護団は，韓国環境府，韓国環境運動連合（KFEM），SBS放送の共催による水環境大賞の国際部門賞であるガイア賞を受賞した（ちなみに，大賞は順天市であった）。

この賞は，水と水辺環境を保全することの大切さを訴え，その取り組みを前進させることを目的として，その先進的な取り組みをした団体・個人を表彰するもので，今日，水と水辺環境の保全が国際的な関心を呼び起こしていることから，国際部門賞のガイア賞が設置されたようである。

今回の受賞は，自然環境の破壊に対しその原因となる事業終了後も粘り強く戦い，成果を生み出した取り組みが，セマングム干拓事業をはじめ同じような状況を抱えた韓国社会から高く評価された結果である。

11月12日に行われた，華やかな授賞式の模様は，1時間半にわたり，生中継で韓国全土に放映された。弁護団長を始め弁護士7名・漁業者5名・支援者1名が授賞式に参加した。

このような国際的な世論の高まりも開門を求める運動の大きな力になっている。

3 裁判の進行

　福岡高裁における本件訴訟の控訴審は，第2回弁論期日において国側，第3回期日において漁民側が，本件裁判の争点に関するパワーポイントによるプレゼンを行った。そして，2010年4月28日には現地で進行協議期日が行われ，高裁の裁判官が干拓農地や排水門の状況を視察した。

　一方，長崎地方裁判所に提起した新しい裁判は，争点整理を終え，同年5月25日から証拠調べが始まり，10月4日には結審する予定である。

　さらに，諫早湾内の3漁協の1つの瑞穂漁協が，同年2月3日に全員一致で開門を求める決議を行ったことをふまえて，諫早湾内の多くの漁業者が開門を求めていることを世間に明らかにするために，瑞穂漁協・国見漁協・小長井町漁協の漁民を原告として開門を求める裁判を3月11日に長崎地裁に提訴した。

4 政治的な動き

　2009年8月30日の衆議院選挙で，「潮受堤防開門によって入植農業者の営農に塩害等の影響が生じないような万全の対策を講じ，入植農業者の理解を得」ることを基本政策とする民主党が政権与党となったが，しばらくは，アセスメントの結果を待つ態度は変わらなかった。しかし，長崎県知事選に民主党の推薦候補が敗北後，政府与党内に諫早湾干拓事業検討委員会を立ち上げ，2010年3月9日から4月27日まで検討を行った。その検討結果は，「有明海の再生への可能性を探るため，また，諫早湾干拓の排水門開門の是非を巡る諍いに終止符を打つため，環境影響評価を行った上で開門調査を行うことが至当と判断する」という内容であった。この検討結果をふまえた農水大臣の開門へ向けての政治判断が待たれている。

【裁判例】
佐賀地決平16・8・26判時1878号34頁（諫早湾干拓事業差止訴訟）
福岡高決平17・5・16判時1911号106頁
佐賀地判平20・6・27判時2014号3頁（潮受け堤防の開門請求訴訟）

【参考文献】
日本海洋学会編『有明海の生態系再生をめざして』（恒星社厚生閣，2005年）
宇野木早苗『有明海の自然と再生』（築地書店，2006年）
「諫早湾干拓」東幹夫（「明日の沿岸環境を築く―環境アセスメントへの新提言」日本海洋学会編・恒星社厚生閣の第2章5）

第16章

自然保護をめぐる訴訟

市川　守弘
弁護士・札幌弁護士会，日本森林
生態系保護ネットワーク事務局長

> 　日本でも，近時，地球温暖化と並んで，生物多様性保護が重大な問題となっている。
> 　そのためには，生態系全体を保護することが重要であるが，そうした視点からの法制度の整備が遅れている。そうした法制度の整備の遅れは，当事者適格や違法性など，市民による自然環境保護を目的した訴訟提起を困難にしている。しかし，法制度の不備の中でも，様々な工夫によって，生態系全体の保護を求める運動と訴訟の取り組みは前進しており，例えば，生物多様性の宝庫ともいえる森林の保護では，違法伐採の刑事告発や住民訴訟，国際条約による違法性論など，多様な取り組みの工夫が行われ，重要な成果を勝ち取っている。
> 　本章は，北海道の「えりもの森訴訟」と沖縄の「ヤンバル訴訟」を例として取り上げ，同時に今後の課題についても言及している。

1　自然保護の法制度

1　はじめに

　日本の環境問題は大きく2つに大別することができる。1つは人間を取り巻く環境の汚染問題，いわゆる公害と，2つには必ずしも人間やその生活に直接の影響はない自然環境の破壊の問題である。自然環境の破壊問題は，それが人間の生命，身体に直接的な影響が無いと考えられたことから大きな社会問題となることが少なく，時に感傷的，情緒的な問題と受けとられてきた。

しかし、現在では地球環境問題の中で、地球温暖化と並んで生物多様性保護は重大な問題として捉えられており、日本国内においても生物多様性の保護、つまり自然保護が徐々に重要なテーマとなりつつある。

本章では、日本の自然保護に関する法制度を検討し、いかにこれら法制度が不備であるかを明らかにし、そのような制約の下で市民グループや弁護士が自然保護のためにいかなる運動、訴訟を展開しているかを概観するものである。

2　自然保護の法制度の不備

自然環境の保護といった場合、最も重要なのは生物多様性の保全である。特定の種や希少な種だけを保護するのではなく、それらの生息地、生育地、あるいはありふれた種や地形、地質をも含めた生態系全体を保護することが最も重要な課題である（生物多様性条約前文参照）。

しかし残念ながら、日本は生物多様性条約を批准しているにもかかわらず、生物多様性そのものを保全する法制度を持ち合わせていない。そのため、日本の自然保護に関する法制度は諸外国、特にアメリカ合衆国と比較すると極めて貧弱であることは否めない。特定の種を保護するものとしては、絶滅の恐れのある種の保存に関する法律（種の保存法）、文化財保護法、鳥獣保護法などがある。これらの法律は解釈によっては生息地（動物の場合）、生育地（植物の場合）の保護も可能であるが、行政による種の保存法についての解釈ではあくまで種の保護に限定されている。また、一定地域の自然環境を保護する制度として自然公園法が存在し、特定の事業を行う場合には事業予定地の環境影響調査を義務付ける環境影響評価法があるが、これらも生態系の保全には有効ではない。さらに生物多様性条約、世界遺産条約、ラムサール条約などの国際条約も批准し、これらの条約によって広く生息地、生育地を保護する建前になっているが、日本国政府はこれらの条約は日本政府に対し政治的責務を課しているにすぎない、と解している。以下、簡単にこれらの法制度の内容について検討することとする。

(1) **種の保存法**　種の保存法の基本的問題点の１つに、指定される種が少なすぎる点が挙げられる。種の保存法による指定種は環境省の政令により定め

られまったくの行政裁量である（4条）。アメリカのように市民がその指定を求める手続きは無い。種の生息地等の指定（生息地等保護区）も環境大臣の指定によるとされており（36条），実際はほとんど指定などされていない。指定種を捕獲，採取，殺傷，損傷することは禁止され，刑事罰が課せられている（9条，58条1号）が，その生息地や生息環境を改変することは禁止されていない。その結果，例えば指定種のクマゲラやヤンバルクイナが生息している森林を伐採しても，これらの種の死体が出てこない限り違反は無いことになる。

政令で定められた国内希少野生動植物種は，74種（2005年）に過ぎず，哺乳類は4種だけである。アメリカの絶滅危機種法（*The Endangered Species Act*）が，1891種も指定（2009年）されているのと比較すると日本はいかに指定種が少ないかがわかる。しかもアメリカでは市民が指定を求め，行政が指定をしない場合には訴訟が可能となっている（市民訴訟条項）が，日本ではこのような手続自体がない。

(2) **文化財保護法**　　文化財保護法では，野生動植物種が天然記念物として保護される場合がある。同法2条4項では，動物には「生息地，繁殖地，渡来地」が含まれ，植物には「自生地」を含むとされている。しかし所管する文化庁の解釈では，法律にはない「地域指定」という制度によって「地域指定」がなされなければ生息地，生育地などは保護対象にならないとしている。つまり，行政の解釈によれば，天然記念物の指定は，生息地等とは無関係に種としてのみ指定する場合（シマフクロウ，ノグチゲラなど）と，生息地等を地域指定して種を指定する場合（下北半島のサルとサル生息北限地など）とを分けて，生息地等は後者の指定の場合にだけ保護の対象となるとする。多くの種は地域を定めずに指定されているため，生息地，生育地は保護されていないのである。

同法196条では，「保存に影響を及ぼす行為」によって天然記念物の種が「滅失，毀損，衰亡」した場合には刑事罰が課せられるとあり，生息地の改変等はこの「保存に影響ある行為」となる可能性がある。しかしその場合にも，その種が「滅失，毀損，衰亡」する必要があるため，結局は死体などを発見しなければならない。

(3) **鳥獣保護法**　　この法律は，基本的に「鳥獣の保護及び狩猟の適正化を

図る」目的を持ち，生息地，生育地保全をそもそもの目的とはしていない上，昆虫類，魚類はもちろん植物は保護の対象ですらない。前身である狩猟法との折衷的法律でしかないのである。

(4) **自然公園法**　国立公園，国定公園，都道府県公園はこの自然公園法によって指定される。現在日本には28の国立公園（約200万ヘクタール），55の国定公園（約134万ヘクタール）が存在する。

　自然公園法はその目的として「優れた自然の風景地」の保護と「その利用」の増進を掲げている。したがって残念ながら自然環境そのものの保護，特に生息地，生育地の保護，あるいは生物多様性保護を直接の目的とはしていない。そのうえ法のいう「利用」が何を指すのかが曖昧なままであるため，観光産業による利用，木材生産（伐採）も利用に含まれる。公園の区域は，国有地である必要がなく，私有地も含む（5条）。国有地であっても環境省の所管ではない林野庁所管の土地も多い。このような法の不徹底さから次のような問題が発生する。

①国立公園の利用のためとして豊かな自然環境の中に観光用の道路建設等が認められる。後記する士幌高原道路は，大雪山国立公園内の公園計画に盛り込まれた道路として建設されようとしていた。環境大臣が道路建設そのものを公園計画として決定していた（自然公園法7条1項，8条）。

②私有地を含むということは私有財産との調整が不可欠となり（同法4条），全面的な種や生息地，生育地の保護が不可能となる。

③自然公園内に膨大な土地を管理する林野庁との関係では特に大きな問題を孕む。「林産物の安定供給の確保，林業の発展」（農林水産省設置法30条）を任務とする林野庁は，国立公園内であっても森林の伐採が可能であり，実際に伐採を行っているからである。森林生態系は多くの野生動植物を支えており，森林を保護することは自然環境保全には不可欠であるにもかかわらず，自然公園内においても広大な森林が失われているのである。

　自然公園法の根本的問題点は，地域指定方式をとっており（5条），土地の所有形態と無関係に地域割りをする点にある。つまり公園内に多くの私有地が含まれ，国有地であっても林野庁など環境省以外の行政機関の所管となり，各

行政機関が各設置法に規定される任務にしたがって公園内の土地を管理している。自然公園すべて（都道府県公園を除く）の土地を、「環境の保全」を任務（環境省設置法3条）とする環境省の所管に移すべきである（営造物公園）。アメリカでは国立公園はすべて国有地でかつ国立公園局の所管である。

(5) **環境影響評価法**　　この法律には重大な欠陥が2つ存在する。

1つは、対象事業が極めて限定されていることである（環境影響評価施行令別表参照）。もともとこの法律では国の事業か、国が許認可を有する事業に限定されているが、さらなる限定が加えられることになる。例えば森林の伐採はそもそも対象になっていない。アメリカのNEPA（The National Environmental Policy Act）は森林計画そのものが対象となる。さらに抜け道もある。大規模林道事業では、施行令では幅員6.5メートル以上で延長20キロメートル以上であれば第一種事業となって環境影響評価が必要となる。しかし実際は、各路線に区間を設け、それぞれの区間を20キロメートル以下にするとか、20キロメートル以上の区間では一部の幅員を5メートルにするなどの方法によって、法の適用を免れている。

2つに、環境影響評価の内容である。本来生物多様性条約14条によっても義務付けられている環境影響評価は、種、生態系の全体を科学的に明らかにすることからはじめなければならないはずである。そのためには数年間、場合によっては10年以上かけてモニタリング等の調査をしなければならない。例えば種の個体数だけを考えてもその種の個体数変動が明らかにならなければ、調査時の個体数がどの時期（増加時なのか減少時なのか）にあるのかさえ不明のままである。またその開発による影響を検討する場合も、その地域での生息可能性、1つのつがいが必要な生息範囲、開発による生息範囲への影響、繁殖への影響、種の死亡率等を調査し、その種への影響を検討しなければならないものである。しかし、このような検討は一切捨象されている。保全策は、生育地の保全ではなく個体の「移植」などが取り上げられる。結局、環境影響評価は、開発することを前提に「影響を少なくする」と宣言するだけのものとなっている（そのことすら検証されていないのだ）。

(6) **国際条約**　　国際条約でもっとも基本的な条約は生物多様性条約である。

この条約はワシントン条約のように個別の種やラムサール条約のように湿地などの個別の生態系を保護するものではなく，生物多様性そのものを保全することを目的とする条約だからである。

生物多様性条約（平成5年条約第7号）は，種，遺伝子，生態系の多様性を保護する条約である。条約を解釈する際の場合の一番の問題点は，条約によって国や自治体の行政行為を拘束できるか，という点である。参考になるのは世界遺産条約5条に関するオーストラリアの最高裁判決（Commonwealth of Australia and Another v. State of Tasmania and Others, 1983）である。この判決は世界遺産条約5条について，世界遺産保護のためにいかなる施策をとるかは裁量であるが，何らかの施策をとるかとらないかは裁量ではない，として世界遺産を保全するための拘束力ある義務を政府に課している，とした。まったく同様の規定を持つ生物多様性条約8条は，同じく行政に対し，何らかの保全策をとるべき義務を課していると解することが可能である。ましてや行政自らが生物多様性を破壊する行為は禁止されている，と見るべきである。しかし，ここでも行政の解釈では，生物多様性条約の「義務」は，政治的宣言に過ぎないから，拘束力はない，としている。なお，昨年，生物多様性基本法が制定された。驚くことにこの法律では，拘束力ある義務と考えられている条約上の義務を，法律によって政治的宣言，努力目標にしてしまった。

2　訴訟等の手段の困難さ

1　当事者適格論

前記のような自然環境に関する法制度の欠陥は，市民による自然環境保護を目的とする訴訟提起の困難さに直結する。一番の困難さは，当事者適格が認められにくいという点である（行政事件訴訟法9条等）。公害と異なり個々の市民に具体的被害が存在しない場合が多いからである。

1990年代前半に，いわゆる「自然の権利」を主張し，野生動植物も当事者適格があるという主張をするグループが現れた。これは特に開発行為の許可処分の取り消しを求める行政訴訟などにおいて，訴訟を提起できる当事者を新たに

広げる手法として一時全国で取り上げられた。森林伐採もそうであるが，直接の「被害者」がいない自然保護では，当事者適格を有する者が見当たらない。「自然の権利」はこのようなジレンマの中から主張された。しかし，裁判所において野生動植物に当事者適格を認めることはなかった。

自然環境に関する争訟では，例えば他の地域に住みながらも当該地域を散策する人が開発などにより散策による自然の享受を害されたとして訴訟当事者として認めるなど，解釈上より広く当事者適格を認める必要がある。

また，種の指定など広く行政行為とされているものについても，市民の指定の申出，指定されない場合には不指定の行政行為の違法性を争える，環境影響評価の不十分さを市民誰でもが争えるなど，根本的な制度改革も必要である（自然保護法における市民訴訟条項）。

従来の当事者適格論は個々人の「被害」の発生が必要であったが，立法上も解釈上もこのようなドグマにとらわれることなく当事者適格論を広める研究，努力が求められる。

2 違法性論

自然保護に関する法制度が行政裁量を幅広く認めていることが次の問題である。

前記した世界遺産条約に関するオーストラリア判決はこの行政裁量を縛る足がかりになるが，生物多様性条約における行政の義務付けに関してもっと議論されなければならない。ただここでは，個々的場面において生物多様性の具体的内容が明らかにされなければ裁量権の逸脱かどうかの議論は机上のもので終わってしまう。自然科学，特に生態学との協同が求められるが，なかなか自然科学者の協力を得ることが難しいのが実態である。

3 結 論

日本で自然保護に関するいくつかの法律，条約，訴訟制度を簡単に概観してみると，いかに日本の自然保護法制度が未熟，不完全であるかが理解できるであろう。したがって，法的手段に頼って自然保護を問題にすることは極めて困

難な状況にある。また法制度が不備ということは，法を支える自然保護に関する国民の意識が，醸成されていないことも意味するであろう。

そのため，私たちが，このような状況の中で自然保護運動を進めるには，まずは国民の意識，つまり大きな世論を作り出しながら，不十分な法制度をどのように駆使するのか，という点を常に念頭に置かなければならない。以下，1980年代後半以降の日本の自然保護運動の流れを振り返ることとする。

3 日本の自然保護運動の流れ

1 種の保護から生態系の保護へ

日本では1987年の総合保養地域整備法（リゾート法）の制定後，いわゆるリゾートブームが起こり，全国でゴルフ場，スキー場，ホテルの3点セットの開発が始まった。そのため全国でリゾート開発に反対する自然保護の世論が高まった。ただ，この時点では，生物多様性という言葉すらほとんど知られておらず，生態系保護という具体的な戦略は描けなかった。また，全国的にも訴訟を提起するという例は少なかった。そのため，個々の種を前面に掲げて保護を訴え，世論を喚起するという方法で運動を展開した。例えば北海道トマムリゾート反対運動ではクマゲラ（*Dryocopus martius martius*）を，津軽岩木リゾート反対運動ではイヌワシ（*Aquila chrysaetos japonica*）を，奄美のゴルフ場建設反対運動ではアマミノクロウサギ（*Pentalagus furnessi*）を，という具合である。それより前になるが沖縄本島北部での米軍実弾演習場建設に反対するスローガンが「ノグチゲラ（*Sapheopipo noguchii*）を守れ」というのもこの部類に入るであろう（1970年）。

しかし，ここでは次のような問題点が存在した。

第1に，個々の種を主体にしての反対運動は，どうしてもその種だけの保護の世論になりがちになり，全体としての自然保護への運動に広がらない，という点があった。

第2に，特定の種の存在が反対運動の帰趨を決するため，その種の存否にだけに注目が集まり，それ以外の問題点，例えば生態系そのものや地元の人たち

の生活，つまり地域社会，地域文化，地域経済などへの考慮が欠けてしまうきらいがあった。あるリゾートに反対する農家の人が「クマゲラがおらんとわしらの生活は守れんのか？」と呟いたことは忘れられない。

　第3に，特定の種を守れ，と主張することは，一般には感傷的，情緒的と受け取られるおそれがあった。

　1990年代にはいり，自然保護運動は，リゾート開発反対運動にとどまらず，道路建設，ダム建設など，広く自然破壊の公共事業に反対する運動へと発展していったが，前記した問題点は，次のように克服されていった。

　まず，個々の種を中心にするのではなく，そのような象徴としての種が生息する地域全体の自然の保護を訴えるようになった。北海道でのナキウサギ（*Ochotona hyperbprea yesoensis*）訴訟（平成8年（行ウ）第15号，北海道は1999年に事業の中止を表明し，訴訟は取り下げで終了）がその例である。この事件は大雪山国立公園特別地域内に建設が予定された道路に関し，建設主体である北海道にその建設費用の支出差止めを求めた訴訟である。道路予定地は，風穴地帯という夏でも冷風が吹き出す地域で，このため低標高ながらも高山植物が自生し，ナキウサギ（*Ochotona hyperbprea yesoensis*）などが生息していた。この国立公園内の道路建設に反対する運動の中で，象徴としてナキウサギ（*Ochotona hyperbprea yesoensis*）を前面に掲げるものの，内容としては風穴地帯という地域の生態系保護を中心に訴えた。次に，このような自然環境全体を保護すべきと訴えることは，とりもなおさず自然環境全体を科学的に明らかにする必要があり，自然科学と運動が足並みを揃えることができた。この科学的な事実を積み上げた結果，運動が感傷的，情緒的といわれることも少なくなった。さらに，道路建設を進める行政に対し，その費用対効果を突き詰めることによって，道路建設は地域経済にまったく役立たないことをも積極的に主張できるようになった。同じような運動は，北海道の千歳川放水路計画反対運動でも見られたし，大規模林道建設反対運動でも見られるようになった。21世紀に入り，その地域の生態系の内容を明らかにしたうえで，反対する公共事業が，どのように自然そのものを傷つけるか，地域社会，地域経済はどのように疲弊していくのか，などについて具体的に明らかにすることによってそれまで自然保護に無関心であった

世論を少なからず引き付ける運動が展開できるようになっていった。

自然保護法制が不備な中，特定の種の保護から全体としての生態系の保護へと，その運動は進化していったのである。

しかし，生物多様性の宝庫である森林の伐採，特に林野庁や道府県による森林の伐採に対する有効な対抗策はまだとられることがなかった。次に，生物多様性を正面に掲げて森林を保護するための取り組みについて紹介することとする。

4　森林伐採に抗して――いかに法を駆使するか

ここでは，日本全国の訴訟を網羅することができないので，私の経験に基づくものに限定させて述べさせていただきたい。

1　森林の今――生物多様性の宝庫が

日本の森林面積は約2500万ヘクタールで国土の７割近くを占めるといわれる。日本の森林は，第三紀に起源を持つ樹木が多く日本固有種が多い。また日本は南北に長い結果，北は亜寒帯樹林帯から南は亜熱帯樹林帯まで，多様な森林生態系を有する。森林には多くの鳥類，哺乳類，昆虫類，菌類，蘚苔類などが住処とし，林床や樹幹に着床する植物相も多様である。いわば森林はそれ自体が生物多様性の宝庫であり第１義的に保全しなければならない対象である。

しかるに，1950年に953万ヘクタールあったとされる日本における原生的天然林（基本的に大径木の林齢が91年以上の森林とする）は，2006年には278万ヘクタールまでに減少してしまった。半世紀の間に７割の原生的天然林が喪失したことになる。現在，原生的天然林は日本の全森林面積の１割前後しか残っていないともいわれる。つまり，「緑」が多くても日本にあった本来の生物多様性に富む天然林は消滅の危機にあるということである。

日本では，戦後の建築用材の確保，高度経済成長政策のもとでのパルプ材確保等のために天然林を伐採していった。特に戦後の林業政策として拡大造林政策が推進され，全国で広葉樹を主体とする天然林が伐採され，スギ（*Cryptomeria japonica*），カラマツ（*Larix leptolepis*）などの特定樹種による単層林に転換され

皆伐された森林

ていった。戦後、天然林の伐採量は増加の一途を辿り1970年代前半にピークを迎えたが、その後は急激に落ち込み、例えばブナ（*Fagus crenata*）は1973年に約170万立方メートルを伐採したのをピークに2003年には数万立方メートルへと減少した。この主要な原因は、平地での天然林をすでに「伐り尽した」からである。そこで、政府はそれまで伐採できなかった奥地の森林を伐採するために、大規模林業圏開発計画を策定し、全国に7つの大規模林業圏を設定した（1973年）。この開発計画は「広葉樹林の林種転換を積極的に推進」する大規模計画造林を実施し「木材の大量安定供給を可能とする流通機構の整備」を行うとした。そのために、大型伐採機械が通行できる大規模林道を計画事業の中心に位置づけ全国で32路線、総延長2256キロメートルの幅員7メートル、2車線の舗装道路を建設するとした（当初予算額総額1兆円）。なお、この計画は事業主体の緑資源機構の解体（2008年3月）にも関わらず、現在、各道県の事業として継続が予定されている（北海道では2010年3月に事業の断念を表明した）。そして現在も原生的天然林は林野庁や自治体によって伐採され続けている。北海道ではクマゲラ（*Dryocopus martius martius*）やシマフクロウ（*Ketupa blakistoni blakistoni*）が営巣できる大木を失い絶滅の淵に追いやられ、沖縄ではノグチゲラ（*Sapheopipo noguchii*）、ヤンバルクイナ（*Gallirallus okinawae*）の生息する森林が日々失われている。

2 大雪山国立公園内の皆伐

　林野庁は2006年に、大雪山国立公園特別地域で、台風被害による風倒木処理を名目に数箇所にわたり合計20ヘクタールを超える山林を皆伐した。この伐採と植林のために沢に集材路が作られた疑惑も発覚した。自然公園法では、特別

地域内では樹木伐採や水面の埋め立ては禁止され，環境大臣の許可を要する（自然公園法13条3項）。しかし林野庁のこの行為は「通常の管理行為」（同条9項）として行われ，環境省もその事実を知らなかった。前記した自然公園法の不備が如実に現れた事件である。この伐採された地域は，クマゲラ（*Dryocipus martius martius*），キンメフクロウ（*Aegolius funereus magnus*）などの生息地として知られており，私たちのその後の調査では，永久凍土であった可能性も高く，ナキウサギ（*Ochotona hyperbprea yesoensis*）の生息も確認できた。もともと森林は台風などの攪乱によって遷移するもので，人手を加える「風倒木処理」などは不必要なものである。特に自然公園内では害でもある。したがって，国立公園特別地域でありながらも広範囲にわたって無残にも皆伐された事実は，広く衝撃を与えた。

しかし，このような伐採を止める有効な法的手段が存在しないのが現実である。当事者適格はもとより，明白に違法性を根拠付けることができないからである。もちろん次段で述べる森林法の規制はあるものの違法行為を裏付ける証拠の収集に困難を伴う。問題の皆伐では，伐根が全部引き抜かれ土壌の下の岩石層がむき出しになっており，証拠自体が「消されて」いた。このような場合，広く世論によって林野庁の行為を監視し，二度とこのような自然破壊を行わせないようにするほかはないのが現実である。

3　刑事告発

林野庁による国有林を巡っての森林伐採では，刑事告発は有効な手段である。「幸い」にして，伐採される森林が，人里はなれた奥地であることから，林野庁側もずさんな手続きによって伐採を行っている場合が多い。ただこれには告発する側も違法行為の証拠収集に大変な苦労がある。伐採の際の収穫調査内容の把握，伐採範囲の特定，保安林内の作業許可の内容の確定などを，情報公開制度を利用してまず明らかにしなければならない。また自ら現地で伐採木の調査を行う必要がある。この調査は伐採された樹木の樹種の特定と伐根の径の測定，さらに伐採の印であるラベルや刻印の有無を調べるのである。北海道上ノ国町奥湯ノ岱でのブナ（*Fagus crenata*）の伐採は，5ヘクタールほどの範囲の

山地で800本を超える伐根や伐採範囲を根気よく調査した。これらの調査によって予定以上の伐採木の存在，無許可の土場や作業道，伐採範囲を大きく越境した伐採の事実などを明らかにし，森林管理署長など担当職員複数名を森林窃盗（森林法198条）で刑事告発した（2007年）。検察庁は不起訴処分（一部嫌疑不十分，一部起訴猶予）にしたが，林野庁は，渡島，檜山，後志地方でのブナ（*Fagus crenata*），ヒバ（*Thujopsis dolabrata*）の天然林の伐採を今後中止することを表明し，現在では道南の天然林は保護されている。

沖縄本島北部に広がるやんばる地方では，2008年7月に沖縄県がヤンバルクイナ（*Gallirallus okinawae*）の繁殖地でリュウキュウマツ（*Pinus luchuensis Mayer*）82本を伐採した（立木販売といわれる伐採木だけを業者に売却し，業者が当該木だけを伐採，搬出する方法）。直ちに調査に入ったところ，ヤンバルクイナ（*Gallirallus okinawae*）の死骸は発見できなかったが，リュウキュウマツ（*Pinus lichuensis Mayer*）以外に広葉樹を100本以上も無権限で伐採していることが判明した。まずは，ヤンバルクイナ（*Gallirallis okinawae*）の生息環境の悪化をもたらしたことを理由に，種の保存法，文化財保護法に基づき沖縄県職員を刑事告発した（2008年9月）。結果は不起訴処分であった（一部嫌疑なし，一部嫌疑不十分）が，以後県営林内（沖縄は国有林の無償貸付を受ける県営林が多い）の伐採は事実上止まっている。

4 住民訴訟

当事者適格論，特に行政が主体となる事業（道路，ダム，干拓等）に対して，自然環境そのものをどう保護していくかを訴訟で争う方法についての議論の中で，その後取り組まれるようになったのが，住民訴訟である。都道府県の事業に対して，その財務会計上の違法性を争うという方法で現在自然保護訴訟の中では，もっとも主要な手段となっている。国の事業であっても，周辺の道路整備などの関連事業を自治体事業として行うことが多いので，住民訴訟は提起しやすい。自治体住民であれば当事者適格は争点にならないので違法性論に踏みこんでいける利点が大きい。今後，この住民訴訟は，国の直轄事業の中での自治体の負担金支出を巡る訴訟に移行するようになっている。ただこの住民訴訟

分野はまだ研究が進んでおらず、様々な法的論点を抱え、全国で弁護士が試行錯誤している状態といえるであろう。

5　自然の価値を財産的に評価できるのか

住民訴訟では、自治体に損害のあることが要件である。その場合、自然を壊されたことがどのような損害になるのであろうか？この点で、自然の価値が財産的価値あるものといえるのか、が争われた事件がある。いわゆるえりもの森訴訟（札幌地裁平成17年（行ウ）第25号）である。これは北海道が道有林約2.5ヘクタール内の樹木を売却し（立木販売）たところ、業者が売却木を含む周辺の樹木を伐採（皆伐）した事件である。原告らは、この伐採は道有林という森林の公益的機能を侵害し、その損害が発生していると主張した。北海道側は森林の公益的機能を侵害してもそれは北海道の財産の侵害ではない、と主張し中間判決を求めた。裁判所はこの点についての中間判決を下し（20074年2月2日、札幌地裁）、問題となる北海道の財産は道有林であり、「その財産的損害の算出は困難を伴うが」、北海道自らが森林の公益的機能の評価額として「（北海道の森林における）年間評価額11兆1300億円」と算出し、原告らはそのうちの伐採面積に応じた割合の損害が発生しているとして主張しているのであるから適法である、とした。判決は森林の公益的機能、つまり森林の持つ自然の価値も財産的評価が可能であるという前提に立った判決と評価できるものである。なお、この点では、長沼ナイキ控訴審判決（札幌高裁昭和51年8月5日）が、当事者の訴えの利益を判断するに当たり、森林の伐採によって失われた土砂流出防備機能などはダム設置などによって代替されているとして訴えの利益を否定した点も参考になる。つまり失われた森林の持つ土砂流出防備機能は代替設備設置費用として換算できるのである。

6　国際条約による違法性論

当事者適格論の次に問題となるのが、違法性の根拠づけである。行政行為などでは違法性の根拠は行政裁量の濫用・逸脱の根拠ともなる。前記したように日本の自然環境保全の法律が不十分なためにこの違法性の根拠をどのように立

論するかは重要な問題である。個体の死骸等が存在しない場合に種の保存法，文化財保護法等を違法性の根拠とすることは難しい。

　前記した生物多様性条約は，オーストラリア連邦最高裁の世界遺産条約と同様の解釈をすれば，違法性の根拠になりうる。しかし東京地裁（高尾山訴訟，東京地裁平成14年（行ウ）第296号等，東京高裁平成17年（行コ）第187号・この事件は圏央道という道路建設に対し，それが高尾山という首都圏では極めて珍しい自然の豊かな場所に長大なトンネルを掘削することが，高尾山の生物多様性に大きな影響を与えるものとして反対運動が展開され，事業認定取消等を求めた訴訟である），静岡地裁（静岡空港訴訟，平成19年（行ウ）第5号等，この事件はそもそも採算性のない地方空港の建設が生物多様性に大きな影響があるとして事業認定取消を求め，県の違法支出について住民訴訟が提起された）などでは，「政治的宣言」規定としか捉えておらず，法的に拘束力ある規定とは解していない。これらの事件では，問題となる自然環境の内容，道路建設や空港建設による自然環境への影響，それが生物多様性の保全にどのように影響するのか，などの生物多様性の内容について自然科学からの解明が不十分であったこと，法理論的解釈論の詰めが十分になされていなかったこと，などの弱点があったことは否めない。今後の訴訟における国際条約からの解釈論をより本格的につめていくべきである。

5　今後の課題

　上記したように，自然保護法制度が不十分な結果，訴訟で勝訴することは極めて困難な状況にある。適切な立法が必要であるが，その前に国民の法意識改革がまず求められている。この国民の法意識への働きかけと訴訟との両面に取り組んでいる事件を紹介し，今後の克服課題について考えることとする。もちろん，全国には多くの訴訟が係属しており，この2例はあくまで例でしかないことをお断りしておく。

1　えりもの森訴訟

　これは前記した北海道えりも町における道有林の伐採について，森林の公益

的機能を侵害するものとして住民訴訟を提起した事件である。えりもの森林は、もともと大規模林道の計画予定線があり、開発と自然保護が古くから対立しているところである。この森林には、全道で100羽ほどしかいないといわれているシマフクロウ（*Ketupa blakistoni blakistoni*）

皆伐地の調査

の貴重な生息地であり、クマゲラ（*Dryocopus martius martius*）、オオタカ（*Accipiter gentilis fujiyamae*）、クマタカ（*Spizaetus nipalensis orientalis*）も営巣し、ヒグマ（*Ursus arvtos*）はもちろんナキウサギ（*Ochotona hyperbprea yesoensis*）も生息している北海道では知床以上の自然が残っている場所である。2005年にこの森林約2ヘクタールが皆伐された。自然の豊かさから多くのマスコミが取り上げ、世論も盛り上がっている。大規模林道問題も合わせてパンフレットも作成し、大きな反響を呼んでいる。

　私たちは、ここで地道に調査を重ねた。伐採木をすべて調査し、北海道が売却した本数と大幅にずれていることを明らかにし、北海道もその事実を認めざるを得なくなった。また伐採範囲をも大幅に超えている事実も明らかにした。故意であれば森林窃盗であるが、少なくとも管理義務違反は存在する。このえりもでの伐採が、森林法に違反する保安林内の伐採であることも明らかとなり、北海道は同様の事例について全道で39箇所あることを認めた。

　北海道は、えりもでの伐採は、「単層林を受光伐によって複層林化する」伐採である、と主張している。しかし樹齢150年前後の天然林を皆伐し、トドマツ（*Abies sachalinensis var. sachalinensis*）を植林している事実からは、とても正当化できる主張ではない。従来の拡大造林そのものである。

　現在、えりも地域の道有林の伐採は、すべて停止している。しかし森林計画自体を変更しているわけではないので中止ではない。私たちは、訴訟の中でさ

らにこの伐採の違法性を主張し，えりもでの天然林伐採を中止に追い込みたい。そのために，生物多様性条約による行政の義務を前面に掲げて訴訟を追行している。

2　沖縄やんばる訴訟

これは，沖縄県の北部地域森林計画（森林法5条）に基づく林道開設の差し止めを求める住民訴訟である。林道開設の目的は公有林の森林伐採である。原告は9名であるがなかなか大きな運動にはなっていない。また林道の開設や森林伐採によってどのようにやんばるの自然が具体的な影響を受けるのかも不明確であった。

このような状況で私たちは，第1にやんばるの生態系をできる限り科学的に明らかにし，伐採によってそれがどのような影響を受けるのかを明確にする，第2に，沖縄に限らずやんばるの問題を日本全国の問題にしよう，という取り組みを始めた。

第1の点は，日本森林生態系保護ネットワーク（CONFE JAPAN，全国の10の自然保護団体のネットワーク，代表は河野昭一京都大名誉教授，事務局長を私がしている）と共同して，森林調査を行っている。この結果，やんばるの極相林（森林の遷移の中で最終ステージに位置し，最も安定した森林）は，沢沿いにオキナワウラジロガシ（*Quercus miyagii*）の生育するイタジイ（*Machilus thunbergii*）林であること，皆伐によってオキナワウラジロガシ（*Quercus miyagii*）は消滅し，イタジイ（*Machilus thunbergii*）はその後極端に個体数を減少させ，植林などによって「緑は回復」したかのように見えるものの，それは以前の生態系とはまったく異質の生態系であること，その結果，イタジイ（*Machilus thunbergii*）林に生息するノグチゲラ（*Sapheopipo noguchii*），ヤンバルクイナ（*Gallirallus okinawae*），ケナガネズミ（*Diplothrix legata*）をはじめ多くの沖縄固有種は生息環境が悪化し絶滅の危機に直面すること，を明らかにした。具体的調査は，天然林と植林地，伐採地にそれぞれ方形区を設け，木本を中心にその分布を調査したのである。この調査に協力してくれる学者は京都と広島から計2名である。弁護士をはじめ「素人」が調査を行っている。

第2の点は，やんばるの実態をパンフレットにまとめ広く全国に配布中である。原告でもある写真家が貴重な写真を提供し，やんばるの自然の美しさ，林道によって破壊されるすさまじさ，を分かりやすくまとめ無料配布している。近いうちに調査結果をまとめたものも冊子にする予定である。このような取り組みの結果，少なくないカンパも集まり，全国にやんばる問題が浸透しはじめている。

　訴訟では，調査結果に基づく具体的な自然の破壊を生物多様性条約違反として主張することにしているが，もう1つの争点として林道開設の費用対効果論がある。沖縄県は，工事着工を前にして費用対効果のデータを裁判所に提出できないでいる。これは沖縄県の「林業」の実態から当然の結果である。沖縄では1972年の本土復帰以降本島北部で森林伐採が進行した。イタジイ（*Machilus thunbergii*）はパルプ原料などのため木材価格は低い。ただ伐採後に植林をし，毎年下草刈などの県からの委託事業を地元の森林組合が受けている。つまり地域経済から見れば，本土でいう「木を育てて売る」林業経営経済ではなく，県事業としての伐採，植林，保育による，県からの支出に頼る経済（経済といえるかどうか疑問であるが）でしかないのである。林道開設によって経済的利益があるはずがない。つまり費用対効果としての経済効果がほとんどないに等しい。

3　今後の課題

　訴訟自体の困難さや世論形成の難しさのほかに，2つの例で明らかなとおり，市民運動や訴訟に協力する生態学者がほとんどいないことも問題である。林野庁，国土交通省，環境省など行政側は，○○審議会，○○検討会等，に多くの学者を「囲い込み」，協力体制をとっている。事実として市民運動に協力する学者は極めて少数である。本来自然科学と市民との連携が求められる自然保護運動において，今後大学改革も重大なテーマとならざるをえない。

　次に，資金問題が存在する。「自前の調査」にしても，世論喚起のためのパンフレットつくりにしても，訴訟を継続するにしても，資金が必要である。現在，広く市民のカンパに頼らざるを得ないのが現状である。仮に訴訟や運動で勝利を収めても，金員が得られないのが自然保護の宿命でもある。このような

場合，全国的に潤沢な資金を有する基金制度とそこからの助成が求められる。

さらに，弁護士などの法律家が，自然保護に関する法理論をもっと研究する場が必要である。そこでは立法論にとどまらず，具体的な解釈論や生態学をも含めた総合的研究の場が必要である。各地域で個々的に訴訟を遂行していくのはすでに限界といえるだろう。

4 まとめ

以上，日本の自然保護運動と訴訟の現状を概観してきたが，公害の場合と比較すると，いかに課題が多いかが痛感される。そこでの弁護士の役割も，訴訟遂行の場面は実は少なく，運動を担い，資金集めを行い，世論に訴えるという法律家とは別の役割も求められている。

また，生物多様性保護が国際的課題である以上，自然保護運動は日本だけの問題にとどまらず国際的協力体制が必要となっている。今や日本だけの法制度や訴訟だけで解決できる問題ではなくなってきている。例えば外国に由来する酸性降下物による森林の立ち枯れ現象は，丹沢山系，大台ケ原にとどまらず大雪山系，沖縄にも見られる事態となっている。この論稿で述べた日本の諸課題は，国際協力の中での条約解釈や諸外国の法制度を理解する中で克服できるように思えてならない。

【裁判例】
〈当事者適格の拡張について〉
名古屋高判平8・5・15（林地開発許可取消訴訟）
〈住民訴訟の勝訴例として〉
福岡高判平21・10・15（泡瀬干潟訴訟）
〈保安林解除による森林の機能と代替施設の利益との比較として〉
札幌高判昭51・8・5（長沼ナイキ基地訴訟）

【参考文献】
磯崎博司『国際環境法』（信山社，2000年）
藤原信『緑のダムの保続——日本の森林を憂う』（緑風出版，2009年）
Michael Bean & Melanie Rowland, The Evolution of National Wildlife Law

第17章

原子力発電所をめぐる訴訟

海渡 雄一
弁護士・第二東京弁護士会、もんじゅ訴訟弁護団、六ヶ所村核燃料サイクル差止弁護団、浜岡原発差止弁護団、JOC健康被害裁判弁護団、もんじゅ西村裁判弁護団

　筆者は、原子力関係訴訟の中で、もんじゅ訴訟、六ヶ所村の核燃料リサイクル施設（低レベル放射性廃棄物処分施設・再処理施設）の設置許可取消訴訟、浜岡原発の運転差止め訴訟、JOC臨界事故に関する住民の損害賠償訴訟などを担当してきている。

　この報告では、担当してきた事件などを素材としながら、日本における原子力エネルギー利用、原子力発電所をめぐる紛争・訴訟における争点や課題について、日本の原子力法制や安全審査システムに関連させながら概要を報告することとする。

1　原子力法制と安全審査

　わが国に原子力発電が導入されて既に44年が経過しようとしている。わが国の原子力法制は「原子力の研究、開発及び利用を推進することによって、将来のエネルギー源を確保」することなどを目的とする「原子力基本法」（1995年）と原子力関連事業に対する許認可を規定した「原子炉等規制法」（1957年）、「原子力委員会及び原子力安全委員会設置法」（1995年）その他の法律とその下位法令である多数の「規則」「指針」とからなっている。

　原子炉等規制法によると原子力事業について「製錬」「加工」「原子炉の設置」「再処理事業」「廃棄事業（低レベル廃棄物処分高レベル廃棄物の貯蔵）」などの事業ごとに許認可にあたる官庁を決め安全審査を行うこととしている。

　安全審査はまず、行政庁において第1次審査が行われ、その後原子力安全委

員会で第2次審査が行われ「ダブルチェック」と称せられている。しかし、その実態は極めて問題の多いものである。

2 反対運動から訴訟提起へ

1 住民が反対運動に立ち上がったのは

日本で原発反対運動が始まったのは、1970年代に入ってからである。当時は公害問題が大きな社会問題となっていた。日本では原子爆弾による被爆者の被害、第5福竜丸の被曝による被害など放射能被害の深刻な経験があり、原子力発電所の安全性について疑問を持つ住民が現れた。まだ、スリーマイル島原発事故（1979年）やチェルノブイリ原発事故（1985年）が起きるよりも前のことである。当時、政府や電力会社は原子力発電所は「絶対に安全」であるとの説明をしていた。これに対して、少数の科学者と技術者が勇気を持って原子力発電の非常に大きな潜在的危険性と、このシステムがこの危険性を完全に封じ込めていることは科学的に証明されていないということを指摘した。彼らのほとんどは研究者・技術者としての職を賭けて、その危険性を告発した。住民運動は、このような献身的な科学者集団の存在を抜きにして成り立たなかったと言える。

2 訴訟提起という戦略をとった理由は

住民運動は、集会、署名や政治家への請願、デモ行進など様々な方法で進められた。建設地の土地を売らないという抵抗方法も執られた。土地を売らないという抵抗に対しては土地収用法による収用手続きを執るという手法が採られることがあるが、原子力発電所の場合は土地収用という手続きはとられず、非常に高額のお金を積み上げて土地の買収を行うというやり方がされた。そのため、土地収用に関する裁判は起きていない。漁業権の消滅に関する裁判は幾つかある。住民運動による反対が行き詰まり、行政による原発の設置許可が行われる段階になると、住民にとって採り得る手段が限定されてくる。そこから、訴訟という手段が原発への抵抗闘争の一環として浮上してきたのである。

3　訴訟提起までの取組みと弁護士の活動

日本における代表的な原発裁判は伊方原発訴訟, 福島原発訴訟, 東海第2原発訴訟, 柏崎原発訴訟であると考えられる。これらはいずれも行政訴訟である。原告となったのは, その地域で長く反対運動に取り組んできた人たちである。伊方原発訴訟については京都大学の原子炉実験所の科学者グループが集団として訴訟を支援した。その訴訟の記録は文字通り原発の安全性をめぐる大論争となっている。

このような訴訟の遂行の過程で, 弁護士は, 次のような課題に遭遇した。

①どのような類型の訴訟を提起することによって, 原発の安全性の内容的な司法審査を受ける機会を確保するか。

②核物理, 核化学, 地震学などの分野の科学的知見を理解し, 科学的な安全性の欠如を立証し, そのことを原子炉等規制法の原子炉許可要件の違反として違法性の構成するものという法的構成を整理すること。

③科学的な立証を行うための証人を確保すること

3　訴訟形態の選択と主な訴訟の内容

1　訴訟における請求の趣旨の選択について

原子力施設について多くの訴訟が提起されてきた。訴訟は行政訴訟と民事訴訟に大別される。行政訴訟は許認可権者に対して, 許可の取り消しを求める訴訟である。民事訴訟は電力会社などの設置者に対して住民が人格権・環境権に基づいて施設の建設・運転の差し止めを求める訴訟である。

「原子炉等規制法23条に基づく原子炉の設置許可を取り消す」という「取消訴訟」の方式が, 原発行政訴訟の通常の形式である。この訴訟は行政不服審査法により, 処分があったことを知ってから60日以内に異議申立をすることが前提である。この期間を過ぎてしまったケースでは, 電力会社に対して民事訴訟を提起したケースもある。

また, もんじゅ訴訟のように, 民事訴訟と行政処分の無効確認訴訟（無効確認訴訟は提訴期間の制限がないが勝訴のためには重大かつ明白な違法性が必要と解され

ている。)を併合提起したケースもある。

2 訴訟上の論点と伊方最高裁判決の枠組み

行政訴訟の第1の課題は,周辺住民に行政訴訟を提起する「原告適格」があるかという問題である。この問題は国によって長期間徹底的に主張されたが,取消訴訟については伊方最高裁判決によって解決が図られ,無効確認訴訟についてはもんじゅ訴訟最高裁判決で相当広範な範囲の住民に原告適格が認められている。

伊方最高裁判決(平4・10・29)は,結果として住民の訴えを斥けた判決であるが,その定立した違法判断の基準は原発の安全性確保のために有益な内容を含んでいる。

まず安全審査の目的が,「原子炉が原子核分裂の過程において高エネルギーを放出する核燃料物質を燃料として使用する装置であり,その稼働により,内部に多量の人体に有害な放射性物質を発生させるものであって,原子炉を設置しようとする者が原子炉の設置,運転につき所定の技術的能力を欠くとき,又は原子炉施設の安全性が確保されないときは,当該原子炉施設の従業員やその周辺住民等の生命,身体に重大な危害を及ぼし,周辺の環境を放射能によって汚染するなど,深刻な災害を引き起こすおそれがあることにかんがみ,右災害が万が一にも起こらないようにするため」のものであることを認めている。

「裁判所の審理,判断は,原子力委員会若しくは原子炉安全専門審査会の専門技術的な調査審議及び判断を基にしてされた被告行政庁の判断に不合理な点があるか否かという観点から行われるべきであって現在の科学技術水準に照らし,右調査審議において用いられた具体的審査基準に不合理な点があり,あるいは当該原子炉施設が右の具体的審査基準に適合するとした原子力委員会若しくは原子炉安全専門審査会の調査審議及び判断の過程に看過し難い過誤,欠落があり,被告行政庁の判断がこれに依拠してされたと認められる場合には,」違法と判断するべきであるとしている。

伊方判決は安全審査の対象を基本設計に限定し,廃棄物の処理・処分,使用済み燃料の再処理,廃炉措置,さらには機器の不具合などを司法審査の対象か

ら除外し，また行政に一定の合理的裁量判断を認めていると読めることなど，いくつか批判すべき点はあるが，この判示の枠組みをうまく生かすことができれば，原子力行政訴訟の活性化に役立つものであることを示したのが，次に解説する住民側勝訴となったもんじゅ訴訟の名古屋高裁金沢支部判決（平15・1・27）であった。

また，伊方判決は，裁判所は行政の裁量判断の合理性を事後的に判断するのであり，自ら実体的な安全審査を行なうのではないこと，裁判所の判断の基準とすべき科学的知見は，許可処分時のものではなく，現在の（裁判の口頭弁論の終結時の）ものであること，施設の安全性，許可の適法性の立証責任は公平の見地から安全を争う側で行政庁の判断に不合理があるとする点を指摘し，行政庁はその指摘を踏まえ自己の判断が不合理性でないことを主張立証する責任があるとしている。

3　相次いでいたリップサービス判決

日本の原子力訴訟で原告の請求をはじめて認めたのは前記の通りもんじゅ訴訟の控訴審判決である。これに続いて志賀2号炉の金沢地裁判決でも運転差し止め請求が認められた。これらの判決はその後上訴審においていずれも取り消され，確定しなかった。したがって，原子力訴訟において勝訴が確定したケースは今のところ存在しない。

実は，このような判決が出される前から原子力の国策としての位置づけが後退し，市民の原子力に対する批判が高まる中で最近の判決の中には安全審査の過誤欠落を認定するものも現れていたのである。

志賀原発1号炉控訴審判決は再処理は負の遺産と述べていた。女川原発控訴審判決は安全の確保の前には経済性は後退せざるを得ないとも判決している。東海第2控訴審判決は圧力容器鋼材脆性予測に不合理があり，また，より慎重な耐震設計審査指針が策定されることが望ましいが，安全余裕があるので違法とはいえないと判決している。福島地裁MOX差し止め仮処分決定は結論は棄却としたが，燃料の検査データを公開しないベルゴニュークリア社と東京電力の姿勢を厳しく批判した。低レベル廃棄物青森地裁判決（平18・6・16）では，

日本原燃が断層隠しのためにボーリングデータを意図的に隠蔽し，申請書にも嘘を書いたことを認定している。このように，原子力推進の立場から積み上げられてきた言説の「矛盾」や安全審査における「まやかし」は判決の中で少しずつ明らかとなってきたのである。

4　もんじゅ訴訟をめぐって

(1)　名古屋高裁金沢支部勝訴判決と最高裁逆転敗訴判決の内容　　もんじゅ訴訟の差戻し後の控訴審判決は，原子力訴訟においてはじめて原告の主張を正面から認め，原子炉設置許可処分の無効を確認する判決を下したケースである。判決が違法性を肯定した審査の過誤欠落点は次の通りである。

2次冷却剤漏えい事故，蒸気発生器伝熱管破損事故に対応するための「基本設計」について，安全審査基準が守られていると判断した原子力安全委員会の安全審査の過程には「看過しがたい過誤，欠落」があったとした。また，いわゆる「炉心崩壊事故」に対応するための「基本設計」についても，「放射性物質の放散が適切に抑制される」と判断した原子力安全委員会の安全審査の過程には「看過し難い，過誤，欠落」があったとした。

動燃自身が1995年のナトリウム漏えい事故を受けて，「基本設計」の変更許可申請を行ったこと，動燃がイギリスの高速増殖炉において「高温ラプチャ」という現象（ナトリウム・水反応によって生じる高温の熱のために伝熱管壁が過熱されて，隣接する伝熱管の機械的強度が低下し，隣接伝熱管が内部の圧力によって急速に膨れて破裂する現象）が発生した蒸気発生器伝熱管破損事故についての情報を握りつぶし，原子力安全委員会へも報告していなかったこと，いわゆる「炉心崩壊事故」に関し，動燃は，発生するエネルギーの数値が高い解析結果は記載せず，その数値が低く，原子炉の安全性が維持されることが明らかな解析結果のみを記載した申請書を作成していたことなどが認定されている。

ところが，最高裁判決は，高裁判決が認定していない事実を「原審の適法に確定した事実関係」として書き加える一方，最高裁が書き加えた事実に矛盾する高裁判決が認定した事実は全て無視した。そして，最高裁は，いわば勝手につくりかえた事実を前提として，前記の3つの「事象」についての安全審査の

過程には何ら「過誤,欠落」はないとしたのである。

(2) **最高裁判決の問題点**　最高裁判決の最大の問題点は,安全審査の対象となる「基本設計」の安全性にかかわる事項に該当するかどうかは,主務大臣(経済産業省大臣,実質的には原子力安全委員会)の合理的な判断にゆだねられるとし,もんじゅの2次冷却剤漏えい事故についての安全審査においては,2次冷却系からナトリウムが漏えいして燃焼しても,コンクリートの床に鋼製の床ライナーを貼れば,ナトリウムの燃焼温度より鋼の融点が高いので,鋼製の床ライナーが溶けることはなく,ナトリウムとコンクリートが接触することはない,したがって「基本設計」は安全である,とされた。

しかし,1995年にナトリウム漏えい事故がおき,動燃が安全性を確かめるために再現実験を行った結果によると,「溶融塩型腐食」という現象(高温でナトリウムの複合酸化物を含む液相が形成されて溶融塩が関与して起こる鉄などの腐食現象)が起きた場合,鋼製の床ライナーが溶けてしまうこと,したがって,鋼製の床ライナーが薄かったり,湿度が高かったりすると,ナトリウムとコンクリートの床が接触する可能性があることが判明したのである。

最高裁判決は,前記のように,安全審査の対象となる「基本設計」の安全性にかかわる事項に該当するかどうかは,実質的に原子力安全委員会の合理的判断にゆだねられるとした。そして,原子力安全委員会が,鋼製の床ライナーの厚さをどのようにするかは,「基本設計」の安全性にかかわる事項ではなく「詳細設計」の問題であると裁判において主張したことから,最高裁も,その主張をそのまま認め,判決においても「詳細設計」の問題であるとしたのである。

ここで,原子炉設置の手続について述べておくと,経済産業省は,最初に「原子炉設置許可」を行い,その後実際の工事を行う段階において「設計及び工事方法の認可」を行う。「原子炉設置許可」については,原子力安全委員会によって「基本設計」について安全審査が行われる。しかし,「設計及び工事方法の認可」の手続については,原子力安全委員会による安全審査はなく,経済産業省だけで決定することができる。

つまり,原子力安全委員会が,鋼製の床ライナーの厚さをどのくらいにするかは「基本設計」の問題ではなく「詳細設計」の問題であり,原子力安全委員

会が安全審査を行うことではない，と主張しただけで，裁判所は，その主張を基本的に認めなければならない，というのがこの最高裁判決の倒錯した論理なのである。

　この最高裁判決は，明示的ではないが，伊方判決の骨抜きを狙っていると思われる。国の上告理由に示された放射能放出事故発生の具体的な可能性がある場合でなければ違法でないという論理を明示的には採用していないが，このような論理に最高裁は事実上屈服したものと言わなければならない。

(3)　もんじゅ裁判で高裁段階で勝訴するため裁判所の審理に関して住民・弁護士が工夫したこと

(ア)実質的な議論ができた進行協議期日の積み重ね。それぞれの原告団と弁護団が工夫をしてきたことと思われるが，ここでは私が関与したもんじゅ訴訟において名古屋高裁金沢支部で勝訴判決を得ることができた理由について考察することとする。

　勝訴の最大の理由は裁判所が取った徹底した討論を積み上げるという審理方式によると考えられる。もんじゅの高裁における審理は審理開始後実質約2年で完了した。この審理では，控訴人（原告）側が，行政事件に審理を集中し，また審判の対象を明確にするため，設計の変更許可前に判決を出すように強く裁判所に求め，被告もこれに協力することを約束した。実際には訴訟は設計の許可前に結審したが，判決直前に国は変更を許可した。

　このような短期間で審理が行うことができたのは，新たな争点の追加がなかったこと，新しい証拠調べをしなかったことによる希有な例である。このような条件の下でも，裁判は毎月1回朝10時から5時までの期日を開き，口頭弁論と進行協議期日を続けるという形式で，審理を進めた。実質的には控訴人，国の双方の専門家が争点についてプレゼンテーションを行い，これに対して裁判所がフリーに質問を行うという審理方式がとられた。このような裁判における集中的な審理は，裁判所が争点について的確な理解に達するために極めて有益であった。当初は初歩的な質問をされていた裁判官が，回を重ねる毎に理解が進み，鋭い質問を双方に繰り出すようになっていった。知的な刺激に満ちた真にやりがいのある審理であった。原子炉の特性やナトリウム事故について物

理，化学，地震学の分野の専門家からの献身的な支援が得られた。とりわけ原告に協力した頂いた小林圭二，久米三四郎，生越忠，石橋克彦の各専門家の方には並大抵ではないご苦労をかけたことを，ここに記して感謝したい。

(イ)事故で止まっている状態で判決を迎えた。また，実際に事故で原子炉が止まり，長くその原因の究明と対策のために原子炉が停止し，停止した状況で，動燃と国自身が事故とその後の安全性の検討を踏まえて，安全対策の不備を認め，追加的工事を行い，そのため設置許可の変更申請がなされるという状況のもとで判決を迎えることができた。世界的な高速増殖炉の開発がアメリカ，ドイツ，イギリス，フランスなどにおいて，停止に向かい，開発続行は日本だけとなっており，このような状況を正確に立証した。

(ウ)最高裁判決の論理に沿って論旨を展開した。住民側は，伊方最高裁判決を徹底的に読み込み，この判決の論理に合うように，主張を構成した。また，請求認容の判決は安全審査のやり直しを求めるものであり，安全審査に重大な欠落がある以上，安全審査をやり直しをするのは当然であるという，わかりやすい論理をくり返し，裁判所に進行協議手続きの中で説明した。

(エ)重要な秘密報告書や内部告発情報を入手できた。また，動燃によって秘匿されていた重大な安全性に関する報告書が，訴訟中に2つも入手できた。蒸気発生器の高温ラプチャと炉心暴走事故について，原告側が勝訴できた大きな要因は動燃が長年秘密としていたレポートを原告側で証拠提出できたところにあったといえる。さらに訴訟継続中も，何回も，もんじゅの技術開発上の支障について，例えば蒸気発生器の取付，振動，損傷検査の方法が未開発であることなどの内部告発が住民団体宛にあり，その都度公表してきた。このような内部告発は安全上の問題点を深める上でも有益であった。

5　志賀原発訴訟金沢地裁勝訴判決と高裁逆転敗訴判決

(1) 地震に対する安全性が大きな問題に　志賀原発訴訟は北陸電力を被告とする民事差し止め訴訟である。しかし，その判示の中では，被告が行政庁による許可を得ていることを安全性立証の要として主張し，国の行っている原子力発電所の耐震設計の適否が重大な争点となった。原子力発電所の耐震設計が不十

分な場合，地震時に原子炉の複数箇所が同時に破壊される危険性がある。このような事態は，実用原子炉安全評価指針に定められている単一故障指針（事故時に，解析結果が厳しくなるもう1つの故障を主要機器にいおいて想定し，そのような場合にも安全性が確保されることを確認することを安全解析に求めること）も想定していない，いわゆる共通原因故障の典型的な場合である。

(2) **耐震設計が時代遅れになっていることを認めた地裁判決**　地裁判決（平成18年3月24日）は，耐震設計が妥当であるといえるためには，直下地震の想定が妥当なものであること，活断層をもれなく把握していることと，耐震審査指針の採用する基準地震動の想定手法（いわゆる大崎の方法）が妥当性を有することが前提となるとしている。

とりわけ，同判決は2005年3月に発表された政府の地震調査委員会が，原発近傍の邑知潟断層帯で一連の断層が一体として活動してM7.6程度の地震が発生する可能性を指摘しているが，被告はこれを考慮していないとの原告の主張を全面的に認め，被告の断層の把握は不備であるとした。また地震学による地震のメカニズムの解明は，旧指針当時から大きく進展しており，旧指針には現時点においてはその妥当性ありといえないとした。本件原子炉の安全審査は，耐震設計審査指針にしたがってなされたものであり，2000年10月6日の鳥取県西部地震，その後公表された地震調査委員会による邑知潟断層帯に対する評価や平成17年宮城県沖地震によって女川原子力発電所敷地で測定された最大加速度振幅等の情報が前提とされていないことが認められ，本件原子炉が運転されることによって，周辺住民が許容限度を超える放射線を被ばくする具体的危険が存在することを推認すべきとしている。この金沢地裁判決は，旧耐震設計審査指針が新たな地震学と耐震工学の知見からして，容認しがたいほど陳腐化していることを明確にしたところに大きな意義がある。

(3) **新指針に基づく北陸電力の主張をそのまま認めた高裁判決**　これに対して平成21年3月18日に名古屋高裁金沢支部が言い渡した高裁判決では，運転中止を命じた1審判決を取り消す判決を下した。高裁判決は北陸電力の主張に沿って，新耐震設計審査指針の内容は合理的なものであり，震源を特定しない地震としてM6.8を想定することや近隣の活断層が同時に連動して活動することはない

とした判断などはいずれも合理的であるとしている。原告らが指摘していた指針の問題点や断層の連動についての主張については，真摯な検討はなされていない。

6　最近の裁判例の傾向

浜岡原発の原子炉圧力容器直下のペデスタル（検認時の写真）

志賀2号の原告勝訴判決以降，重要な原子力施設に関連した訴訟で原告に厳しい判断が相次いでいる。浜岡原発1審，志賀控訴審，柏崎上告審がそれである。これらの判決は，いずれも地震に関する論点において原告側が理論的な論争では圧勝していたケースである。報道機関の中にも原告勝訴を予測する者も少なくなかった。しかし，出された判決は被告側の主張を引き写しただけのひどい内容となった。一時期の判決に見られたようなリップサービスも見られない。しかし，このような状況からこれらの訴訟が何の成果も上げていないと見るべきではないだろう。この点は，裁判の社会的な影響として次節の「2」において論ずることとする。

4　法廷外の取り組み——制度改善・法改正

1　法廷外の取り組みは訴訟にどのような影響があるのか

(1)　**大事故の記憶**　法廷外の取り組みが訴訟の結果にどのような影響があったかは，容易に判断できない問題である。しかし，広範な原発反対運動が継続的に取り組まれてきたことが，日本の原子力発電の危険な体質に警鐘を鳴らし，大事故を未然に防いできたことは明らかである。

日本の政治経済システムには強固な原子力推進システムが埋め込まれている。これを変えることは容易ではないが，第1に必要なことは市民の意識の変化である。このことはマスコミの報道の変化として現れる。1979年スリーマイ

ル原発事故後のアメリカや1985年チェルノブイリ事故後のヨーロッパでこのような意識の変化が急速に起きた。スウェーデン、スイス、イタリア、オーストリアのように国民投票によって脱原発の一歩を踏み出した国も多い。これらの事故は日本の市民にも影響を与えたが、日本においても、1995年のもんじゅナトリウム漏れ事故と1999年のJCO臨界事故の後には、大量の原子力に対する批判的な報道がなされ、市民の意識には大きな変化が見られた。

(2) 代替のエネルギー源　しかし、人間の記憶が忘れやすいという特質を持つため、時間が過ぎると「のど元過ぎれば熱さを忘れる」のことわざ通り、反対の意見が下火となってしまう。そして、代替のエネルギー源が提示されなければ状況は変えられないが、自然エネルギーなどの現実性が明確となることによって脱原発の現実的な可能性を明らかにすることができる。ドイツにおける買い取り義務づけ法制による再生可能エネルギーの発展は原発の閉鎖計画の進行と連動している。むしろ、日本では原子力を温存するために再生可能エネルギーの発展を阻害する政策がRPS（電気事業者による新エネルギー利用に関する特別措置法）法として誘導されている。再生可能エネルギーの導入が進めば裁判所の判決にも大きな影響があると思われる。

(3) 環境保護運動の一環に位置づけることの重要性　日本の反原発運動と環境保護運動は行政の縦割りと連動する形で明確に区分されてきた。これに対して欧米の緑の党は原子力とそれ以外の環境問題をすべて取り扱うジェネラリストである。グリーンピースやドイツのブンドのように環境保護団体も両方を取り扱うところが少なくない。環境保護運動全体が脱原発を目標に掲げることが脱原発運動の勝利の前提条件であることは明らかである。ドイツやフランスのように緑の党と社会民主勢力の連立によって原子力に一定のブレーキを掛けることに成功している例が見られる。国会内の脱原発を掲げる政治勢力の規模が大きくなれば訴訟の結果にも影響があると考えられる。

2　判決後の制度改善や立法規制に向けた活動と成果

(1) 安全行政の仕組み　2000年10月6日本弁護士連合会は岐阜人権擁護大会において、原子力安全委員会を独立行政委員会として一元的な規制機関とする

提案を行い，国会では民主党から同様の提案が行われた。このような提案は実現はしていないが，2000年1月の官庁再編後の原子力安全行政は大半の許認可権限が経済産業省原子力安全保安院に集中され，大学の原子炉などのごく一部が文部科学省に残された。この問題は連立政権のもとで検討されているものの，進展していない。

中越沖地震直後、柏崎原発構内の地盤沈下の状況（2007年7月）

(2) **原子力安全委員会の改組と新耐震設計審査指針の策定**　同時に原子力安全委員会が内閣府に所管が移され，スタッフも20人から100人に増強された。原子力安全委員会は市民団体との対話を進め，2001年7月から耐震設計審査指針の見直し作業を批判的な地震学者も加えて開始し，新指針は2006年9月に改訂された。現在経済産業省のもとで新指針に基づく耐震バックチェックの作業が進行中である。

　志賀判決に指摘されている耐震設計の問題点の多くについて，改訂が実施された。しかし，どの程度徹底的に改訂を行うべきかという点について専門家の委員の間で意見の合致を見ることができなかった。今後も，東海地震想定震源の直上に建設されている浜岡原発をめぐる訴訟など地震災害が適切に考慮されているかどうかをめぐって，厳しく争われている原子力裁判が続く。

　2007年7月に発生した中越沖地震によって，柏崎原発は全機が耐震設計の限界を遥かに超える地震動に見舞われ，3000箇所を超える損傷を受けた。この地震による地震動は新しい耐震設計審査指針でも予測できないレベルのものであった。このような地震動は地下構造に起因するものとされているが，このような新知見を踏まえた追加的なバックチェックの作業も継続されている。これらの委員会では，これまでは見られなかったような批判的な見解も科学者から表明され，議論は容易には収束を見せていない（2010年5月段階）。このような

状況も裁判の進展なしにはあり得なかったことである。

(3) **情報公開の進展** 情報公開についても進展があった。原子力安全審査関係の会議の大半が公開され，これまで非公開とされてきた文書の一部が公開とされた。しかし，十分とは言えない。再処理工場の1次審査資料について，国は廃棄したとして裁判所に提出しない。耐震設計の計算書も企業秘密を理由に重要な計算経過は非公開とされている。情報公開法が企業の秘密の保護を理由とした非公開を認めていることは制度的な限界である。

なお，1999年のJCO事故を受けて，内部告発者の保護制度が原子炉等規制法66条の2として制定されている。このような制度改正も，住民の運動の成果といえる。

(4) **廃炉が実現した例も** 実際に浜岡原発訴訟においては，旧耐震設計審査指針による安全審査でも原発の安全性は確保されているという地裁判決のわずか1年後には1，2号炉について東京高裁によって分離和解が勧告され，2008年12月に中部電力は新たな耐震設計に膨大なコストを要することを理由として廃炉を決定した。これも，裁判の提起なしにはあり得なかった結果であるといえる。

【裁判例】
〈行政訴訟〉
〈伊方1号炉設置許可取消〉
松山地判昭53・4・25判時891号38頁
高松高判昭59・12・14判時136号3頁
最判平4・10・29判時1441号37頁
〈福島第二1号炉設置許可取消〉
福島地判昭59・7・23判時1124号34頁
仙台高判平2・10・29判時1345号33頁
最判平4・10・29判時1441号50頁
〈東海第二設置許可取消〉
水戸地判昭60・6・25判時1164号3頁
東京高判平13・7・4判例タイムズ1063号79頁
最判平16・11・2未登載
〈もんじゅ設置許可無効確認＋民事差止〉

第17章　原子力発電所をめぐる訴訟

〈原告適格のみに関する判断〉
福井地判昭62・12・25判時1264号31頁
名古屋高裁金沢支判平元・7・19判時1322号33頁
最判大11・9・22判時1437号29頁
〈実体部分〉
福井地判（併合）平12・3・22判時1727号33頁
名古屋高裁金沢支判（無効確認のみ）平15・1・27判時1818号3頁
最判（無効確認のみ）平17・5・30判時1909号8頁
〈柏崎1号炉設置許可取消〉
新潟地判平6・3・24判時1489号19頁
東京高判平15・11・22訟務月報52巻6号1581頁
最判平21・4・23未登載
〈民事差し止め〉
〈女川1号炉差止〉
仙台地判平6・1・31判時1482号3頁
仙台高判平11・3・31判時1680号46頁
〈志賀1号炉差止〉
金沢地判平6・8・25判時1515号3頁
名古屋高裁金沢支判平10・9・9判時1656号37頁
〈志賀2号炉差止〉
金沢地判平18・3・24判時1930号25頁
名古屋高裁金沢支判平21・3・18未登載
〈浜岡原発1―4号炉差止〉
静岡地判平19・10・26未登載

【参考文献】
日本弁護士連合会公害対策・環境保全委員会『孤立する日本の原子力政策』（実教出版，1994年）
日本弁護士連合会公害対策・環境保全委員会『孤立する日本のエネルギー政策』（七つ森書館，1999年）
「エネルギー政策の転換を求めて」（人権擁護大会基調報告書）日弁連，2000年10月

第Ⅱ部　弁護士の挑戦

〈コラム〉　東海村JCO臨界事故と周辺住民の被爆被害

　1　事故と事故原因
　1999年9月30日，茨城県東海村でJCOの核燃料加工施設でわが国で初めての臨界事故が発生し，放射線被曝により作業員2名が死亡し，1名が重傷を負った。事故は高速増殖実験炉「常陽」向けウラン燃料の加工工程を無視して行われていた手作業を原因として発生した。
　国際原子力事象評価尺度はレベル4で，事故現場から半径350m以内の住民約40世帯への避難要請，500m以内の住民への避難勧告，10km以内の住民への屋内避難・換気装置停止呼びかけ，現場周辺の県道，国道や鉄道の閉鎖停止などがなされた。
　しかし，事故後の避難措置の勧告などは約2時間にわたり遅れた。
　2　事故の責任と補償
　この事故施設の所長以下6名は，2003年に執行猶予付有罪判決を受け，JCOは罰金100万円の判決を受けた。水戸地裁は，長年にわたって杜撰な安全管理体制下にあった企業活動により事故が発生したと指摘した。JCOは加工事業許可取消処分を受け，ウラン再転換事業は廃止された。しかし，JCOは，事業の閉鎖や農作物への風評被害などについては補償したが，被爆による健康被害については完全に否定した。そのため，2002年9月には，事故原因施設の隣地で工場を経営していた夫妻が，事故による皮膚炎の悪化，PTSDの発症などを理由としてJCO，住友金属鉱山を相手に健康被害裁判を提起した。
　3　健康被害裁判とその判決
　原告夫妻は，水戸地裁（2008年2月），東京高裁（2009年5月）で敗訴したが，現在上告中である。
　これらの判決は，被爆と健康被害の因果関係の立証について，「高度の蓋然性」を証明する必要があり，立証責任は原告側にあるとした上で，立証不十分として原告の請求を棄却した。原爆症裁判では，この夫妻と同じレベルかそれ以下の被爆線量の被爆者について，皮膚症状や下痢など類似の症状は放射線によるものと判断している。この判決はこのような原爆裁判の流れと整合しない。
　また，判決は，妻のPTSD症状について，本件事故の発生現場に居合わせたものでもなく，急性放射線症の被害者に直接接したり，その搬送や死亡に立ち会ったりしたものでもないし，下痢や口内炎は，それがひどくても命の危険を感じるよう

なものではないなどとして，強いショックを受けたと感じたことは肯定できるとしてもPTSDの診断基準に該当しないとした。自分の働いていたところからわずか100m以内で人が2人も死んでいて，自らも原爆症発生の基準を超えるレベルの被爆をし，下痢や口内炎にも発症していることが，PTSDの要件を満たさないという判断は非常識ではないか。

　原告らは，原爆被害の救済と原子力開発の過程での被害者救済のダブルスタンダードを清算し，夫妻の健康被害とJCO臨界事故との因果関係を認めるべきことを求めて上告した。最高裁は2010年5月13日，原告らの上告を棄却する決定をした。

あ と が き

　本書は，単なる判例紹介ではなく，日本の典型的な公害環境訴訟事例について，各弁護団所属弁護士や各分野の第一人者が執筆するという類書のないものである。このような書物が成立することになったきっかけは，中国の公害・環境法曹との交流にある。

　2007年8月，日弁連は，日本環境会議，東京経済大学と共催で「環境被害の救済と予防に関する日中韓国際ワークショップ」を開催し，中国，韓国の学者・研究者，医師，弁護士，公害被害者，環境NGO等と熱心な意見交換を行った。その折に，中国側から，わが国の先進的な公害環境訴訟の経験は中国にも大いに参考になり，もっと中国に紹介されることが重要である旨の指摘と要望がなされた。昨今盛んに報道されているように，中国では，激甚な公害と環境破壊が進行し，その中で，司法制度その他困難な国情にもかかわらず，献身的かつ果敢に公害環境訴訟に取り組んでいる弁護士，法曹も存在し，近時公害環境訴訟の役割が注目されてきている。彼らは，既に日本の学説や判例は相当程度調査研究しているものの，立証のやり方や訴訟を通じての被害救済の具体的な進め方などについては，それらに関する書物がないことから，そうした日本の具体的な取り組みの経験を今後の交流や書物によって得ていきたいと望んでいる。

　そこで，日弁連は，こうした要望を受けて，公害対策・環境保全委員会内に東アジア公害被害救済・予防プロジェクトチーム（後掲）を立ち上げ，中国側の協力相手である中国政法大学公害被害者法律援助センターと内容を調整した上で「日本公害環境訴訟典型事例集」を作成し，2010年10月に中国政法大学出版社から中国語で出版すべく作業中である。さらに，経験共有のため，韓国語での出版も検討している。

　もっとも，教科書や判例集に載っていない日本の具体的な取り組みは，外国の法曹のみならず，日本のロースクール生や若手法曹にとっても知る機会が少なく，集まった原稿は，大いに参考になるものと考えられる。そこで，淡路教

授，吉村教授の論考を加えた他は，各原稿に最小限の加筆をするにとどめ，この事例集を，中国とほぼ同時に日本国内でも出版することにした。

　本書は，たとえば土地収用を争うような行政訴訟事例の記述が薄く，また大規模な開発・建築から都市環境を守る訴訟事例が載っていないこと等の点で，公害環境訴訟を網羅的に紹介したとまでは言えないのは，以上のような経緯からくるものであり，ご容赦願いたい。

　そのような若干の不足はあるにせよ，編者は，本書が，日本の次代を担う環境法曹を志す皆さんに，教科書や判例集に載っていない具体的な取り組みの経験を知っていただく役割は十分に果たす内容を盛り込んでいると自負している。読者には，本書から得られる示唆を実践に生かしていただければ幸いである。

　さらに，この共通の書物を通じて，中国の公害環境法曹と日本における公害環境訴訟の取り組みの経験を共有し，今後の日中公害環境法曹の協力，日中両国における公害の根絶，環境の保全に役立てていただければ，編者としてこれに勝る喜びはない。

2010年9月

日本弁護士連合会　公害対策・環境保全委員会
東アジアの公害被害救済と予防に関するプロジェクトチーム*

＊村松昭夫（座長）
　伊藤明子
　奥村太朗
　小沢秀造
　籠橋隆明
　鈴木堯博
　中西達也
　原　正和
　藤原猛爾
　和田重太
　中島宏治（チーム外から特別参加）

索 引

あ 行

RPS···260
あおぞら財団·······················80, 92
阿賀野川······································124
足尾鉱毒事件···········4, 52, 53, 138
アスベスト（石綿）···············204
アスベスト産業規則···············211
アスベスト新法························213
アスベスト肺（石綿肺）·······205
アセトアルデヒド···105, 116, 119, 121, 124
奄美自然保護訴訟······················61
安全審査·······················249, 252
伊方最高裁判決························252
慰謝料一律請求························128
イタイイタイ病····························3
一律請求→包括一律請求
一括一律請求······························63
逸失利益··74
移転補償制度····························151
移動発生源·························26, 94
命の一時間·································159
医療費救済制度························101
永久凍土·····································241
疫学···142
疫学調査·····································194
疫学的因果関係···················13, 75
疫学的証明···································88
疫学的調査·································208
Leq··172
汚悪水論·············14, 57, 58, 59, 62, 105
邑知潟断層帯····························258
大型公共事業の差止···············155
大阪アルカリ事件··················4, 41
大崎の方法·································258

か 行

開発行為の差止訴訟··················31
開門調査·····································219
化学物質過敏症························193
拡散シュミレーション············87
カドミウム·································136
カドミ汚染田復元····················144
「カドミ腎症」問題·················146
カネミ油症·································192
神岡鉱山·····································137
環境影響評価（アセスメント）···226, 234, 236
環境基準·····························26, 150, 159
環境権·····20, 36, 53, 62, 57, 60, 61, 62, 63, 154
環境公益訴訟······························26
環境庁設置法····························158
幹線道路·····································171
幹線道路の沿道整備に関する法律·······165
鑑定·······································12, 76
関連共同性·····································8
機関委任事務····························188
企業城下町·································108
規制基準·····································153
規制権限······························24, 209
機能的瑕疵·······················155, 162
基本設計·······················252, 254
客観的関連共同性······················89
行政裁量論·································225
行政訴訟·····································251
行政の裁量判断························253
行政の縦割り····························260
協定書···120
共同不法行為···8, 34, 46, 73, 80, 84, 89, 90, 155
拠点開発方式······························72
ギロチン·····································217

269

空港管理権	161
空港の公共性	153
具体的審査基準	252
クボタショック	204
熊本水俣病関西訴訟	131
クラスアクション	202
車の両輪	157
景観権	38, 50
継続補償金（年金）	129
原因裁定	183, 194, 220, 222
嫌忌施設	155
原告適格	36, 38, 50, 252
検証	169
原子力安全委員会	255
原子力安全保安院	261
原子炉等規正法	249
高温ラプチャ	254
公害健康被害補償法（公健法）	25, 56, 77, 83, 88, 95, 171
公害国会	25
公害差止訴訟	31, 33, 34, 35, 45
公害審査会	183
公害対策基本法	52
公害調停	191
公害等調整委員会（公調委）	38, 175, 194, 220
公害の輸出	120
公害賠償訴訟	31, 33, 34, 35
公害病認定	83
公害紛争処理制度	31
公害防止協定	145
公害防止計画	155
鉱業法	7, 143
航空機騒音防止法	152
航空行政権	161
鉱山公害	29
高速増殖炉	257
鉱毒説	137

戸籍をかけた闘い	137
骨軟化症	142
固定発生源	26, 94
コンビナート	6

さ　行

最終弁論	119
再生可能エネルギー	260
裁判官会同	23
産業公害	121
産業廃棄物	175
産廃排出業者	181, 186
JCO事故	262
支援団体	111
塩水楔（くさび）	125
自然享有権	36, 53, 61
自然的因果関係	87
自然の権利	36, 53, 61, 62, 236
自然保護訴訟	31
シックハウス症候群	191
住民訴訟	225, 242, 243, 245
受忍限度	153, 169
種の保存	231
循環型社会	188
循環型社会形成推進基本法	189
焼却炉	196
証拠保全	113
詳細設計	255
将来の損害賠償請求権	154, 155
人格権	24, 32, 35, 39, 45, 49, 154
人格的利益	24
進行協議期日	256
新産業都市	29
じん肺法	211
杉並病	194
スクラップアンドビルド	116
スリーマイル島原発事故	250
政治決着	130

生態系	230, 231, 234, 235, 237, 238, 239, 246
青年法律家協会	9, 17, 138
生物多様性	230, 231, 233, 236, 237, 239, 244
責任裁定	183
積分被害	150
全国公害患者と家族の会連合会	83
全国公害弁護団連絡会議（公害弁連）	18
ぜん息	94
専門立入調査	146
操業上の過失	74
相対的無資力論	11
相当な設備	4
総量規制	25, 86
訴訟救助	11, 127

た 行

ダイオキシン	180, 182, 191
大気汚染防止法	211
大規模林道	238, 240, 245
胎児性水俣病	107
耐震設計	257
第 2 の水俣病	123, 128
立入調査権	145, 146
立ちんぼ行動	187
単一故障指針	258
地域指定	26
チェルノブイリ原発事故	250
抽象的不作為請求	45, 172
中皮腫	204
長期微量汚染	191
強い関連共同性	73
ディーゼル車	97
豊島産業廃棄物等処理技術委員会	190
手弁当	138
天然林	239, 240, 242, 246
当事者適格	230, 235, 236, 241, 242
毒物及び劇物取締法	211
都市アメニティーの保全訴訟	31

土地収用裁決	158
土呂久	191

な 行

内部告発	257, 262
ナトリウム漏えい事故	255
新潟水俣病地域福祉推進条例	131
二酸化硫黄（SO_2）	83
二酸化窒素（NO_2）	83, 91, 95
二酸化窒素簡易測定調査	170
ニセ患者	132
日弁連人権擁護大会	61
日本森林生態系保護ネットワーク	246
日本弁護士連合会（日弁連）	20
認定基準	121, 129
認定制度	132
農薬説	125
能勢（のせ）ダイオキシン事件	192
ノリ不作等対策関係調査検討委員会	219

は 行

廃棄物	176
廃棄物処理法	176, 179, 189
廃棄物の処理および清掃に関する法律	176
排出規制	25
排出差止請求	84
排出者責任	25
廃炉	262
暴露後発症前被害	201
発生源対策	146, 160
判決行動	15
被害回避可能性	172
被害に始まり，被害に終わる	71, 156
被害の実態調査	132
被害の掘り起こし	71
微小粒子状物質（$PM_{2.5}$）	49, 101
ヒ素	182
非特異性疾患	87

びまん性胸膜肥厚・・・・・・・・・・・・・・・・・・・・209
病理のメカニズム（機序）・・・・・・・141
風評被害・・・・・・・・・・・・・・・・・・・・・・・・・・・180
物権的請求権・・・・・・・・・・・・・・・・・・・・・154
浮遊粒子状物質（SPM）・・・・・・・・83, 95
包括一律請求・・・・・・・・・・・・・14, 57, 76, 128
法的因果関係・・・・・・・・・・・・・・・・・・・・・・・87
保険院調査・・・・・・・・・・・・・・・・・・・・・・・208
補佐人・・・・・・・・・・・・・・・・・・・・・・・・・・・127

ま　行

水俣病被害者救済特別措置法・・・・・・・・132
見舞金契約・・・・・・・・・・・・・5, 107, 120, 126
無害化処理・・・・・・・・・・・・・・・・・・・・・・・199
無過失責任・・・・・・・・・・・・・・・・・・・・・7, 34
無限の科学論争・・・・・・・・・・・・・・・・・・・141
メチル水銀化合物・・・・・・・・107, 110, 112,
　　　　　　　　　　　　116, 124, 126, 180
面的汚染・・・・・・・・・・・・・・・・・・・・・・・・・99
モニタリング・・・・・・・・・・・・・・・・・・・・・195
もんじゅ訴訟・・・・・・・・・・・・・・・・・・・・・254

や　行

夜間飛行の禁止・・・・・・・・・・・・・・・・・・・154

薬害スモン訴訟・・・・・・・・・・・・・・・・17, 56
薬事法・・・・・・・・・・・・・・・・・・・・・・・・・・・17
有価物・・・・・・・・・・・・・・・・・・・・・・・・・・176
有機水銀中毒・・・・・・・・・・・・・・・・・・・・・105
床ライナー・・・・・・・・・・・・・・・・・・・・・・・255
溶解塩型腐食・・・・・・・・・・・・・・・・・・・・・255
予見可能性・・・・・・・・14, 105, 112, 113, 211
弱い関連共同性・・・・・・・・・・・・・・・・・・・・74

ら　行

ラムサール条約・・・・・・・・・・・227, 231, 235
リゾート開発・・・・・・・・・・・・・・・・237, 238
立地上の過失・・・・・・・・・・・・・・・・・・・・・・74
粒子状物質（PM）・・・・・・・・・・・・・・・・・・96
歴史的・文化的環境の保全をめぐる訴訟
　　　　　・・・・・・・・・・・・・・・・・・・・31, 39
労基法・・・・・・・・・・・・・・・・・・・・・・・・・・211
労働安全衛生法・・・・・・・・・・・・・・・・・・・211
労働衛生調査・・・・・・・・・・・・・・・・・・・・・208
炉心崩壊事故・・・・・・・・・・・・・・・・・・・・・254

わ　行

ワシントン条約・・・・・・・・・・・・・・・・・・・235

執筆者紹介
(執筆順)

中島　　晃（なかじま　あきら）	弁護士	第1章
淡路　剛久（あわじ　たけひさ）	早稲田大学教授	第2章
吉村　良一（よしむら　りょういち）	立命館大学教授	第3章
野呂　　汎（のろ　ひろし）	弁護士	第4章
村松　昭夫（むらまつ　あきお）	弁護士	第5章
西村　隆雄（にしむら　たかお）	弁護士	第6章
千場　茂勝（せんば　しげかつ）	弁護士	第7章
坂東　克彦（ばんどう　かつひこ）	弁護士	第8章
近藤　忠孝（こんどう　ちゅうこう）	弁護士	第9章
須田　政勝（すだ　まさかつ）	弁護士	第10章
高橋　　敬（たかはし　たかし）	弁護士	第11章
石田　正也（いしだ　まさや）	弁護士	第12章
池田　直樹（いけだ　なおき）	弁護士	第13章
伊藤　明子（いとう　あきこ）	弁護士	第14章
吉野隆二郎（よしの　りゅうじろう）	弁護士	第15章
市川　守弘（いちかわ　もりひろ）	弁護士	第16章
海渡　雄一（かいど　ゆういち）	弁護士	第17章

Horitsu Bunka Sha

2010年10月5日　初版第1刷発行

公害・環境訴訟と弁護士の挑戦

編者　日本弁護士連合会
　　　公害対策・環境保全委員会

発行者　秋山　泰

発行所　株式会社 法律文化社

〒603-8053　京都市北区上賀茂岩ヶ垣内町71
電話 075 (791) 7131　FAX 075 (721) 8400
URL:http://www.hou-bun.co.jp/

©2010 日本弁護士連合会公害対策・環境保全委員会
Printed in Japan
印刷：㈱冨山房インターナショナル／製本：㈱藤沢製本
装幀　奥野　章
ISBN 978-4-589-03286-7

吉村良一・水野武夫・藤原猛爾編 **新・環境法入門** ―公害から地球環境問題まで― A5判・304頁・2940円	環境法の全体像を市民・住民の立場で学ぶ入門書。Ⅰ部は公害・環境問題の展開と環境法の基本概念を概説、Ⅱ部は最近の環境問題の事例から法的争点と課題を探る。旧版より章構成を大幅に改め、近時の動向を盛りこむ。
富井利安編〔aブックス〕 **レクチャー環境法〔第2版〕** A5判・288頁・2730円	日本の環境・公害問題の歴史と環境法研究の最新の理論動向をふまえ、基礎と全体像がつかめるようわかりやすく概説した入門書。生活者であり、かつ法的主体である市民の視点から環境問題と法との関連を取りあげる。
吉村良一著 **公害・環境私法の展開と今日的課題** A5判・368頁・7875円	わが国の公害・環境私法の発展過程をドイツとの対比において理論的に分析した労作。公害損害賠償法理論の到達点とその特質・意義を体系的に明らかにし、今日的な環境問題への敷衍を試みる。
小畑清剛著 **コモンズと環境訴訟の再定位** ―法的人間像からの探究― A5判・240頁・2835円	環境訴訟の詳解を通し、コモンズと法的人間像の交錯を理論的・実証的に探究。公害法原理や環境権の生成過程および将来世代への責任について抽出し、コモンズが示唆する疎外なき社会への再生と希望を訴える。
遠州尋美・渡邉正英編著 **地球温暖化対策の最前線** ―市民・ビジネス・行政のパートナーシップ― A5判・232頁・2415円	再生可能エネルギーの普及と新しい省エネ技術の活用などを中心に、市民、行政、ビジネスの立場での取り組みを紹介。温室効果ガス削減マイナス6％も危ぶまれ、待ったなしの状況にある地球温暖化防止の展望をさぐる。

――― 法律文化社 ―――

表示価格は定価（税込価格）です